岩石细观损伤力学基础

朱珍德　著

科学出版社
北京

内 容 简 介

本书全面、系统地介绍了岩石细观损伤力学试验研究和岩石损伤理论研究。针对岩石细观损伤研发了图像处理平台；从细观层面定性解释大理岩损伤发展过程，将量化的损伤数据进行可视化；分析不同含水率下红砂岩微裂纹损伤演化与宏观力学响应之间的规律。结合热力学定律和细观损伤力学基本原理，探讨高温对大理岩的刚度、峰值强度、峰值应变、弹性模量等的影响，并从岩石内部的微观结构变化讨论大理岩在高温作用下强度及变形特性的演化机理。基于室内试验，采用有限元软件针对本构模型进行材料模型的二次开发，进行真实试验，建立试样压缩细观损伤模型。

本书可供从事岩石力学研究的科技人员阅读，也可作为高等院校相关专业的研究生教材。

图书在版编目（CIP）数据

岩石细观损伤力学基础 / 朱珍德著. —北京：科学出版社，2022.11

ISBN 978-7-03-073665-9

Ⅰ. ①岩…　Ⅱ. ①朱…　Ⅲ. ①岩石力学－损伤力学－研究　Ⅳ. ①TU45

中国版本图书馆 CIP 数据核字(2022)第 203498 号

责任编辑：周　炜　乔丽维 / 责任校对：任苗苗

责任印制：师艳茹 / 封面设计：陈　敬

科学出版社 出版

北京东黄城根北街 16 号

邮政编码：100717

http://www.sciencep.com

北京中科印刷有限公司 印刷

科学出版社发行　各地新华书店经销

*

2022 年 11 月第　一　版　开本：720×1000 B5

2024 年　1　月第二次印刷　印张：14 1/4

字数：287 000

定价：108.00 元

序

岩体内部存在许多天然的裂隙、孔洞等原生缺陷，这是岩体损伤的主因。裂隙岩体是坝基、边坡、地下硐室等岩体工程中广泛遇到的一类复杂介质，它的强度、变形和稳定性等力学特征将直接影响各类岩体工程的设计与施工以及工程运营期间的长期功能性。因此，裂隙岩体的损伤力学问题一直被国内外工程界所关注。

随着我国西部大开发战略的逐步实施，“十三五”规划提出了建设综合交通运输体系，统筹能源与通信、交通等基础设施网络建设工作，这些建设涉及复杂的实际工程项目，如地下隧洞开挖、边坡防护、矿山开采工程等，也给岩石力学工作者提出了一系列值得深入研究的技术难题。对于一些应力场、温度场极为复杂的隧洞开挖、深基坑开挖等工程，其开挖区岩体的失稳问题主要涉及两个方面：随开挖的进行，岩体应力场改变造成岩体内部微裂隙的发展而引起岩体损伤；随开挖深度的加大，岩体温度场发生变化，常温下的岩体损伤本构模型不再精确适用。《岩石细观损伤力学基础》紧密围绕上述两个方面开展了系统深入的研究，作者通过所承担并完成的多项国家自然科学基金课题，取得了可喜的成果，并陆续发表了多篇有水平的学术论文。该书在此基础上经过修改并补充近十年的研究成果而撰述成稿，这是十分难得的。

众所周知，节理裂隙岩体损伤力学的研究是促进岩石力学发展的重要方面，岩体损伤理论可以定量描述其内部的初始缺陷，如岩体裂纹、裂隙、孔洞和节理等固体介质的应力-应变关系，建立合适的损伤张量，深层次探讨固体介质由于损伤的积累与演化而衍生的本构关系变化，较好地处理了岩体由实际上的非连续到等效连续的过渡，克服了弹性和塑性理论难以解决的困难，丰富了岩体力学本构理论，能更合理而全面地分析岩体工程的应力场和位移场，并有利于日后对岩质边坡、地下硐室等围岩的维护与加固。

统观全书，与同类已出版的专著比较，该书具有以下特色：

书中提出并开发了专用于微裂隙观测与统计的数字图像处理技术程序，研发出岩石破裂数字化细观损伤图像处理平台，该平台可定量统计岩体图像中微裂隙的长度、角度、宽度等尺寸特征，并统计分析了在复杂应力状态下裂隙岩体内部的裂隙演化状态及规律，通过对微裂隙的定性和定量分析，总结了其本构关系及损伤演化方程，建立了复杂应力场下裂隙岩体损伤演化规律；通过对岩体应力-应变全过程进行数控加载并扫描试验成果，对脆性岩石断口断裂机理进行了详细分析，从而弄清了岩体破坏损伤对岩体强度的定量影响，并将裂隙扩展长度、宽度、角度等特征引入岩体裂隙张量中，给出了等效的连续介质损伤本构模型，丰富和拓展了现有的损伤模型。书中还探讨了含水率、温度场对岩体强度的影响，得到了一个完整的考虑含水率的红砂岩损伤演化方程。该书将上述研究成果应用于红山窑水利枢纽膨胀红砂岩地基处理，计算结果与实测变形基本吻合。书中更进一步研究了大理岩在常温到高温下各温度段的强度及变形特性，从岩石内部的微观结构变化讨论大理岩在高温作用下强度及变形特性的演化机理，进而将研究成果用于确定三峡工程区的岩体断裂分形维，为分析计算节理裂隙的岩体强度与变形提供依据。

我深信该书的出版将为裂隙岩体损伤力学研究奠定更为坚实的理论基础，该书对今后岩石力学的持续发展也将起到很好的推进作用。为此，我乐于写述了以上的一点文字，谨供读者参考、指正。是为序。

[签名]

中国科学院院士

2022 年 1 月

前　言

人类社会的迅速发展涉及岩体边坡的设计、水电工程渗流与控制、矿井的疏干降压排水、石油及地下水资源的开发利用等方面。人类工程活动的安全性、对地质环境的影响程度以及地质环境对工程活动的反作用等问题是科学家最关心的问题。如何定量评价和预测人类工程开挖干扰力、初始地应力和地下水渗透力耦合作用对人类工程和岩质边坡稳定性的影响，一直是国内外岩石力学与工程界所关注的主要研究课题。

岩体是力学性质很复杂的介质。从唯象的观点看，裂隙岩体属非均匀各向异性介质，因此损伤力学、断裂力学、流变力学、分形理论与岩体的变形研究有着特别密切的关系。同时，由于岩体结构的复杂性，岩体渗流具有非均匀性和各向异性；岩体裂隙空间是岩体的主要渗流通道，岩体裂隙显著地受应力环境的影响，因而岩体的变形实质上是渗流场、应力场、损伤场三者相互耦合的结果。为了适应高速发展的工程需要，出版一本论述裂隙岩体损伤力学的专著很有必要。

全书共 7 章，第 1 章简要回顾断裂力学、岩体损伤力学的研究发展历史与现状。第 2 章介绍自主研发的数字图像处理程序平台的原理，并利用该平台对岩石进行细观量化试验研究。第 3 章利用大理岩探究岩石细观结构损伤，对试样进行电子显微镜扫描获取细观裂隙图像，并利用上述图像处理平台对其进行量化统计分析，获取岩石微观裂隙的微裂纹方位角、长度、总面积、间距、长宽比等几何特征，利用几何特征分析得到岩体细观结构在损伤过程中的变化规律。第 4 章在获取裂隙扩展的几何特征基础上，结合热力学定律和细观损伤力学基本原理，建立基于 SEM 试验的大理岩细观损伤本构模型，包括柔度张量、修正的宽长比和微裂纹密度等参数，通过大理岩常规试验和 SEM 试验对其中具体参数进行初始化，为后续研究奠定理论试验基础。第 5 章以红山窑水利枢纽膨胀红砂岩地基处理为工程背景，对不同含水率红砂岩的细观损伤演化进行试验研究，分析不同含水率下红砂岩全应力-应变曲线、宏观破坏形式，采集细观结构演化图像，探索不同含水率下红砂岩微裂纹损伤演化与宏观力学响应之间的规律，并在前人研究的基础上推导峰值应变后的红砂岩损伤本构方程，丰富和发展了损伤力学理论的研究。第 6 章利用大理岩在高温状态下的细观试验进行本构研究，探讨高温对大理岩的刚度、峰值应力、峰值应变、弹性模量等的影响，并从岩石内部的微观结构变化讨论大理岩在高温作用下强度及变形特性的演化机理。第 7 章对岩石进行细观损伤仿真模拟，对单裂隙的动态扩展过程、多裂隙之间的连结以及相互影响等进行仿真模拟；编制基于 SEM 试验的岩石细观本构模型程序，建立相应的数值试验，结合真实试验、统计代表性体现单元模型与数值试验对大理岩单轴受压细观损伤机理进行定量描述；并利用扩展有限元进行岩石内部三维裂纹扩展过程再现仿真研究，研究不同裂隙倾角、裂隙数量以及裂隙间位置形态下的裂隙扩展机理，同时探究深埋裂纹与表面裂纹的扩展规律。

本书在撰写过程中注意学科体系的完备性，强调基本概念描述的准确性、基本理论推理的严密性以及基本理论的实际应用性。内容新颖、理论性强，为了便于读者阅读，书中对一些重要的公式进行了较详细的推导。为了使读者对裂隙岩体损伤力学有全面深入的了解，书中对国内外在此领域取得的相关成果也做了扼要介绍。

本书收录了作者课题组的研究成果，在研究过程中得到国家自然科学基金的资助，在此深表感谢。感谢田源与王麓翔博士研究生在本书撰写过程中的付出。还要特别感谢魏悦广院士欣然为本书作序，给作者以鼓励和教导。

还应该指出，损伤力学是一门正在发展的交叉型学科，有许多理论和实际应用问题尚需做进一步研究和完善，加之作者水平有限，书中难免存在不足之处，恳请前辈及同仁不吝赐教。

作　者

2022 年 1 月

目　　录

第 1 章　绪　论

随着“十三五”规划的出台，建设综合交通运输体系，统筹能源与通信、交通等基础设施网络建设等措施相继提出，而岩土工程在水电站建设、能源体系建立、轨道交通完善等工程中都有着举足轻重的地位，发挥着重要作用。在这些复杂的实际工程(如地下隧洞开挖、边坡防护、矿山开采工程等)中，岩体裂隙在工程施工过程以及周围环境的影响下，原生裂纹逐渐扩展并贯穿岩体，最终导致岩体失稳破坏，会对工程产生非常大的影响，所以深入开展三维岩石裂纹起裂、扩展、贯通破坏过程以及含裂隙岩体断裂机制的研究不仅在理论层面对岩石力学、地质学等基础学科起到指导作用，同时还可为岩土工程中的资源开采、隧洞开挖、灾害防治等实际问题提供理论基础。

岩石作为长久地质运动的产物，是由多种矿物晶粒和胶结物组成的混杂体，在经过数亿年的地质演变及复杂构造运动后，由于各类岩石不同的地质形成过程，形成了不同数量、不同尺度上的微裂纹、微孔洞，致使岩石材料在化学成分和物理性质上均具有较为复杂的特性。其中，土木工程所关心的是岩石的力学属性，即多样性、非线性、各向异性及随时间变化的流变特性等。

由于大型岩体工程中地质条件的复杂性和不确定性，在施工及使用过程中，随岩体所受外荷载等因素的变化，往往会有大量宏观裂纹萌发、贯穿，导致岩体力学性质发生微妙变化，这不仅对围岩稳定性产生重大影响，而且有可能导致许多工程危害和自然灾害。例如，法国马尔帕塞大坝的失稳破坏工程事故是坝基片麻岩中出现大量弥散裂纹造成的；我国长江三峡奉节段的滑坡及意大利的瓦依昂边坡滑移等工程事故都与岩石内部裂纹萌生、扩展有关。可见，岩体工程中的许多工程事故均与其内部微裂纹的萌生、扩展息息相关。关于岩石微损伤的作用机理研究是当今国际土木工程学科的热门课题，所以深入开展岩石微损伤机理的研究具有重要的理论意义和现实意义。

然而，即使同一类岩石在不同的工程地质状况中也会表现出多种多样的工程特性和现象，岩石宏观力学性质的变化过程与岩石内部微损伤的变化过程有关，所以从定量角度研究岩石微损伤的特征参数与岩石宏观力学性质之间的关系，对研究同类岩石在不同工程地质状况中表现出的工程力学特性有重要作用。

1.1 问题的提出

岩石作为一种重要的土木工程材料，已经具有相当长的历史，是古今中外工程中修建城池、房屋、园林、桥梁、道路、军事工程、水利工程等经常使用的建筑材料。以岩石为主要建筑材料的土木工程实例不胜枚举，例如，被称为世界奇观之一的埃及吉萨金字塔，就是历经了 5000 余年沧桑的岩石结构体系，罗马古城、古希腊雅典卫城以及中国万里长城的主要建筑材料也是岩石，可见作为经典土木工程材料的岩石给人类留下了宝贵而丰富的物质文化遗产。

随着建筑业的发展，世界各国相继修建了一系列大型水利水电工程、地热开采工程、石油天然气工程、环境工程、核废料储存工程，以及大量铁路、公路、地铁隧道工程，使得岩石材料得到广泛应用，同时结构的稳定性及裂缝的产生也倍受关注。随着世界能源战略的演变，世界矿山和石油进入超深度开采期，工程规模和难度也日益增大。这些机遇和挑战，要求我们对复杂条件下岩石力学与工程的研究更加深入，研究的理论和分析方法有所突破，以保证与岩石有关的各项工程可以安全、经济、高效运行。岩石经过漫长地质年代的演化和多次复杂的构造运动，其成分复杂，并且有一系列随机分布的微孔隙和微裂纹(图 1.1)，这些不同数目、不同尺寸的微裂纹影响甚至决定着岩体的力学性质，如非线性、各向异性等，而这些正是岩石力学与工程所关注的。

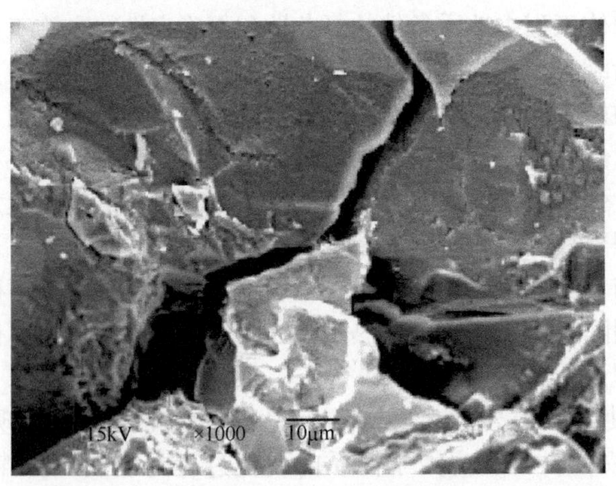

图 1.1　岩石内部的微裂纹

随着我国西部大开发进程的发展及大型水利水电工程的兴建，工程的安全性和稳定性成为研究人员关注的焦点。大理岩在全国分布的范围广泛，是西部水利水电工程最常见的一种岩石，大理岩中发育着大小不等、随机分布的微裂纹，由于这些微缺陷的存在，在力的作用下，岩体的强度特性和力学特性变得更加复杂。

从细观尺度进行研究，认为岩石在细观尺度上同样为一结构体，即岩石细观尺度微结构体，对此结构体的力学性质和物理性质进行研究，从而获取岩石细观层面损伤破坏信息。以往通常使用扫描电子显微镜(scanning electronic microscope，SEM)来获取岩石细观尺度微结构损伤信息，主要是观测岩石在某类试验前后的细观尺度微结构变化，并说明细观尺度微结构变化的特点，其中存在两方面的问题：①未对细观尺度微结构损伤变化过程进行探究，阻碍了对岩石细观损伤机理的深入了解；②由于过去试验结果处理技术限制，大部分试验为定性层面描述。随着体视学理论和数字图像处理技术的迅猛发展，减少上述两方面对岩石细观尺度损伤研究的制约成为可能，在此基础上，进一步建立基于 SEM 损伤信息的损伤本构模型，从而能更好地反映、解释岩石的宏观物理力学特性。从量化损伤信息的角度研究岩石细观尺度微结构损伤变化过程，搭建岩石的宏观物理力学性质与细观尺度微结构损伤变化之间的量化桥梁，不仅对岩石力学理论在损伤力学阶段的进一步深入研究具有一定的科学意义，而且对分析和评价宏观岩石、岩体的工程性质也有着重要的现实意义。

目前在岩石细观损伤破坏过程的检测方面，光学显微镜、电子显微镜、扫描探针显微镜等广泛应用于岩石表面的分析测试中，随着电子显微镜技术的不断完善，可以在电子显微镜的观察下对岩石试样进行加载试验，进而对岩石试样在荷载条件下裂隙产生、发展，直至试样破坏的全过程进行更加详细的研究。运用计算机断层扫描(computed tomography，CT)技术对岩石内部细观尺度进行观测分析。此外，声发射(acoustic emission，AE)技术在岩石细观尺度损伤量测上也得到广泛使用。实践表明，应用较多的有效方法是 SEM、CT 技术以及 AE 技术。以往通过SEM获取岩石细观结构特征，主要是定性地观测岩石在试验中或试验前后的细观结构变化，大多没有提升到定量的层面，所以本书为了对岩石细观结构特征给出定量描述，依据体视学理论并结合损伤力学理论设计一套通过 SEM 获取岩石细观结构特征参数的试验方法。除通过 SEM 对岩石切片进行观察外，还必须对获取到的细观结构图像采用数字图像处理技术进行图像增强和图像分割，最后检出并量测图像特征。通过定量的岩石细观结构试验研究，将岩石细观结构量化理论引入损伤力学理论中，本质上能更好地反映岩石的变形特性，最终可运用于各种工程实际情况。定量分析研究岩石细观结构，建立岩石力学性质与细观结构的内在联系，不仅对岩石力学理论的深入研究具有一定的科学意义，而且对分析和评价岩石的工程性质及其对工程建设的适应性也有着重要的现实意义。

现实中的裂纹一般都是三维的，并且具有复杂的形状和任意扩展的路径，长期以来，岩体中裂纹沿曲线或曲折路径扩展是一个棘手的力学难题，传统断裂力学中对裂纹是平直的假设不再成立，因此理论的研究方法显得束手无策，对其研究大多是从试验方面展开，唯象的经验性结果占大多数，而且以平面裂纹为主。计算机的发展为数值模拟奠定了基础，近十年来，扩展有限元法逐渐成为一种处理非连续场、局部变形和断裂等复杂力学问题极具应用前景的新方法，其核心思想是用扩展的带有不连续性质的形函数来表示计算域内的间断，因此在计算过程中，不连续场的描述完全独立于网格边界，这使其在处理断裂问题上具有独特的优势。扩展有限元法的另一大优势是可以充分利用已知解析解来构造形函数，在较粗网格上就能得到较精确的解答。

综上所述，无论水利水电工程还是地下资源开采都会涉及岩体力学问题，即不可避免地会涉及岩石细观损伤的研究，也是一项具有理论研究和实际工程应用前景的重大课题。围绕上述问题，必须对裂隙岩体的微观损伤进行综合、系统、深入的研究，其涉及力学、结构、材料等多学科交叉，是应用基础研究中的前沿课题，对推动裂隙岩体的损伤演化等方面的发展具有重要意义，也是我国西部能源开发利用工程建设中迫切需要解决的重大工程关键技术问题，其研究成果具有广泛的应用前景。

1.2 国内外研究现状

20 世纪 20 年代，Griffith 通过对玻璃陶瓷等脆性材料的破坏试验，最早从理论和试验研究中取得了重要突破，奠定了脆性材料断裂力学的基础，由此推动了岩石损伤力学的发展。到了 20 世纪 80～90 年代，以断裂力学为基础发展的岩石微裂隙损伤研究已经有了很大发展。近年来，岩石力学研究趋势逐渐向更细致的微观裂隙扩展方面转变，特别是岩体微观裂隙损伤方面，研究人员可以通过理论与试验相结合来解决大部分工程问题。岩石微细结构的量化试验就是研究岩体内的微裂隙和微孔洞的三维形状参数。基于微裂隙的长度、方位角、间距和面积等形状参数，得到岩石的初始细观结构损伤张量，将细观结构损伤张量引入损伤理论，从而得到岩石的本构模型。我们在前人的研究成果基础上进行总结，对岩体裂隙的演化、损伤进行量化、系统、深入的研究。

1.2.1 基于数字图像处理技术的岩石细观量化试验研究

在地质环境下，岩石表现出的众多复杂的工程特性和现象均与其内部微细结构的形态和变化有关，所以定量给出岩石细观结构特征参数并研究其与宏观力学作用之间的关系，能够进一步了解岩石的力学变形特性。从国内外岩石微细结构研究的情况来看，主要是研究岩石微细结构体与其宏观力学行为之间的关系，进而用特定的结构模型来表征岩土体的工程性质。过去，已有诸多学者在岩石微细结构方面做了大量的定性研究，同时在定量研究方面也有较大进展。

Howarth 等[1]通过对岩石切片图像进行分析，建立了岩石微细颗粒参数量化(形状、方位角和相对比例等)的方法，并与岩样的力学强度进行比较，得到两者间的相互关系。Mehta 等[2]讨论了利用光学显微镜对岩石、砖和水泥等材料微观进行量化的可行性，并与 X 射线衍射方法进行了比较。Wong 等[3]研究了初始微裂隙密度和岩石微颗粒尺寸对 Yuen Long 大理岩单轴抗压强度的影响。Hatzor 等[4]研究了白云石的细观结构与微裂隙起裂的初始应力和试样最终强度之间的关系，发现岩石微观结构对其强度极限的影响较大。Wu 等[5]利用光学显微镜和 SEM 研究了 Darley Dale 砂岩在压缩破坏过程中各向异性损伤的微观力学演化过程，得到了微裂隙密度与应变之间的关系。Prikryl[6]利用岩相图像分析在单轴压缩下表现出不同力学性质的相同岩性岩样的微观结构，发现颗粒尺寸对岩样的强度影响最大，而且岩样的各向异性越大，其颗粒形状越呈现方向性。Menéndez 等[7]探讨了运用激光共焦点扫描显微镜来研究岩石中微裂隙和微孔洞网络的方法。

国内学者也对裂隙的图像量化处理进行了大量研究。1995 年，赵永红[8]对大理岩单轴压缩下裂纹随外荷载增加的变化过程进行了扫描电子显微镜实时观测研究。1998 年，张梅英等[9]利用带有最大荷载为 2000N 的台钳式加载装置的 S-570 扫描电子显微镜完成了单轴压缩过程中岩石变形破坏机理的研究。同年，吴立新等[10]完成了煤岩损伤扩展规律的实时压缩扫描电子显微镜研究。上述研究有力地推动了岩石损伤检测技术的发展，对岩石破坏机理的研究起到了积极的推动作用。

1.2.2 大理岩细观结构损伤与量化统计分析研究

对岩体裂隙进行定量、定性描述需要成熟的数字图像处理(digital image processing)技术，其是利用计算机对各种数字图像进行处理以获取数字信息的技术[11]，根据数字图像及所需信息的特点，编制相应的图像处理算法，进一步突出所需的信息，屏蔽干扰信息；可结合统计学理论，对图像进行数字重构等操作，进而丰富了由数字图像获取的信息量。然而，图像处理的原始数据需要借助现代试验设备进行室内试验，岩石的细观损伤研究离不开细观试验与检测技术。岩石断裂损伤方面研究所用的试验有模型材料试验、AE 试验、SEM 试验和 CT 试验。

国内外众多学者都对模型试验下的岩石破坏过程进行了深入研究，取得了许多研究成果。Wong 等[12]利用内含两条平行预制裂纹的类岩石材料进行单轴压缩试验以观察裂纹的扩展和贯通过程，认为预制裂纹贯通有三种方式。李银平等[13,14]根据带预制裂纹的大理岩试样在压应力状态下的声发射特征，分析了岩石损伤破坏过程和破坏机理。凌建明[15]较早地利用装配有拉压加载台和荷载伺服系统的扫描电子显微镜，对受压作用下小尺寸岩石试样的细观结构及细观损伤过程进行了试验。周维垣等[16]利用黑色大理岩试样进行了材料切片的扫描电子显微镜试验和三点弯梁断裂试验，研究试样细观破坏机理和宏观破坏的关系，利用局部化理论和分形维数相结合的方法建立了类脆性材料细观开裂网络模型。杨更社等[17,18]在国内最早运用医用X射线CT机研究岩石的初始损伤特性，得到用裂纹CT数表示岩石损伤变量的表达式。丁卫华等[19]根据CT图像求得岩石损伤过程中任意应力阶段任意区域的岩石密度损伤增量，首次将任意区域岩石压密和扩容定量化。Kawakata等[20]利用CT技术、X射线衍射图像和扫描电子显微镜技术研究了剪切试样的微观结构特征，并用这些特征解释了三轴压缩试验中岩石相应的细观变形特征。上述试验研究取得了显著成果，为岩石微裂隙细观损伤研究奠定了坚实的基础，对解决裂隙岩体的工程事故难题起到积极的推动作用。

1.2.3 红砂岩细观损伤演化特性及其本构模型试验研究

膨胀岩的工程灾害是极为复杂且具有重大经济意义的课题，如何经济有效地在这类岩石中建设工程并维持其稳定性，一直是困扰广大岩石力学和工程地质工作者的一个难题。当膨胀岩体受到扰动，特别是含水率发生变化时，膨胀岩常发生显著的物理化学反应，严重影响工程稳定性。因此，正确而全面地认识岩石力学损伤和变形特性对岩土工程发展具有重要的理论意义和工程意义。

南京红山窑水利枢纽是一座中型水利工程，工程效益以灌溉排涝为主，兼有提高滁河水位、保证船只通航功能。经过三十年的运行，工程内部出现大量缺陷和损伤，已不能适应当地经济的发展，综合各种因素，决定在原址重建红山窑水利枢纽。为了防止水利枢纽工程在开挖、施工、运行期间出现工程事故[21]，必须对工程地基基岩——红砂岩进行全面而深入的力学损伤特性和裂隙演化规律的试验研究，该研究成果无疑为红山窑水利枢纽工程的设计、施工、运行提供了可靠的理论依据。1969年，Rabotnov[22]引入了损伤变量的概念，之后很多研究人员对损伤进行了大量的研究并扩展到多维损伤分析。最早进行岩石类材料损伤力学研究的是Dougill等[23]、Dragon等[24]，他们应用损伤概念提出了能反映应变软化的岩石与混凝土之间的弹性本构关系，并且认为塑性膨胀率与损伤直接相关，建立了连续介质损伤力学模型。随后Krajcinovic等[25,26]、Kachanov[27]分别从不同的角度将损伤力学应用于岩石材料，同时从岩石本身的组构特征出发，探讨其损伤机理，建立相应的模型和理论，并将有关结论进一步推广到一般的脆性损伤问题。国内在岩石损伤力学研究方面起步较早的是谢和平，他于1990年出版了我国第一部这方面的专著《岩石、混凝土损伤力学》，并且首次在联系岩石微损伤与宏观断裂方面引入了分形几何，更合理地定量描述了岩石的损伤[28-30]。从损伤力学发展的过程来看，可将损伤力学分为两个重要分支：宏观损伤力学和细观损伤力学。宏观损伤力学，即通常所说的连续介质损伤力学(continuing damage medium，CDM)，基于连续介质力学与不可逆热力学理论，认为包含各类缺陷、结构的介质是一种连续体。目前，CDM 理论基本上都是用张量形成的损伤变量进行表述；理论上讲，损伤变量阶次的增加可以更多地考虑损伤的影响因素，损伤分析自然也就越来越细。但损伤本构模型中的损伤变量不具有任意性，阶次最高为八阶，还可以是四阶、二阶或零阶[31]。采用 CDM 建模的缺点是所建议的自由比能函数和损伤势函数缺乏力学依据，为此力学界开始探讨在引进细观力学基础上提出考虑各向异性的自由比能函数和损伤势函数，但对塑性的考虑还是较少见。在 CDM 建模过程中，由自由比能函数确定损伤本构关系，由损伤势函数确定损伤演化方程，因此自由比能函数和损伤势函数的确定是最关键的两步。Nemat-Nasser 等[32]假设基质为各向同性弹性体，对确定体积中有裂纹的情况采用分析方法进行了研究建模；Tu 等[33,34]对各向异性脆弹性材料中的裂纹采用分析方法进行了研究建模；比较热门的另一种方法是微平面法，Bažant 等[35,36]把微平面理论应用于损伤材料建模，其思路为假设可通过材料中一个任意倾向的平面上的应力-应变关系来表征其非弹性行为，这个平面称为微平面，微平面的体积应变和体积应力、偏应变和偏应力及剪应变和剪应力为各自一一非线性对应关系，和其他应力、应变无关，而材料的弹性张量可通过假设对任一应变率用宏观应力和应变表示的能量耗散率与用微观应力和应变表示的能量耗散率必须相等的方法求得。Curran 等[37]基于对动态破坏试样的显微观察指出材料的损伤状态依赖于其内部微缺陷的统计分布规律及演化规律，提出了成核与扩展(nucleation and growth，NAG)模型。目前，细观力学的发展面临两个难题：一是材料的细观结构(各种组构的形态、方向和分布)和细观损伤的数学描述；二是细观结构演变及损伤演化的运动学与力学之间的定量关系。

总的来说，损伤力学研究内容可以简化为图 1.2[38]。

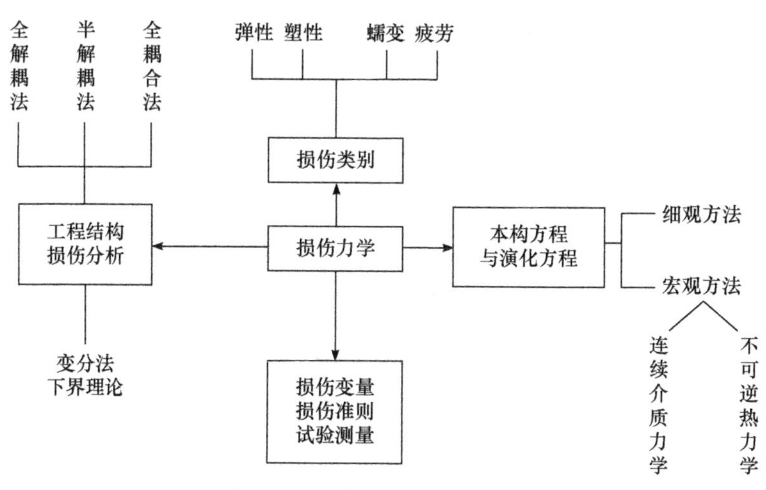

图 1.2　损伤力学研究内容[38]

从目前的研究现状来看，虽然岩石损伤特性研究取得了一定的成就，但由于岩石本身的复杂性以及试验条件的限制，且研究时间比较短，岩石损伤理论研究和应用尚不够成熟，尤其体现在缺少本构方程的统一性和理论运用到实践的可行性。

1.2.4 岩石温度效应研究进展及现状

岩石是由多种矿物颗粒组成的，广泛分布有原始的微细观缺陷和裂纹，在受热条件下，由于矿物颗粒在热力学上表现出的差异性，如热膨胀的各向异性、不均匀性等，岩石内部会发生相应的变化，当这种变化超过岩石本身的某种限度时，细观裂纹随着温度的升高而逐渐扩展、贯通，在一定程度上表现出材料受力性能的劣化直至破坏，说明温度对岩石造成了损伤。

早在 1964 年，Lebedev 和 Khitaror 就开始了对花岗岩热物理特征的研究。Houpert[39]对花岗岩在不同温度热处理后的某些力学性质进行了研究。寇绍全[40]研究了热处理温度 20～600℃下对 Stripa 花岗岩变形及破坏特性的影响，结果表明，Stripa 花岗岩的力学性质特征量随热处理温度的升高而产生非同寻常的变化，这些变化的机理尚不清楚，需要从内部细观结构损伤来解释。Simpson[41]对花岗岩在高温下的脆韧性转变行为进行了分析。张静华等[42]、王靖涛等[43]分别对花岗岩断裂韧度的高温效应进行了研究。李长春等[44]对考虑温度效应的岩石损伤本构关系进行了研究。Hueckel 等[45]研究了宏观唯象下的热塑性本构关系。Lau 等[46]研究了较低围压下花岗岩的弹性模量、泊松比、抗压强度随温度的变化规律以及破坏准则。席道瑛[47]研究了温度对花岗岩、大理岩的模量和波速的影响。许锡昌等[48]研究了温度作用下三峡花岗岩的力学性质及损伤特性。刘亚晨[49]研究了核废料储存裂隙岩体水热耦合迁移及其与应力的耦合关系。刘泉声等[50]研究了花岗岩的时-温等效原理及其在核废料地下储存中的应用，运用热力学内变量理论对三峡花岗岩进行了分析，应用时-温等效原理推导出相应的方程，并建立了热黏弹特性的本构方程。许锡昌[51]通过对花岗岩在热处理温度为 20～600℃范围内基本力学性质的研究，探讨了弹性模量、单轴抗压强度和泊松比随温度的变化规律，研究发现，75℃和 200℃分别为花岗岩弹性模量和单轴抗压强度的阈值温度。他以弹性模量为研究对象，提出了热损伤的概念，并给出了热损伤本构方程的一般表达式；在 Lemaitre 损伤模型的基础上，推导了一维热-力(TM)耦合弹脆性损伤本构方程和损伤能量释放率的表达式；参照经典塑性力学的屈服面理论，引入了温度作用下应力空间中脆性岩石的损伤面模型，定性地讨论了荷载和温度影响下损伤面的演化规律。夏小和等[52]对温度 100～800℃时大理岩在不同应力水平作用下进行超声波传播特性的试验研究。采用分组单独加温后，利用压力超声探头在 RMT-150B 型刚性岩石试验机上直接测定声波特性参数的方法，取得了 0～60kN 荷载范围内的大理岩纵波波速随温度变化的有效试验数据。在统计分析的基础上，进一步探讨了大理岩的纵波波速-时间特性以及影响大理岩纵波波速-时间关系的主要力学及物理原因。

综上所述，国内外学者在温度作用下岩石力学特性研究方面都做出了许多有益的工作，积累了丰富的经验。但以上研究大多从宏观角度出发，很少从微细观方面研究岩石的损伤，因此无法了解岩石细观结构与其所受温度之间的确切关系。

1.2.5 基于扩展有限元法的岩石三维裂纹扩展研究

岩体作为含裂隙体，其自身内部存在许多天然的裂隙、孔洞等原生缺陷，而在地下隧洞开挖等外力作用或自然条件变化等情况下，这些原生缺陷萌生裂纹继而扩展相互贯通直至破坏，对岩体承载力与稳定性会产生很大的影响，所以对三维含裂隙岩体裂纹扩展动态过程的研究有着十分重要的实际意义，与此同时，数值模拟方法作为高效且准确的手段广泛用于三维裂纹问题的研究中。在数值模拟方法分析方面，许多研究者运用有限元法、有限差分法、边界元法、无网格法等常见的数值计算方法来描述三维含裂隙岩体的裂纹扩展过程和规律。另外，运用传统的理论方法分析三维裂纹的扩展机理及规律也是一种行之有效的方法。但由于试验方法耗时耗财，理论方法计算耗时耗力，数值模拟方法以其准确且便利的特点已成为分析三维裂纹问题的主要手段。

由于岩石本身是各向异性材料，同时三维裂纹问题是几何不连续的，利用常规数值计算需要对网格进行多次重新划分，这不仅显著增加了计算量，还降低了数值计算的效率，而近年来扩展有限元法(extended finite element method，XFEM)在解决此类问题上有比较大的突破与进展，因此得到较为广泛的应用。

扩展有限元法是一种解决断裂力学问题的新的有限元方法，其理论由 Belytschko 等[53,54]于 1999 年首次提出，主要是采用独立于网格剖分的思想解决有限元中的裂纹扩展问题，保留了传统有限元法的优点，且不需要对结构内部存在的裂纹等缺陷进行网格划分。扩展有限元法是近年来发展比较快的一种模拟裂纹断裂方法，其优势是裂纹扩展可以不依赖于网格边界，这是 cohesive 单元和其他模拟方法所不具备的，也是扩展有限元法最大的一个优势。扩展有限元法的基本原理是基于单元分解的思想，在常规有限元法位移模式中加入一些加强函数以反映不连续性，其核心思想是用扩充的带有不连续性质的形函数来表示计算域内的间断，所以不连续场的描述完全独立于网格边界，从而不需要对网格进行重新划分，它成为数值模拟方法研究三维裂纹扩展问题的主要手段之一。在扩展有限元法出现之前，对裂纹的静态模拟(断裂)基本上都采用预留裂缝缺角的方式，通过细化网格仿真裂缝的轮廓。而动态模拟(损伤)基本上是基于统计原理的Paris方法。然而，断裂和损伤的结合问题却一直没有得到有效的解决，究其原因，断裂力学认可裂纹尖端的应力奇异现象(就是在靠近裂纹尖端区域，应力会变为无穷大)，并且尽可能绕开这个区域。而损伤力学又不能回避这个问题(裂纹都是从尖端开裂的)。不依赖于网格边界的优势是可以帮助我们预测出次生裂纹非规则路径转向等一系列结果。基于有限元和断裂力学理论发展的扩展有限元法是为了解决复杂断裂问题而提出的一种新的计算方法，迅速成为国际力学领域的研究热点。扩展有限元法不仅可以模拟穿过单元的任意扩展裂纹，还可以模拟含孔洞和夹杂的非均质材料。在裂纹两侧间断的是位移，在夹杂和两相材料两侧间断的是应变，这两种情况分别被定义为强间断和弱间断。在利用扩展有限元法进行计算时，采用不同形函数可有效模拟裂纹扩展的任意形状与路径，且具有明显的精确性与高效性。

扩展有限元法以其网格独立于几何边界、可实时追踪裂纹位置、优化形函数、体现裂纹动态过程等优点广泛应用于不连续问题中，三维裂纹问题就是其中很重要的一部分。扩展有限元法总体是基于常规有限元法的，但是在处理断裂问题上，其具有独特的优势。随后 Moës 等[55]在 Belytschko 等的基础上，通过引入扩充形函数完成对裂纹面及裂纹尖端的描述。Daux 等[56]运用扩展有限元法实现对分叉裂纹和孔洞分支的模拟。Dolbow 等[57]结合扩展有限元法和相互作用积分法两种方法，提出了一种新型的方法对复合型裂纹应力强度因子进行计算。Fries 等[58]提出在扩展有限元法中采用局部网格细化和悬点两种方法来解决不连续问题。Stolarska 等[59]在扩展有限元法中引入水平集法，通过水平集法来完成对不连续面的几何描述。Sukumar 等[60]首次利用扩展有限元法对孔洞等断裂问题进行分析研究。随后，Sukumar 等[61]运用扩展有限元法对非动态三维单裂纹扩展问题进行模拟研究，并结合改进的位移函数及水平集法对裂纹进行描述和定位。同时，Moës 等[62,63]将扩展有限元法运用在三维共面裂纹的研究中并引入分支函数来提高计算的精度。Réthoré 等[64]基于扩展有限元法建立了动态裂纹扩展模型，同时给出了该数值方法稳定性的证明，也表明此方法不会产生不受控制的能量变化，即保证了此方法的准确性。Huang 等[65]对准脆性材料裂纹扩展过程运用扩展有限元法进行模拟，并得到了动态过程的应力强度因子值。Duan 等[66]将单元水平集引入扩展有限元法中用以描述裂纹面，采用最小二乘法改进了裂纹面的光滑性及裂纹扩展方法的连续性，显著提升了扩展有限元法对三维裂纹扩展问题模拟的准确度。

国内对于扩展有限元法的应用和研究相对比较晚，陈胜宏等[67]首次引用扩展有限元的思想对坝踵起裂问题进行有限元分析。李录贤等[68]对扩展有限元法的整体思路及实际应用做了详尽的描述。李建波等[69,70]对于扩展有限元法实现裂纹扩展模拟的理论基础及具体实现方法进行了阐述。方修君等[71-74]利用虚节点法同时结合黏聚裂纹模型的扩展有限元法，借助 ABAQUS 平台对混凝土开裂、水力劈裂、地震荷载作用下的重力坝等工程问题进行模拟研究。余天堂等[75-77]改进了扩展有限元法中的积分方法，用以解决三维裂纹问题，并给出了含裂纹体应力强度因子的计算方法。庄茁等[78-80]提出利用壳单元的扩展有限元来模拟空间任意裂纹的扩展过程，同时利用 ABAQUS 平台的子程序实现对水力压裂过程的数值模拟，并将扩展有限元法运用到多裂纹体问题中。

通过对前人研究的总结发现，扩展有限元法作为当今广泛运用于断裂问题的数值方法，其在岩石三维裂纹问题中的应用研究却比较少，相对不够完善，对岩石裂纹问题的研究多集中在二维平面的情况，而对三维裂纹动态扩展过程的研究更是缺乏。同时对三维裂纹问题的数值研究主要停留在单裂纹的情况，三维双裂纹问题鲜少有人涉及，且对岩体内部应力场等缺少必要的分析研究。

参 考 文 献

[1] Howarth D F, Rowlands J C. Quantitative assessment of rock texture and correlation with drillability and strength properties[J]. Rock Mechanics & Rock Engineering, 1987, 20(1): 57-85.

[2] Mehta P K, Campbell D H, Galehouse J S. Quantitative clinker microscopy with the light microscope[J]. Cement Concrete and Aggregates, 1991, 13(2): 94-96.

[3] Wong R H C, Chau K T, Wang P. Microcracking and grain size effect in Yuen Long Marbles[J]. International Journal of Rock Mechanics and Mining Sciences & Geomechanics Abstracts, 1996, 33(5): 479-485.

[4] Hatzor Y H, Zur A, Mimran Y. Microstructure effects on microcracking and brittle failure of dolomites[J]. Tectonophysics, 1997, 281(3-4): 141-161.

[5] Wu X Y, Baud P, Wong T F. Micromechanics of compressive failure and spatial evolution of anisotropic damage in Darley Dale sandstone Teng-fong[J]. International Journal of Rock Mechanics and Mining Sciences, 2000, 37(1): 143-160.

[6] Prikryl R. Some microstructure aspects of strength variation in rocks[J]. International Journal of Rock Mechanics and Mining Sciences, 2001, 38(5): 671-682.

[7] Menéndez B, David C, Nistal A M. Confocal scanning laser microscopy applied to the study of pore and crack networks in rocks[J]. Computers and Geosciences, 2001, 27(9): 1101-1109.

[8] 赵永红. 受压岩石中裂纹发育过程及分维变化特征[J]. 科学通报, 1995, 40(7): 621-623.

[9] 张梅英, 袁建新, 李延芥, 等. 单轴压缩过程中岩石变形破坏机理[J]. 岩石力学与工程学报, 1998, 17(1): 1-8.

[10] 吴立新, 王金庄, 孟顺利. 煤岩损伤扩展规律的即时压缩 SEM 研究[J]. 岩石力学与工程学报, 1998, 17(1): 9-15.

[11] Sid-Ahmed M A. Image Processing: Theory, Algorithms, and Architectures[M]. New York: McGraw-Hill, 1995.

[12] Wong R, Chau K T. Crack coalescence in a rock-like material containing two cracks[J]. International Journal of Rock Mechanics and Mining Sciences, 1998, 35(2): 147-164.
[13] 李银平, 曾静, 陈龙珠, 等. 含预制裂隙大理岩破坏过程声发射特征研究[J]. 地下空间, 2004, 24(3): 290-293.
[14] Li Y P, Chen L Z, Wang Y H. Experimental research on pre-cracked marble under compression[J]. International Journal of Solids and Structures，2005, 42(9-10): 2505-2516.
[15] 凌建明. 压缩荷载条件下岩石细观损伤特征的研究[J]. 同济大学学报, 1993, 21(2): 219-226.
[16] 周维垣, 葛公瑞. 岩石、混凝土类材料损伤过程区的细观力学研究[J]. 水电站设计, 1997, 13(1): 1-9.
[17] 杨更社, 谢定义, 张长庆, 等. 岩石损伤特性的 CT 识别[J]. 岩石力学与工程学报, 1996, 15(1): 48-54.
[18] 杨更社. 岩石损伤与 CT 检测技术[J]. 西安矿业学院学报, 1997, 17(3): 195-198.
[19] 丁卫华, 仵彦卿, 蒲毅斌, 等. 岩石细观损伤过程的 CT 动态观测[J]. 西安理工大学学报, 2000, 16(3): 274-279.
[20] Kawakata H, Cho A, Kiyama T, et al. Three-dimensional observations of faulting process in Westerly granite under uniaxial and triaxial conditions by X-ray CT scan[J]. Tectonophysics, 1999, 313(3): 293-305.
[21] 朱珍德, 陈勇. 南京红山窑水利枢纽工程风化砂岩膨胀特性试验[R]. 南京: 河海大学, 2003.
[22] Rabotnov Y N. Creep rupture[C]//Proceedings of 12th International Congress of Applied Mechanics, Stanford, 1969: 342-349.
[23] Dougill J W, Lau J C, Burt N J. Toward a theoretical model for progressive failure and softening in rock, concrete and similar materials[J]. Computer Methods in Applied Mechanics and Engineering, 1976, 335: 335-355.
[24] Dragon A, Mroz Z A. A continuum model for plastic brittle behavior of rock and concrete[J]. International Journal of Engineering Science, 1979, 17(2): 121-137.
[25] Krajcinovic D, Fonseka G U. The continuous damage theory of brittle materials, Part 1: General theory[J]. Journal of Applied Mechanics, 1981, 48(4): 809-815.
[26] Krajcinovc D, Silva M A G. Statistical aspects of the continuous damage theory[J]. International Journal of Solids and Structures, 1982, 18(7): 551-562.
[27] Kachanov M. A microcrack model of rock inelasticity part Ⅰ: Frictional sliding on microcrack[J]. Mechanics of Materials, 1982, 1(1): 19-27.
[28] 谢和平. 大理岩微观断裂的分形(fractal)模型研究[J]. 科学通报, 1989, 34(5): 365.
[29] 谢和平, 高峰. 岩石类材料损伤演化的分形特征[J]. 岩石力学与工程学报, 1991, 10(1): 74-82.
[30] 谢和平, Sanderson D J, Peakcock D C P. 雁型断裂的分形模型和能量耗散[J]. 岩土工程学报, 1994, 16(1): 1-7.
[31] 吕运冰, 陈幸福. 关于损伤张量的阶次[J]. 应用数学和力学, 1989, 10(3): 57-64.
[32] Nemat-Nasser S, Obata M. A microcrack model of dilatancy in brittle materials[J]. Journal of

Applied Mechanics, 1988, 55(1): 24-35.

[33] Tu J W, Lee X. Micromechanical damage models for brittle solids. Part Ⅰ: Tensile loadings[J]. Journal of Engineering Mechanics, 1991, 117(7): 1495-1514.

[34] Tu J W, Lee X. Micromechanical damage models for brittle solids. Part Ⅱ: Compressive loadings[J]. Journal of Engineering Mechanics, 1991, 117(7): 1515-1536.

[35] Bažant Z P. Microplane model for brittle-plastic material: Part Ⅰ. Theory[J]. Journal of Engineering Mechanics, 1988, 114(10): 1672-1702.

[36] Bažant Z P, Ožbolt J. Nonlocal microplane model for fracture, damage, and size effect in structures[J]. Journal of Engineering Mechanics, 1990, 116(11): 2485-2505.

[37] Curran D R, Seaman L, Shockey D A. Dynamic failure of solid[J]. Physics Reports, 1987, 147(5-6): 253-388.

[38] 谢和平, 鞠杨. 经典损伤定义中的“弹性模量法”探讨[J]. 力学与实践, 1997, 19(2): 1-5.

[39] Houpert R. Fracture behaviour of rocks[C]//Proceedings of 4th Congress International Society for Rock Mechanics, Montreux, 1979: 107-114.

[40] 寇绍全. 热开裂损伤对花岗岩变形及破坏特性的影响[J]. 力学学报, 1987, 19(6): 550-555.

[41] Simpson C. Deformation of granitic rocks across the brittle-ductile transition[J]. Journal of Structural Geology, 1985, 7(5): 503-511.

[42] 张静华, 王靖涛, 赵爱国. 高温下花岗岩断裂特性的研究[J]. 岩土力学, 1987, 8(4): 11-16.

[43] 王靖涛, 赵爱国, 黄明昌. 花岗岩断裂韧度的高温效应[J]. 岩土工程学报, 1989, 6(11): 113-118.

[44] 李长春, 付文生, 袁建新. 考虑温度效应的岩石损伤内时本构关系[J]. 岩土力学, 1991, 12(3): 1-10.

[45] Hueckel T, Peano A, Pellegrini R. A constitutive law for thermo-plastic behaviour of rocks: An analogy with clays[J]. Surveys in Geophysics, 1994, 15(5): 643-671.

[46] Lau J S O, Gorski B, Jackson R. The effects of temperature and water-saturation on mechanical properties of Lac du Bonnet pink granite[C]//The 8th ISRM Congress, Tokyo, 1995.

[47] 席道瑛. 温度对岩石模量和波速的影响[J]. 岩石力学与工程学报, 1998, 17(增刊): 802-807.

[48] 许锡昌, 刘泉声. 高温下花岗岩基本力学性质初步研究[J]. 岩土工程学报, 2000, 22(3): 276-278.

[49] 刘亚晨. 核废料贮存裂隙岩体水热耦合迁移及其与应力的耦合分析[J]. 岩石力学与工程学报, 2001, 20(1): 136.

[50] 刘泉声, 王崇革. 岩石时-温等效原理的理论与实验研究——第一部分: 岩石时-温等效原理存在的热力学基础[J]. 岩石力学与工程学报, 2002, 21(2): 193-198.

[51] 许锡昌. 花岗岩热损伤特性研究[J]. 岩土力学, 2003, (S2): 188-191.

[52] 夏小和, 陆雅萍, 黄醒春, 等. 高温后大理岩在不同应力水平下超声波特性的实验研究[J]. 上海交通大学学报, 2004, 38(7): 1225-1228.

[53] Belytschko T, Black T. Elastic crack growth in finite elements with minimal remeshing[J]. International Journal for Numerical Methods in Engineering, 1999, 45(5): 601-620.

[54] Moës N, Belytschko T. Extended finite element method for cohesive crack growth[J]. Engineering Fracture Mechanics, 2002, 69(7): 813-833.

[55] Moës N, Dolbow J, Belytschko T. A finite element method for crack growth without remeshing[J]. International Journal for Numerical Methods in Engineering, 2002, 46(1): 131-150.

[56] Daux C, Moës N, Dolbow J, et al. Arbitrary branched and intersecting cracks with the extended finite element method[J]. International Journal for Numerical Methods in Engineering, 2000, 48(12): 1741-1760.

[57] Dolbow J E, Gosz M. On the computation of mixed-mode stress intensity factors in functionally graded materials[J]. International Journal of Solids and Structures, 2002, 39(9): 2557-2574.

[58] Fries T P, Byfut A, Alizada A, et al. Hanging nodes and XFEM[J]. International Journal for Numerical Methods in Engineering, 2000, 86(4-5): 404-430.

[59] Stolarska M, Chopp D L, Moës N, et al. Modelling crack growth by level sets in the extended finite element method[J]. International Journal for Numerical Methods in Engineering, 2001, 51(8): 943-960.

[60] Sukumar N, Chopp D L, Moës N, et al. Modeling holes and inclusions by level sets in the extended finite-element method[J]. Computer Methods in Applied Mechanics and Engineering, 2001, 190(46-47): 6183-6200.

[61] Sukumar N, Chopp D L, Moran B. Extended finite element method and fast marching method for three-dimensional fatigue crack propagation[J]. Engineering Fracture Mechanics, 2003, 70(1): 29-48.

[62] Moës N, Gravouil A, Belytschko T. Non-planar 3D crack growth by the extended finite element and level setss. Part I: Mechanical model[J]. International Journal for Numerical Methods in Engineering, 2002, 53(11): 2549-2568.

[63] Gravouil A, Moës N, Belytschko T. Non-planar 3D crack growth by the extended finite element and level sets. Part II: Level set update[J]. International Journal for Numerical Methods in Engineering, 2002, 53(11): 2569-2586.

[64] Réthoré J, Gravouil A, Combescure A. An energy-conserving scheme for dynamic crack growth using the extended finite element method[J]. International Journal for Numerical Methods in Engineering, 2005, 63(5): 631-659.

[65] Huang R, Prévost J H, Suo Z. Loss of constraint on fracture in thin film structures due to creep[J]. Acta Materialia, 2002, 50(16): 4137-4148.

[66] Duan Q, Song J H, Menouillard T, et al. Element-local level set method for three-dimensional dynamic crack growth[J]. International Journal for Numerical Methods in Engineering, 2009, 80(12): 1520-1543.

[67] 陈胜宏, 汪卫明, 徐明毅, 等. 小湾高拱坝坝踵开裂的有限单元法分析[J]. 水利学报, 2003, 34(1): 66-71.

[68] 李录贤, 王铁军. 扩展有限元法(XFEM)及其应用[J]. 力学进展, 2005, 35(1): 5-20.

[69] 李建波, 陈健云, 林皋. 非网格重剖分模拟宏观裂纹体的扩展有限单元法(Ⅰ: 基础理论)[J]. 计算力学学报, 2006, 23(2): 207-213.

[70] 李建波, 陈健云, 林皋. 非网格重剖分模拟宏观裂纹体的扩展有限单元法(Ⅱ: 数值实现)[J]. 计算力学学报, 2006, 23(3): 317-323.

[71] 方修君, 金峰. 基于 ABAQUS 平台的扩展有限元法[J]. 工程力学, 2007, 24(7): 6-10.

[72] 方修君, 金峰, 王进廷. 用扩展有限元方法模拟混凝土的复合型开裂过程[J]. 工程力学, 2007, 24(z1): 46-52.
[73] 方修君, 金峰, 王进廷. 基于扩展有限元法的粘聚裂纹模型[J]. 清华大学学报(自然科学版), 2007, 47(3): 344-347.
[74] 方修君, 金峰, 王进廷. 基于扩展有限元法的 Koyna 重力坝地震开裂过程模拟[J]. 清华大学学报(自然科学版), 2008, 48(12): 2065-2069.
[75] 余天堂. 含裂纹体的数值模拟[J]. 岩石力学与工程学报, 2005, 24(24): 4434-4439.
[76] 董玉文, 余天堂, 任青文. 直接计算应力强度因子的扩展有限元法[J]. 计算力学学报, 2008, 25(1): 72-77.
[77] 余天堂. 模拟三维裂纹问题的扩展有限元法[J]. 岩土力学, 2010, 31(10): 3280-3285.
[78] 庄茁, 成斌斌. 发展基于 CB 壳单元的扩展有限元模拟三维任意扩展裂纹[J]. 工程力学, 2012, 29(6): 12-21.
[79] 王涛, 柳占立, 庄茁. 基于 ABAQUS 的 VUEL 扩展有限元法模拟水力压裂[C]//北京力学会第 20 届学术年会, 北京, 2014: 573-574.
[80] 许丹丹, 柳占立, 庄茁. 模拟多裂纹的扩展有限元算法[C]//北京力学会第 21 届学术年会暨北京振动工程学会第 22 届学术年会, 北京, 2015: 105-107.

第2章 基于数字图像处理技术的岩石细观量化试验研究

2.1 数字图像处理技术在岩土工程中的应用

利用数字图像处理技术可以较准确地获取微细观结构信息，也可以较为便捷地获取SEM图像中微裂隙的各种信息。数字图像处理技术已广泛运用于岩土工程中，如识别矿物颗粒、识别裂隙、鉴定矿物及量化分析等，主要的用途可以分为以下几类。

1. 相分析

扫描电子显微镜的出现为研究材料微细观破坏机理提供了手段，而数字图像处理技术使量化分析成为可能。相分析已经运用于工业材料的质量控制领域。Allard等[1]借助图像处理技术在计算机上分析了晶粒状岩石的矿物构成。Stirling[2]介绍了在碳酸钾矿物生产过程中如何使用图像处理技术中的纹理分析功能评估矿物的析出效果。Kuo[3]利用数字图像处理技术来识别无黏性土的构造。Yue等[4-6]提出了一种基于数字图像的非均质岩土工程结构的二维数值分析方法，采用基于彩色空间的数字图像处理技术将组成成分(长石、石英和黑云母)分辨出来并再现岩石的细观结构，实现了岩土工程材料的非均质分析。

如今已有大量的数字图像处理系统用来分析矿物成分，如GOP处理器[7]，其中图像识别是通过智能系统或专家系统来实现的，该智能系统的原理是首先输入一些例子对系统进行训练，或是输入待分类物体和算法程序，由系统对物体进行分类，可以通过统计方法提高识别的精度[8]。

2. 裂隙识别

荧光技术可以使宽度小于1μm的微裂隙被识别出来，同样运用SEM可以获取几微米的微裂隙图像。Saenen等[9]利用长焦光学显微镜和摄像机以及SEM，通过数字图像处理技术得到荷载作用下的裂隙延展过程。Klassen等[10]和Lee[11]利用数字图像处理技术研究公路路面裂隙。Suzuki等[12]通过数字图像处理技术对单轴压缩下的微裂隙扩展进行了研究，试验观测到按方位角分类，微裂隙可以分为三组，分别为平行、垂直及与轴向应力成一定角度。范留明等[13]利用数字图像处理技术和数码摄影技术对岩体裂隙进行了测量。

3. 矿物颗粒边界的识别

通过数字图像处理技术可以获得矿物颗粒边界的信息，如在灰度分割后测量二值化图像中颗粒的直径，以及通过各种算法(如 Sobel 边缘检测算子)来获取颗粒边界。Goodchild 等[14]给出了一系列运用于光学显微镜图像的边缘检测算子。Jenkins 等[15]介绍了一种颗粒边缘识别算法运用于菱镁矿生产过程中的质量控制。

4. 颗粒形状参数的测量

形状参数包括长度、宽度和周长等，进一步可以用来计算长宽比、圆度和形状指数等参数，这些参数会影响如沥青和砂浆等材料的休止角与流变参数，在大多数情况下，它们主要是通过人工测量而得到，是一项既费时又费力的工作，因此有必要通过其他手段来得到上述参数，随着计算机的发展，数字图像处理技术已可以实现上述过程，且既快速又准确。Parkin 等[16]通过数字图像处理技术在实时状态下获取岩石矿物颗粒的圆度和形状指数等参数。同样，表面结构信息也可以通过分形理论并运用图像分析获得[17,18]。Ehrlich 等[19]利用数字图像处理技术得到了砂岩的矿物颗粒形状参数。

5. 力学性质

宏观的力学表现必然是细观结构变化的一种反映，因此研究细观结构特征的变化和宏观力学性质之间的关系就显得很有必要。岩石等材料的力学性质被其细观结构的各量化参数所影响。Erkan[20]通过数字图像处理技术得出了花岗岩的抗压强度与颗粒粒径有关的结论。

2.2　图像预处理

2.2.1　图像数字化

由 SEM 获取的微裂隙图像为 8 位灰度的二维图像，一幅 8 位灰度的二维图像可以看成一个矩阵，如图 2.1 所示，其中每个矩阵单元就是图像中的一个像素点，该处的像素值 $f(x, y)$就是灰度，反映了该处的亮度，其中 x 和 y 代表坐标，函数 f 为(x, y)处的灰度，其变化范围为 0～255，像素是计算机显示器或监视器上的一点，其取决于设备的分辨率。假如一幅图像 $f(x, y)$具有 M 行和 N 列，用紧凑矩阵形式表示完整的 $M \times N$ 数字图像，见式(2.1)，传统的矩阵表示见式(2.2)。

$$f(x,y)=\begin{bmatrix} f(0,0) & f(0,1) & \cdots & f(0,N-1) \\ f(1,0) & f(1,1) & \cdots & f(1,N-1) \\ \vdots & \vdots & & \vdots \\ f(M-1,0) & f(M-1,1) & \cdots & f(M-1,N-1) \end{bmatrix} \tag{2.1}$$

式(2.1)定义了一幅数字图像。矩阵中的每个元素称为图像单元、图像元素或像素。

$$A=\begin{bmatrix} a_{0,0} & a_{0,1} & \cdots & a_{0,N-1} \\ a_{1,0} & a_{1,1} & \cdots & a_{1,N-1} \\ \vdots & \vdots & & \vdots \\ a_{M-1,0} & a_{M-1,1} & \cdots & a_{M-1,N-1} \end{bmatrix} \tag{2.2}$$

显然，$a_{i,j}=f(x=i,y=j)=f(i,j)$，因此式(2.1)和式(2.2)是恒等矩阵。

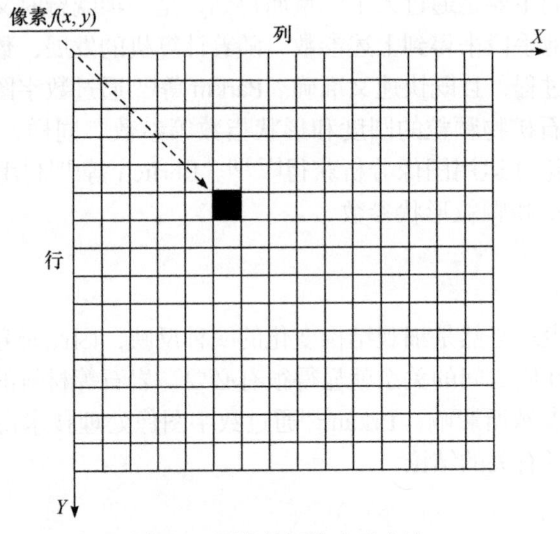

图 2.1　图像的矩阵表示方法

图 2.2 为大理岩的细观结构图，图 2.3 为该图在空间中的显示，从图中可以形象地看出，在一张岩石细观结构图像中，既有“高山”又有“山谷”，其中“山谷”即为需要识别的微裂隙，而其他背景部分为大理岩基质，能否准确识别出微裂隙对后续的数据处理和利用具有决定性作用。

2.2.2　图像增强

图像增强的首要目的是处理图像，使其比原始图像更适合于特定应用，即更适合于识别出 SEM 图像中的微裂隙。图像增强主要有空间域方法和频域方法，其

图 2.2　大理岩的细观结构图

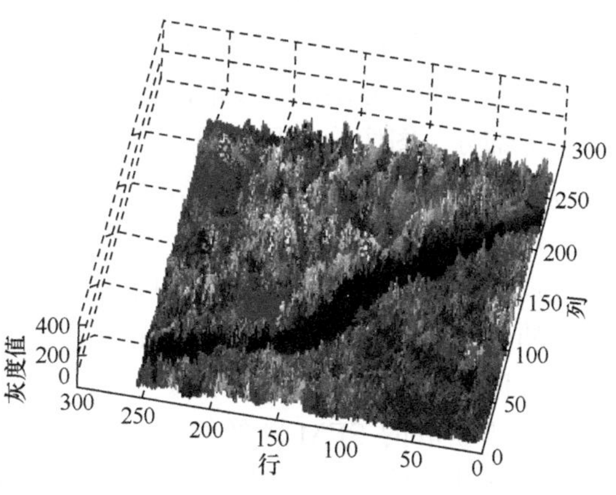

图 2.3　图 2.2 的空间显示

中空间域是指图像平面本身，这类方法是以对图像的像素直接处理为基础，计算速度一般较快；频域处理技术是以修改图像的傅里叶变换为基础，计算速度一般较慢，所以在以后用到的图像增强都采用空间域的调整来达到目的。图像增强方法如图 2.4 所示[21]。

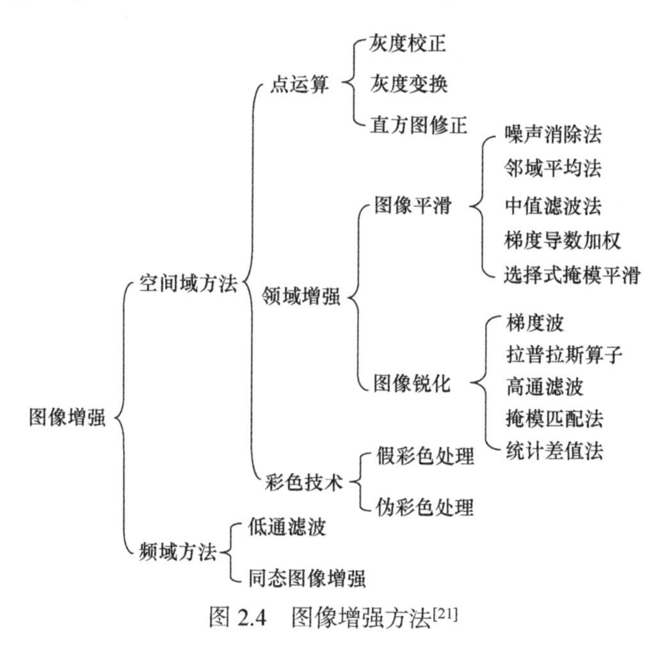

图 2.4　图像增强方法[21]

2.2.3　图像分割

图像分割是将图像细分为构成它的子区域或对象。图像分割方法大致可分为结构分割方法和非结构分割方法两大类。基于处理大理岩细观尺度微结构的SEM图像，经过对各类方法的筛选，选择使用结构分割类别中的区域生长算法进行图像分割。分割的程度取决于要解决的问题以及如何来识别 SEM 图像中的微裂隙部分。图像分割是图像处理中最困难也是最重要的一部分，能否精确地从图像中分割出微裂隙对后续微裂隙结构信息的提取至关重要。

图像分割方法一般是基于亮度值的两个基本特性：不连续性和相似性。第一类性质的主要应用途径是基于亮度的不连续变化分割图像，如图像的边缘；第二类性质的主要应用途径是依据事先制定的准则将图像分割为相似的区域，如门限处理、区域生长、区域分离和聚合都是这类方法。

由于获取的 SEM 图像的复杂性，图像背景不是很均一，采用边缘检测算子[22-26]往往无法达到从图像中分割出微裂隙的目的，所以采用相似性原则并运用区域生长来实现图像分割的目的。

2.3 区域生长算法

区域生长算法是一种事先根据定义的准则将像素或子区域聚合成更大区域的过程，它以数学形态学理论为基本理论。

2.3.1 形态学的处理

由于以下多次用到形态学理论，在此做简要介绍，详细内容可以参见文献[21]。形态学是指数学形态学(mathematical morphology)，数学形态学作为工具可以从图像中提取对表达和描绘区域形状有用的图像分量，如边界、骨架和凸壳等。数学形态学的理论基础是集合论，算法都是基于集合论而得到的。

1) 膨胀

A 和 B 是 z^2 的集合，A 被 B 膨胀定义为

$$A \oplus B = \{z \mid (\hat{B})_z \cap A \neq \varnothing\} \tag{2.3}$$

这个公式是以得到 B 的相对于它自身原点的映像并且由 z 对映像进行位移为基础的。A 被 B 膨胀是所有位移 z 的集合，这样 $\hat{B}$ 和 A 至少有一个元素是重叠的。根据这种解释，式(2.3)可以重写为

$$A \oplus B = \{z \mid [(\hat{B})_z \cap A] \subseteq A\} \tag{2.4}$$

集合 B 称为膨胀的结构元素。图 2.5 显示了集合 A 被两个不同结构元素膨胀的结果[21]。

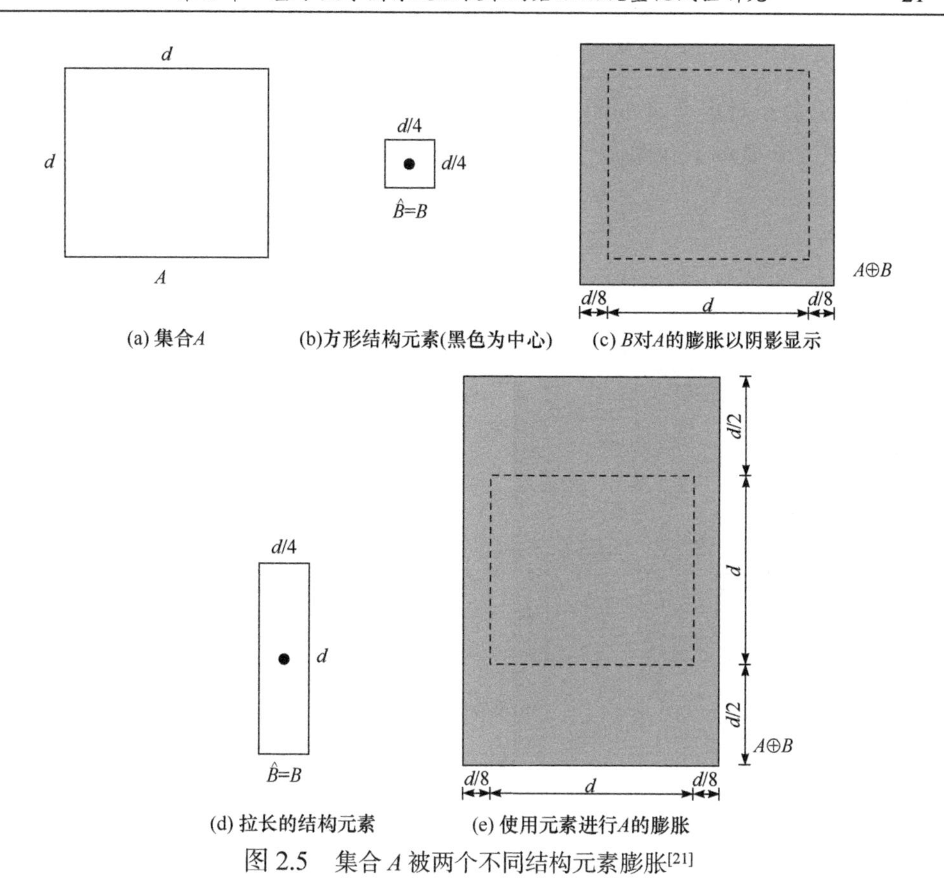

图 2.5　集合 A 被两个不同结构元素膨胀[21]

2) 腐蚀

对 z^2 中的集合 A 和 B，使用 B 对 A 进行腐蚀，用 $A\ominus B$ 表示，并定义为

$$A\ominus B=\{z\,|\,(\hat{B})_z\subseteq A\} \tag{2.5}$$

使用 B 对 A 进行腐蚀是所有 B 中包含 A 的点 z 的集合用 z 平移。

3) 开操作与闭操作

膨胀使图像扩大，腐蚀使图像缩小，而开操作一般使图像的轮廓线变得光滑，断开狭窄的间断并消除细的突出物。闭操作同样使图像的轮廓线更为光滑，但与开操作相反的是，它通常消弭狭窄的间断和长细的鸿沟，消除小的孔洞，并填补轮廓线中的断裂。

使用结构元素 B 对集合 A 进行开操作，表示为 $A\circ B$，具体公式为

$$A\circ B=(A\ominus B)\oplus B \tag{2.6}$$

因此，用 B 对 A 进行开操作就是用 B 对 A 进行腐蚀，然后用 B 对结果进行膨胀。

同样使用结构元素 B 对集合 A 进行闭操作，表示为 $A\cdot B$，定义如下：

$$A \cdot B = (A \oplus B) \ominus B \tag{2.7}$$

使用结构元素 B 对集合 A 的闭操作就是用 B 对 A 进行膨胀，然后用 B 对结果进行腐蚀。图 2.6 显示了开操作与闭操作的过程和结果。

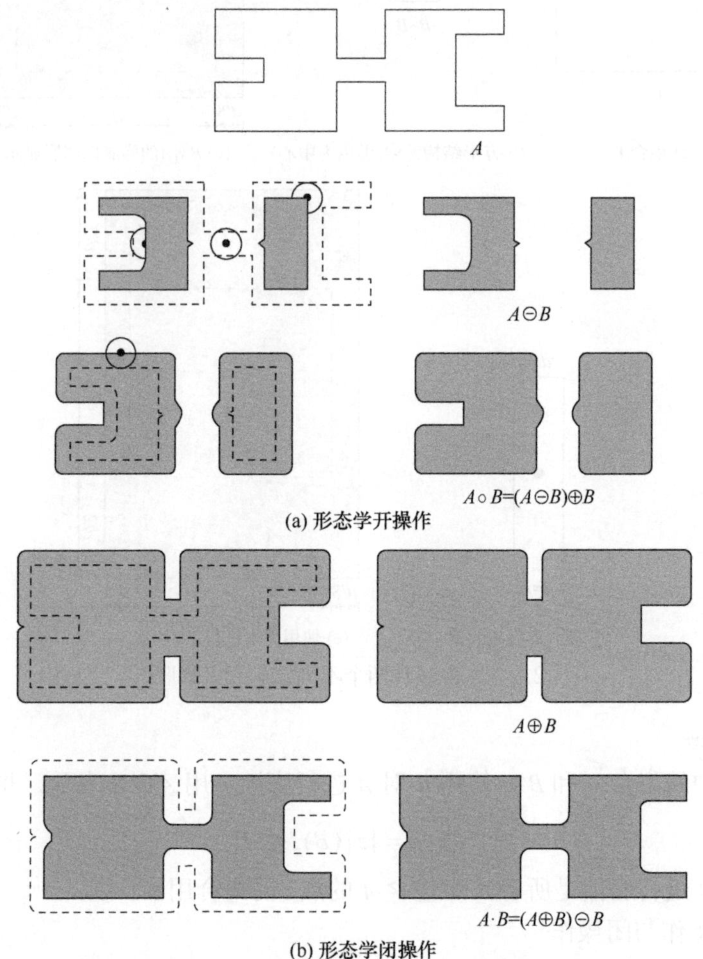

(a) 形态学开操作

(b) 形态学闭操作

图 2.6　开操作与闭操作的过程和结果

2.3.2　区域生长的基本公式

令 R 表示整幅图像区域，可以将分割看成是 R 划分为 n 个子区域 $R_1, R_2, \cdots, R_n$ 的过程。R 与 R_i 需满足如下条件：

(1) $\bigcup_{i=1}^{n} R_i = R$。

(2) R_i 是一个连通的区域，$i = 1, 2, \cdots, n$。

(3) $R_i \cap R_j = \varnothing$，对所有的 i 和 j，$i \neq j$ 。

(4) $P(R_i) = \text{TRUE}$，对于 $i = 1,2,\cdots,n$ 。

(5) $P(R_i \cup R_j) = \text{FALSE}$，对于 $i \neq j$ 。

这里，$P(R_i)$ 为定义在集合 R_i 的点上的逻辑谓词，$\varnothing$ 为空集。

条件(1)说明分割必须是完全的，即每个像素必须属于一个区域。条件(2)要求区域中的点必须与某个预定义的准则相联系。条件(3)说明不同区域必须是不相交的。条件(4)涉及在分割区域内的像素必须满足的性质，例如，如果所有 R_i 内的像素有相同的灰度级，则 $P(R_i) = \text{TRUE}$ 。条件(5)说明区域 R_i 和 R_j 对于谓词 P 是不同的。

2.3.3　区域生长

区域生长是一种根据事先定义的准则将像素或子区域聚合成更大区域的过程。基本方法是以一组种子点开始，将与种子性质相近(如灰度级或颜色的特定范围)的相邻像素附加到生长区域的每个种子上。

通常根据所解决问题的性质选择一个或多个起点。当一个先验信息无效时，这一过程将对每个像素计算相同的特性集，最终这个特性集在生长过程中将像素归属某个区域。如果这些计算的结果呈现出不同簇的值，则那些由于自身的性质而处于这些簇中心附近的像素可以作为种子。

相似性准则的选择不仅取决于面对的问题，还取决于有效图像数据的类型。如果有关连通性和相邻性的信息没有用于区域生长过程，则单个描绘子会产生错误的结果。区域生长的另一个问题是用公式描绘一个终止规则。在没有像素满足加入某个区域的条件时，区域生长基本上就会停止。像灰度级、纹理和颜色准则等局域性质都没有考虑到区域生长的“历史”。其他增强区域生长算法处理能力的准则利用了待选像素和已加入生长区的像素间的大小、相似性等概念(如待选像素的灰度级和生长区域的平均灰度级之间的比较)以及生长区域的形状。这些类型的描绘子的使用是以假设能得到预期结果的模型至少有一部分有效为基础的。

图 2.7 为一幅放大 300 倍的大理岩微观 SEM 图像，图 2.8 为该图方框内沿虚线剖线的灰度变化。从图 2.8 可以看出，沿微裂隙部分的图像灰度值明显低于其他背景，形象地说明该部分就是一处沟壑，而利用区域生长中的种子点，就是首先要从沟壑中开挖一定数目的泉眼，然后从泉眼开始放水，当水位满足一定条件后，水所占的区域就是所要识别出的微裂隙。

根据以上理论，为一个像素能否添加到某一区域制定以下两个基本原则：

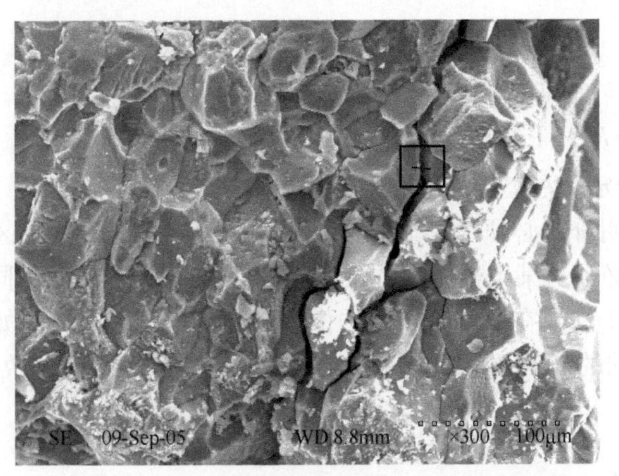

图 2.7　放大 300 倍的大理岩微观 SEM 图像

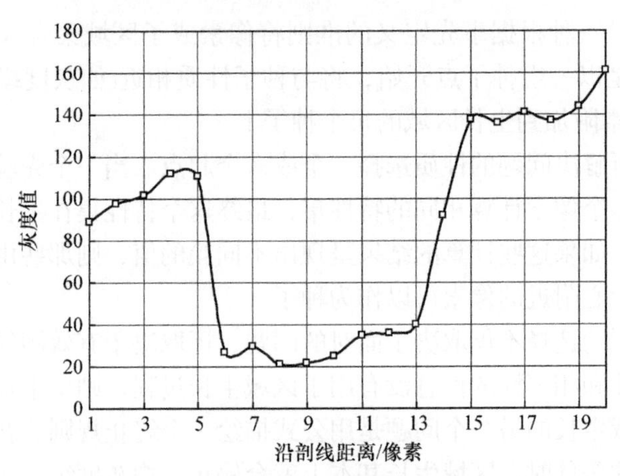

图 2.8　图 2.7 中方框内沿虚线剖线的灰度变化

(1) 任何像素和种子之间的灰度级绝对差必须小于某一个值β，该β值是根据某一算法得到的，其可以区分图上两个不同的区域，如果β超过其合理大小的值，则分割出来的微裂隙将偏大，反之，分割出来的微裂隙将偏小。

(2) 要添加到某一个区域的像素必须与此区域至少一个像素是八连通的。如果某个像素被发现与多于一个区域相联系，就将这些区域合并起来。形象地说，生长的过程中必须有“根”。

β值可以通过多种算法获取，如双峰法、迭代方法(最优方法)、大津法(Otsu 法)、灰度拉伸法(改进的 Otsu 法)及 Krish 算子法，具体参见文献[27]。

2.3.4　区域生长程序

利用区域生长对图 2.7 进行分割，以得到二值化的微裂隙图像，并进一步根据裂纹三维参数计算理论[28]得到微裂隙的长度、方位角、宽度和面积等参数。

(1) 对图像进行必要的增强处理。

由于采集图像中亮度和对比度的调节不当，可以对图像首先做一些亮度和对比度调整，一般对整个图像进行加法运算，则整体图像变亮，反之，整体图像变暗；对整个图像进行乘法运算，则整体图像对比度增加，反之，整体图像对比度降低，见式(2.8)：

$$g(x,y)=T[f(x,y)] \tag{2.8}$$

式中，$f(x,y)$ 为输入的图像；$g(x,y)$ 为处理后的图像；T 为对 f 的一种操作。图 2.9 为图 2.7 的灰度值整体加上 50 后的效果，图 2.11 为灰度值乘以 1.5 后的效果。

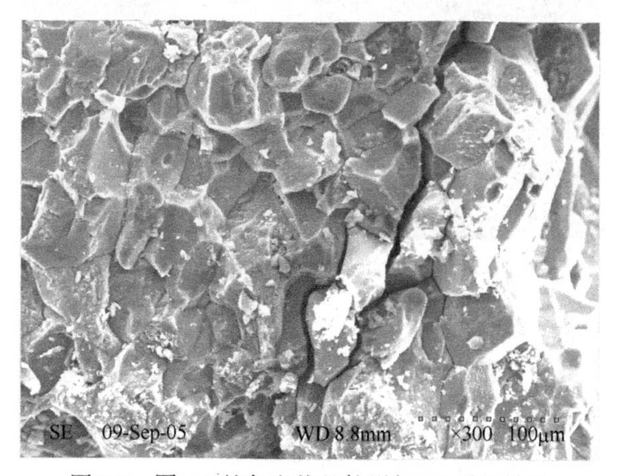

图 2.9　图 2.7 的灰度值整体增加 50 后的效果

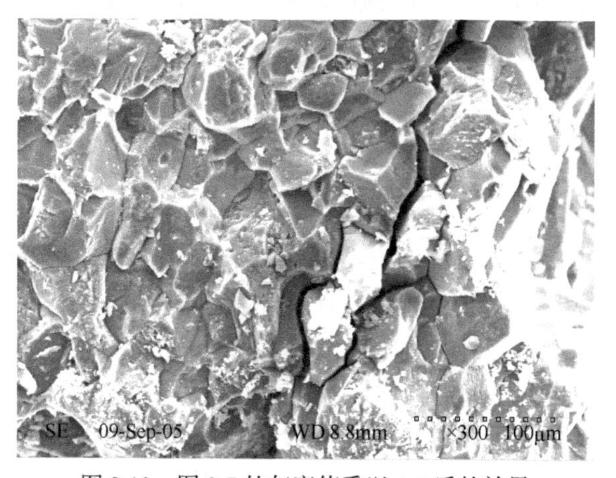

图 2.10　图 2.7 的灰度值乘以 1.5 后的效果

(2) 选取种子点。

选取种子点是在微裂隙区域人工点击一定的种子点，当然今后可以通过其他一些算法并结合人工智能及模糊聚类来智能获取种子点，本书不作考虑；本书通过初步图像分割来获取种子点，即图像上灰度值小于某一值的区域而且该区域大于一定面积就认为是裂隙区域，然后通过形态学提取骨架作为种子点。图 2.11 为设置的区域生长算法的种子点。

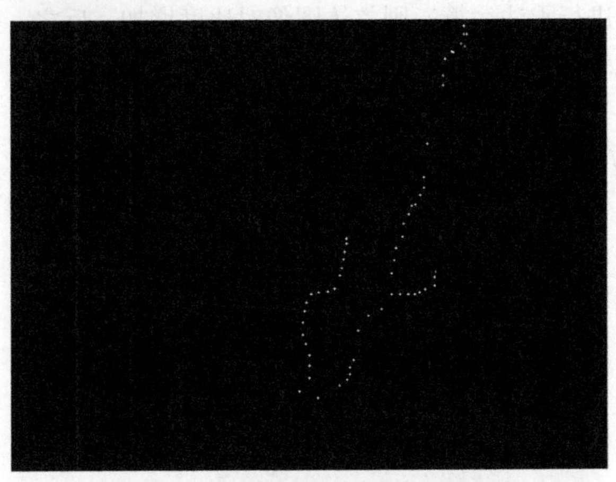

图 2.11　设置的区域生长算法的种子点

(3) 进行区域生长运算。

使用 MATLAB 进行编程运算，得到微裂隙二值化后的图像，区域生长算法流程如图 2.12 所示，图 2.13 为区域生长算法识别结果。

(4) 对识别出来的微裂隙图像进行必要的修补。

识别出来的微裂隙图像中微裂隙(图 2.13 中白色部分)的边缘不光滑且有一些毛刺，在微裂隙中可能有一些小的孔洞，所以有必要采用形态学的闭操作以及孔洞填充算法进行处理，处理后的结果如图 2.14 所示，将识别出的微裂隙图叠加于原图之上，如图 2.15 所示，可以看出识别的结果是令人满意的。

2.3.5　提取微裂隙二维信息

根据 2.3.4 节理论可以在识别出来的二值化后的微裂隙图像(图 2.14)上得到微裂隙的二维信息，由于在 MATLAB 中有 bwlabel 和 regionprops 两个函数[28]可以对二值化图像后颗粒或孔隙进行标识和参数值统计。由这些参数值可以获得颗粒或孔隙的总面积、孔隙率、总周长、面积、周长、形状系数、粒径或孔径、扁圆度和方位角。图 2.7 为放大 300 倍的图像，图中一个像素代表的长度为 100μm/150pixel=0.6667μm/pixel，从计算机识别出来的各量 pixel 单位再转化为μm 单位。

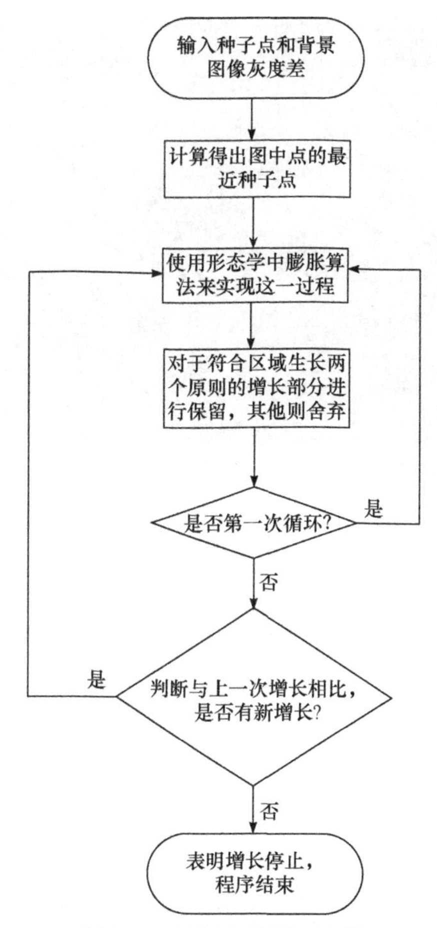

图 2.12　区域生长算法流程

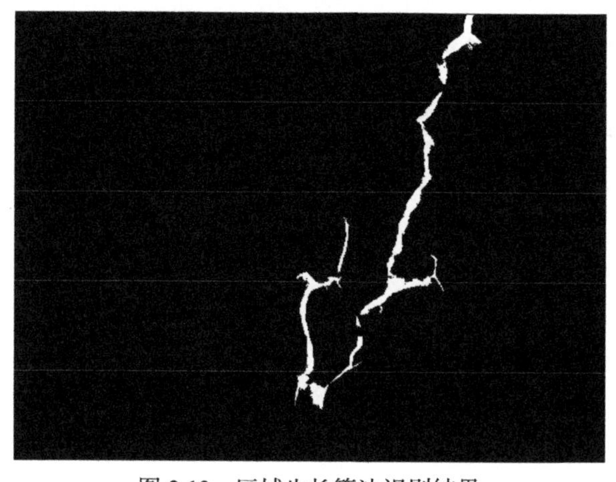

图 2.13　区域生长算法识别结果

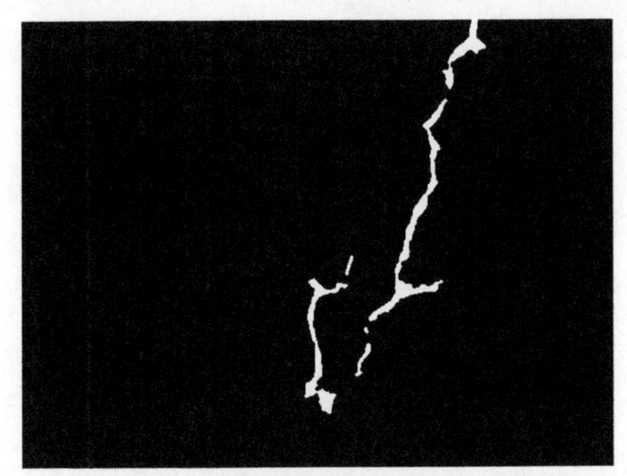

图 2.14　通过形态学算法进行必要的修补

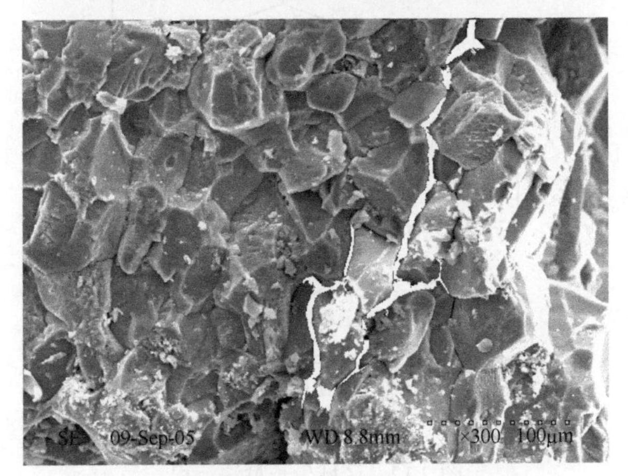

图 2.15　叠加识别出的裂隙图于原图之上

从图 2.14 识别出来的微裂隙信息见表 2.1。

表 2.1　微裂隙二维数据

面积/μm²	方位角/(°)	周长/μm	长度/μm	宽度/μm
632.73	89.941	291.20	127.85	22.46
33.34	73.361	31.87	16.29	2.82
77.79	67.795	58.56	30.04	2.77
11.11	−71.078	10.99	2.91	3.01
977.88	77.426	452.36	189.48	30.92
369.81	58.009	143.82	55.81	16.57

2.4　MATLAB 程序提取微裂纹信息

2.4.1　平台简介及优点

MATLAB 是 Mathworks 公司推出的一套高性能的数值计算和可视化软件，它将数字分析与图像处理融为一体，构成了一个方便的、界面友好的用户环境，而且具有可扩展性特征。MATLAB 中的数字图像是以矩阵形式表示的，这说明在数字图像处理方面将具有较大的优势，同时，由于数字图像在计算机中以矩阵的形式进行存储运算，MATLAB 中适用于矩阵运算的函数、语法同样对数字图像也适用。

MATLAB 程序的特点如下：①内部函数远多于一般编程语言，可以较简便地实现复杂功能的编写；②编程过程中与其他语言的“配合能力”强；③可实现的功能强大；④与其他高级语言相比，矩阵定义、运算均较为方便。

由此可见，使用 MATLAB 开发岩石细观微损伤图像处理平台，可以减少编写诸如矩阵运算类繁复的程序，将更多的时间和精力集中在损伤平台功能的改进上。

2.4.2　自研软件介绍

1. 设计背景及特点

随着试验检测技术的发展，岩石细观损伤研究中对细观尺度微结构损伤数据的要求越来越高，从而对岩石细观尺度微结构损伤的 SEM 图像准确处理的需求也日益强烈；同时，利用图像处理技术进行 SEM 图像分析具有许多独特的优点：①数据化过程由计算机直接完成，减少人为产生的误差；②处理结果具有可视性；③利用各类图像预处理方法，图像数字信息的准确性可以得到显著提高；④处理过程中，通过“人工-计算机”交互式处理方式，可以减少甚至避免由人工或计算机单一处理导致的有用信息流失。因此，岩石损伤研究对图像处理技术有着十分迫切的需要。

虽然某些 SEM 系统可以使用一些现有硬件对图像信息进行调整，使信息更加趋于真实，但由于此类设备价格高昂，并且针对数字图像信息内容的不同，其硬件处理内核的更改没有后处理简便易行，使得此类硬件处理技术的使用受到较大限制。

基于这样的背景，本书构造一个小型数字图像后处理平台，集成了一些数字图像增强的方法，针对大理岩细观微损伤 SEM 图像的数字信息获取目标，开发一种可以满足岩石细观损伤研究的图像处理平台。该平台的主要特点在于：①具有针对岩石细观微损伤 SEM 图像信息特点的图像处理软件包；②针对岩石细观损伤研究的科研工作者而非专业计算机工作者，参数设置少，同时由数字图像获取的损伤信息较为丰富。

岩石破裂数字化细观损伤图像处理平台总体框架如图 2.16 所示。

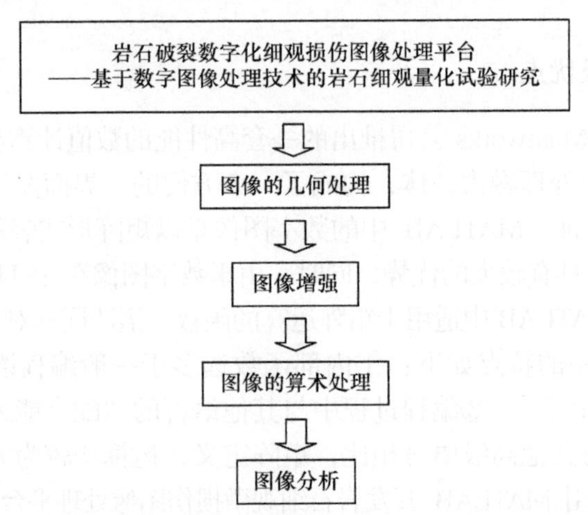

图 2.16 岩石破裂数字化细观损伤图像处理平台总体框架

2. 平台界面介绍

本书所使用的岩石破裂数字化细观损伤图像处理平台界面如图 2.17 所示。该平台主要由 4 个模块构成，分别为几何处理模块、图像增强模块、算术处理模块、图像分析模块。下面分别对四个模块的具体功能加以说明。

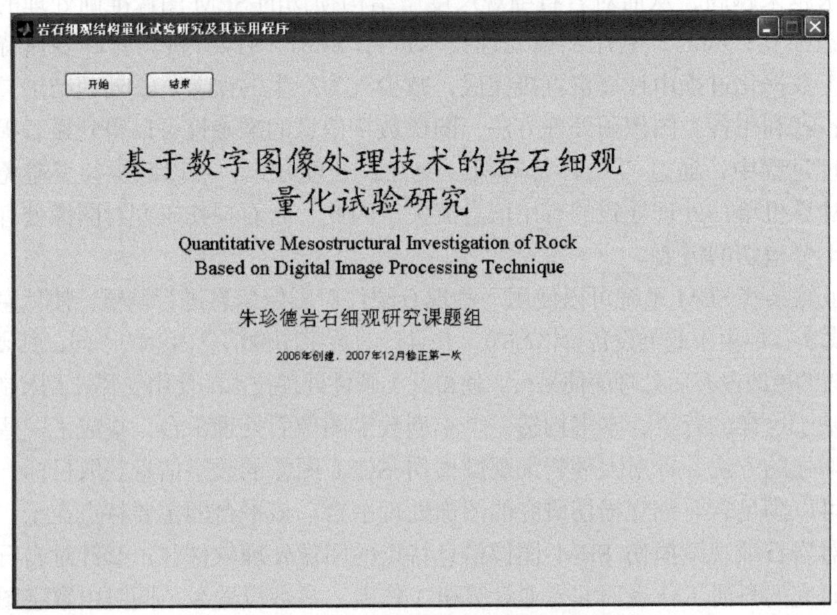

(a) 岩石破裂数字化细观损伤图像处理平台的初始界面

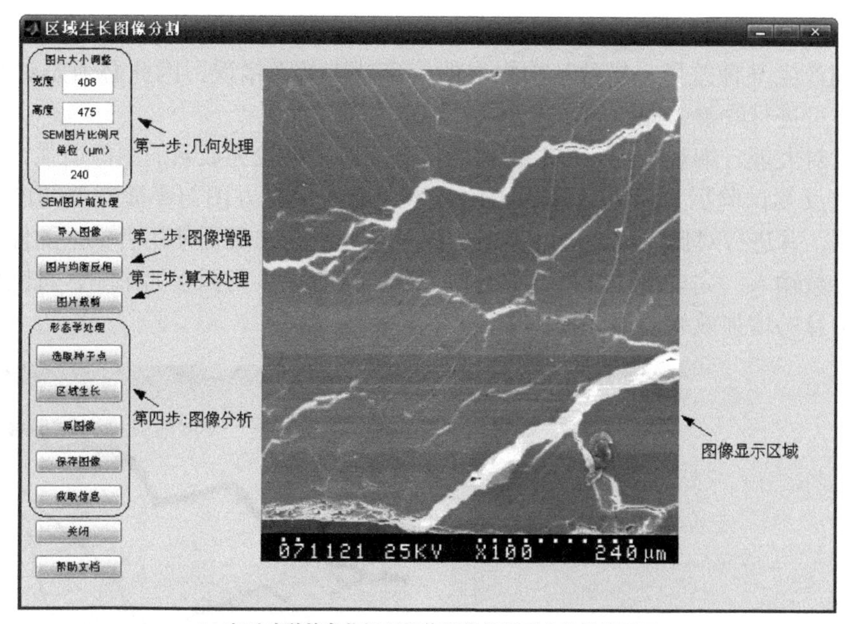

(b) 岩石破裂数字化细观损伤图像处理平台的操作界面

图 2.17　岩石破裂数字化细观损伤图像处理平台界面

3. 数字图像分析模块

1) 几何处理模块

在导入图像后，由于不同SEM产生的岩石细观结构图像的大小(以像素为单位)是不同的，为了图像分析时能准确计算出岩石细观结构几何信息的统计数据，首先进行几何处理。这个步骤包括两个部分(图 2.18)：①以像素为单位，输入所分析的 SEM 图像(片)的宽度与长度；②以长度为单位，输入 SEM 图像中显示的比例尺。

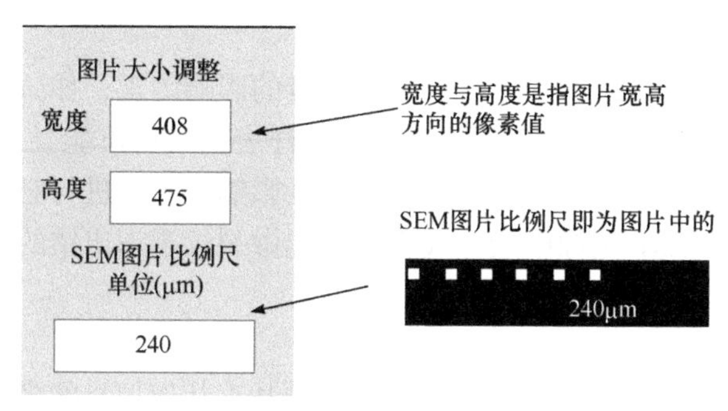

图 2.18　几何处理图解

2) 图像增强模块

在 SEM 图像的形成过程中，由于受多种因素影响，如加载台晃动或大理岩试样表面由于微裂纹的出现产生放电现象等，SEM 图像往往与实际细观结构图像之间产生某种差异，导致从中提取的信息减少甚至错误，因此必须先对 SEM 图像质量进行改善，即图像增强。

针对大理岩细观结构 SEM 图像的特点，对多种较为成熟的图像增强方法进行多次反复试验后，该平台最后采用基于局部区域直方图与小波滤波的图像增强方法，并进行对比反化，效果如图 2.19 所示。此方法无需使用者根据图像特征进行参数输入，完全由计算机独立分析识别，减少了人为因素的影响，且图像所表达信息的增强效果明显。

(a) 原图

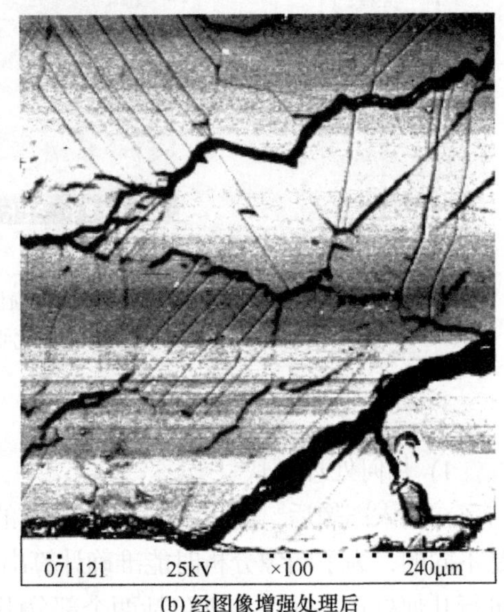

(b) 经图像增强处理后

图 2.19　图像增强图解

3) 算术处理模块

由于在位 SEM 试验中存在诸多图像质量的影响因素，如试样制备中试样表面刮伤或附着杂质(如使用棉花和乙醇清洁试样表面时有可能会残留棉花)，为了减少这些因素对后续图像分析结果产生的不良影响，必须进行必要的算术处理。算术处理就是将 SEM 图像中杂质或容易引起微裂纹辨识出错的区域进行裁剪，如图 2.20 所示。

4) 图像分析模块

图像分析模块是直接获取大理岩细观结构基本几何信息的模块，其操作直接决定着获取后图像信息的准确性。此模块(图 2.21)主要包括种子点的选取、利用区域生长识别大理岩微裂纹、获取识别出的微裂纹的基本几何信息。其中利用区域生长识别微裂纹及微裂纹信息获取均由计算机独立完成，无需操作者进行干

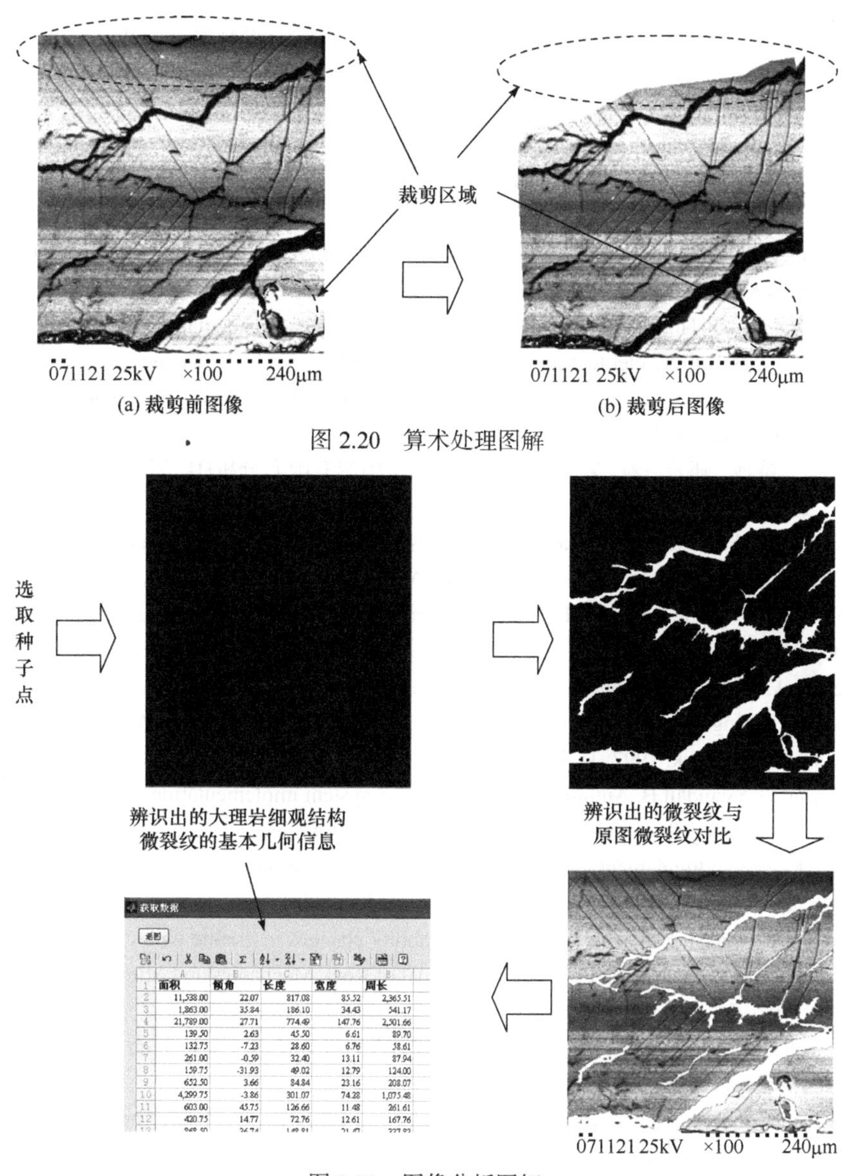

(a) 裁剪前图像　(b) 裁剪后图像

图 2.20　算术处理图解

图 2.21　图像分析图解

预；而种子点的选取是图像分析的关键，注意将 SEM 图像中的微裂纹均以种子点进行标记，从而进行较为完整的数据统计。

参 考 文 献

[1] Allard B, Sotin C. Determination of mineral phase percentages in granular rocks by image analysis on a microcomputer[J]. Computer & Geosciences, 1988, 14(2): 261-269.

[2] Stirling J A R. Image analysis technique applied to potash ores[M]//Petruk W. Short Course on Image Analysis Applied to Mineral and Earth Sciences. Ottawa: Mineralogical Association of Canada, 1989: 141-150.

[3] Kuo C Y. Quantifying the fabric of granular materials an image analysis approach[R]. Atlanta: Georgia Institute of Technology, 1994.

[4] Yue Z Q, Chen S, Tham L G. Digital image processing based finite element method for rock mechanics[C]//Proceedings of the 2nd International Conference on New Development in Rock Mechanics & Rock Engineering, Shenyang, 2002: 609-615.

[5] Yue Z Q, Chen S, Tham L G. Seepage analysis in inhomogeneous geomaterials using digital image processing based finite element method[C]//Proceedings of the 12th Panamerican Conference for Soil Mechanics and Geotechnical Engineering and the 39th US Rock Mechanics Symposium, Boston, 2003: 1297-1302.

[6] 岳中琦, 陈沙, 郑宏, 等. 岩土工程材料的数字图像有限元分析[J]. 岩石力学与工程学报, 2004, 23(6): 889-897.

[7] Been T H, Schomaker C H. Quantitative studies on the management of potato cyst nematodes in the Netherlands[D]. Wageningen: Wageningen Agricultural University, 1998.

[8] Walters J R. Crafting Knowledge-Based Systems: Expert Systems Made Easy[M]. New York: Wiley, 1988.

[9] Saenen W, Oyen P V, Lhoneux B D. Automated measurement of crack growth in fibre-cement products during flexural testing[C]//6th Euroseminar on Microscopy Applied to Building Materials, Reykjavik, 1997: 14-21.

[10] Klassen G, Swindall B. Automated crack detection system implementation in ARAN[C]//Digital Image Processing: Techniques & Applications in Civil Engineering, Kona, 1993: 179-185.

[11] Lee H. Survey: Fundamental pavement crack imaging algorithms[C]//Digital Image Processing: Techniques and Applications in Civil Engineering, Kona, 1993.

[12] Suzuki K, Oda M, Yamazaki M, et al. Permeability changes in granite with crack growth during immersion in hot water[J]. International Journal of Rock Mechanics and Mining Sciences, 1998, 35(7): 907-921.

[13] 范留明, 李宁. 基于数码摄影技术的岩体裂隙测量方法初探[J]. 岩石力学与工程学报, 2005, 24(5): 792-797.

[14] Goodchild J S, Fueten F. Edge detection in petrographic images using the rotating polarizer stage[J]. Computers & Geosciences, 1998, 24(8): 745-751.

[15] Jenkins B M, Boey C Y, Phillips P L. Applying image analysis to the automatic characterisation of dead-burnt magnesia[C]//Proceedings International Congress on Applied Mineralogy, Pretoria, 1991: 1-26.

[16] Parkin R M, Calkin D W. Intelligent optomechatronic instrumentation for on-line inspection of crushed rock aggregates[J]. Minerals Engineering, 1995, 8(10):1143-1150.

[17] Pape H, Riepe L, Schopper J R. Shape description of agglomerates by physically relevant properties in terms of the theory of fractal dimensions[C]//Proceedings of International Congress on Agglomerates, Toronto, 1985: 683-695.

[18] Li L, Chan P, Zollinger D G, et al. Quantitative analysis of aggregate shape based on fractals[J]. ACI Materials Journal, 1993, 90(4): 357-365.
[19] Ehrlich R, Weinberg B. An exact method for characterization of grain shape[J]. Journal of Sediment Petrol, 1970, 40(1): 205-211.
[20] Erkan Y. Zum Einflu β einiger gefügeparameter auf die würfeldruckfestigkeit der granite[J]. Rock Mechanics, 1971, 3(2): 113-120.
[21] 阮秋琦. 数字图像处理学[M]. 北京：电子工业出版社, 2007.
[22] Robison G S. Edge detection by compass gradient masks[J]. Computer Graphics and Image Processing, 1977, 6(5): 492-501.
[23] Davis L S. A survey of edge detection techniques[J]. Computer Graphics and Image Processing, 1975, 4(3): 248-270.
[24] Prewitt J. Object Enhancement and Extraction, Picture Processing and Psychopictorics[M]. New York: Academic Press, 1970.
[25] Kirsch R A. Computer determination of the constituent structure of biological images[J]. Computers and Biomedical Research, 1971, 4(3): 315-328.
[26] Marr D, Hildreth E. Theory of edge detection[J]. Proceedings of the Royal Society of London, 1980, 207(1167): 187-217.
[27] 刘爽. 图象分割中阈值选取方法的研究及其算法实现[J]. 电脑知识与技术(数字社区与智能家居), 2005, 2005(21): 68-70.
[28] 渠文平. 基于数字图像处理技术的岩石细观量化试验研究[D]. 南京：河海大学, 2006.

第3章 大理岩细观结构损伤与量化统计分析

3.1 研究背景

随着土木、水利、交通、矿山等大型工程的兴建，工程的安全性和稳定性越来越被人们关注。岩石材料是各大型工程中常用到的一种建筑材料，也是一种天然脆性材料，其微细观结构特征为复杂、变化大、连续性差等，在力学性能上则表现出离散大、难预测等特征。它们的强度、变形特性主要由其微观、细观、宏观组构决定。

岩浆岩和变质岩在工程中运用较为广泛，其内部结构普遍为结晶结构。这类岩石结晶间连结紧密、结构力强。但由于环境条件、成岩机理等不同，岩石在细观组构上存在差异，如晶体形状、粒度及粒间结合方式的差异以及矿物成分和结晶上的差异，造成其力学特性以及破坏机理和方式上的差异。对这方面的研究，仅从宏观的力学试验中难以准确、细致地把握。

由于在锦屏二级水电站的所在地四川凉山雅砻江进行岩层分析时，发现大理岩占有较大比重，本章在研究中选择大理岩试样，利用配有扫描电子显微镜的高精度拉伸台的细观力学试验系统对其进行单轴压缩条件下的细观裂隙萌生、发展过程的实时动态观测试验，在此基础上探讨大理岩试样内部结构在细观尺度上裂隙萌生、扩展的过程及其细观破坏过程的特征和对材料宏观强韧性的影响，观测并记录细观参数随荷载的变化规律，并用统计学的方法对其进行计算分析。岩石材料因为其形成原因复杂，内部结构各向异性，且含有不同尺度的微小裂隙。加载以后内部微结构会发生变化，内部微裂隙或闭合或进一步扩展或产生新的微裂隙。

3.2 试样采集及性质

岩石试样为采自四川锦屏二级水电站工程现场的大理岩。锦屏二级水电站位于四川凉山雅砻江干流之上(图 3.1)，装机容量为 4400MW，电站由首部低闸、引水隧洞、地下厂房三部分组成。电站利用雅砻江 150km 大河弯的巨大天然落差裁弯取直，开挖隧洞引水发电。隧洞洞长 16～19km，洞径 11m，一般埋深 1500～2000m，最大埋深 2500m，属洞线长、洞径大、埋深极大的大型引水隧洞，成为四川锦屏二级水电站的关键部分。

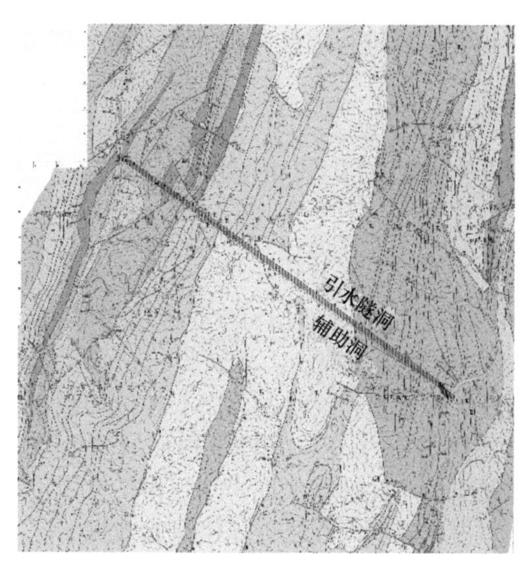

图 3.1　四川锦屏二级水电站概况图

工程区内出露的地层为前泥盆系到第四系的一套浅海～滨海相、海陆交替相地层。区内三叠系广布，构成大河弯内雄伟的锦屏山，分布面积占 90%以上，其中碳酸盐岩出露面积占 70%～80%。分布的地层有前泥盆系(AnD)、中泥盆统(D_2)～上三叠统(T_3)、下侏罗统(J_1)、新生界及岩浆岩等。而引水隧洞所穿越的地层以三叠系中下统的碳酸盐岩(T_1、盐塘组 T_2y、白山组 T_2b、杂谷脑组 T_2Z)为主，其次为三叠系上统 T_3 的砂岩、板岩等。岩层陡倾，其走向与主构造线方向一致。

对采集的大理岩岩块经过初步加工后得到大理岩试样，其质地均匀，颜色不纯，白色为主，局部略带黑色，由碳酸盐矿物成分组成，以细粒变晶结构为主(图 3.2(a))，含有少量粗粒变晶结构、致密块状结构(图 3.2(b))；主要矿物成分有方解石、少量镁橄榄石和磁铁矿等。利用能谱仪对试样中具有表观代表性的大理

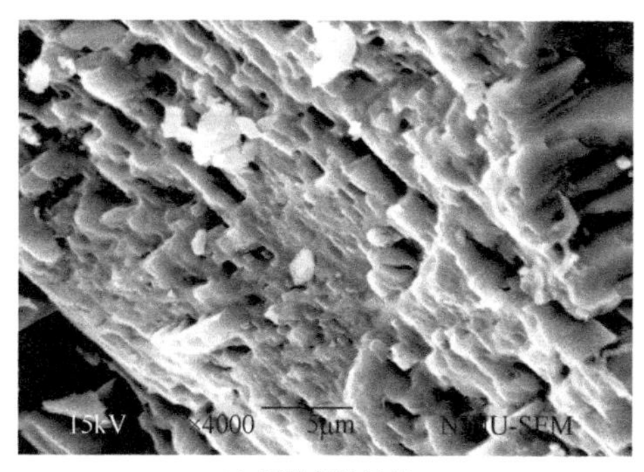

(a) 细粒变晶结构

(b) 致密块状结构

图 3.2　大理岩微观结构

岩细观尺度上的主要化学成分进行定量分析，由分析数据可知，Ca 元素的质量分数为 41.86%。

3.3 大理岩单轴压缩细观损伤 SEM 试验研究

3.3.1 试验目的

通过对近年来国内外岩石细观损伤力学试验的分析总结，本节设计了基于 SEM 的大理岩在位单轴压缩细观损伤力学试验，充分利用中国科学院力学研究所非线性力学国家重点实验室自行设计的 SEM 在位加载台，采集并分析四川锦屏地区部分大理岩在不同的应力-应变条件下损伤的萌生、发展直至断裂全过程的 SEM 图像，从细观层面定性解释大理岩细观损伤发展过程，并为后续章节定量分析大理岩单轴压缩损伤破坏内在机理提供试验数据。

“在位试验”一词在生物化工科学、材料科学等领域应用广泛，即观测与相应的试验过程同步进行，在此将其引入岩石细观损伤试验中，表示岩石加载过程中同步进行 SEM 跟踪观测，区别于以往的“先对试样加载，而后卸载取出试样放入 SEM 中进行观测”的试验方法，从而获取岩石加载过程中微损伤发育的全过程相关数据。

3.3.2 动态在位试验的试样制备

基于 SEM 的大理岩细观损伤力学试验可以分为两大类：静态试验与动态在位试验。由于各自的试验目的不同，两类试验的试样制备过程有所区别，下面基于本节所描述的动态在位试验特点，详细说明动态在位试验试样的制备。

动态在位试验的目的是捕捉岩石试样受某种荷载的破坏全过程中岩石细观尺度微结构变化过程，重点在于试验数据的针对性、过程性。试样加工步骤如图 3.3 所示。

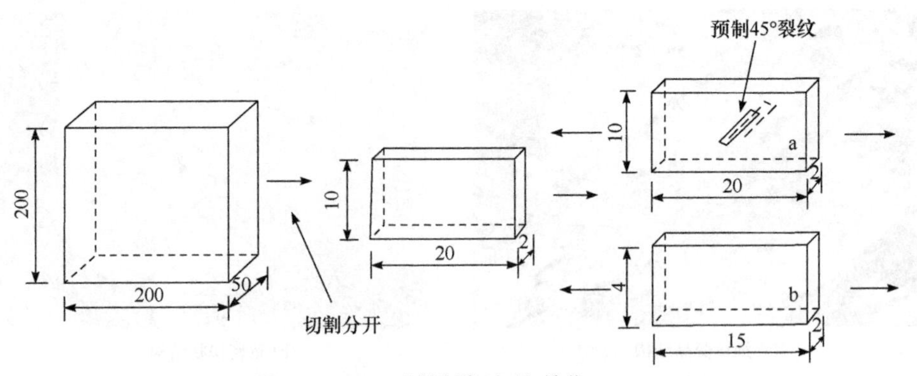

图 3.3 SEM 试样制备流程(单位：mm)

(1) 将大型岩块利用切割等方法制成多个尺寸为 200mm×200mm×50mm 的小岩块。

(2) 从小岩块中选取几块，使用数控玻璃切割机床制成试验所需数目的 20mm×10mm×2mm 的试样。

(3) 对于试样 a，利用高速精密超声波打孔机床 ZXYJ 200-17A 在其中部制作 45°通透裂纹。

(4) 对试样 a、b 进行抛光，以增加试样表面的平整度，有利于增加采集图像的清晰度。

(5) 对试样进行标号，放入乙醇或丙酮中使用超声波装置处理 5min 以清除表面杂质，在 100℃下干燥 12h；然后进行镀金操作(图 3.4)。

(6) 在试样上用细签字笔在适当位置标记记号，以方便试验观测与图像采集。

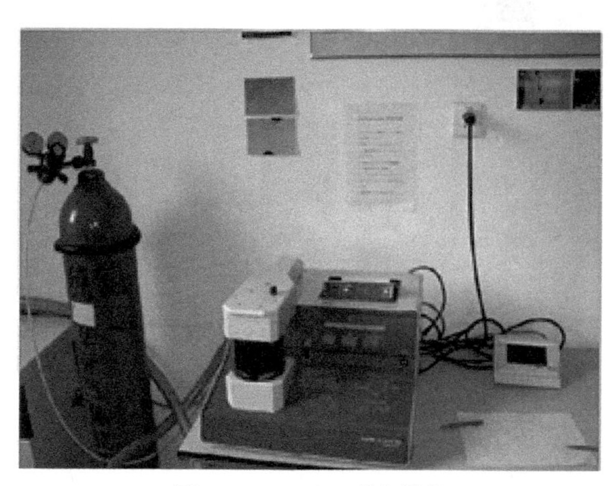

图 3.4　SCD050 喷金设备

3.3.3　基于 SEM 的在位观测试验仪器设备

1. SEM 试验的特征

SEM 是一个材料多尺度试验系统，是研究固体表面形貌的有力工具。SEM 试验的主要特征有：对诸如岩石之类试样的表面几何特征从不同尺度层面进行观测；对岩石试样观测时，考虑到放大倍数与可视范围的矛盾，其可视范围相对较大；对于诸如岩石表面细观尺度微结构微损伤之类的粗糙表面显示得很清楚，试样细观尺度下的立体感较好，成像速度较快；试样制备简单，有的试样可以不经过制作直接放入显微镜中观察，因而更接近物质的自然状态；若配以辅助试验设备，还能够实现多种镜内物理力学性能试验，如动态拉伸、冷却、升温等，本节就是基于此进行单轴压缩试验的。

2. SEM 在位试验设备的组成及其原理

本章试验数据先后采集于三个 SEM 系统，分别是：①HITACHI S-3000h(中国矿业大学徐州校区)；②HITACHI S-570(中国科学院力学研究所非线性力学国家重点实验室)(图 3.5)；③JSM-5610LV/NORAN-VANTAGE(南京师范大学分析测试中心)。其中，中国科学院力学研究所非线性力学国家重点实验室的 SEM 系统带有加载设备，可以同步实现试样加载和 SEM 图像获取。SEM 主要由四部分组成：①镜筒，由电子枪、三个电磁透镜、扫描线圈和样品室构成；②真空系统，由机械泵、油扩散泵等管道阀门系统构成；③供电系统，由各类电源构成；④图像显示系统。

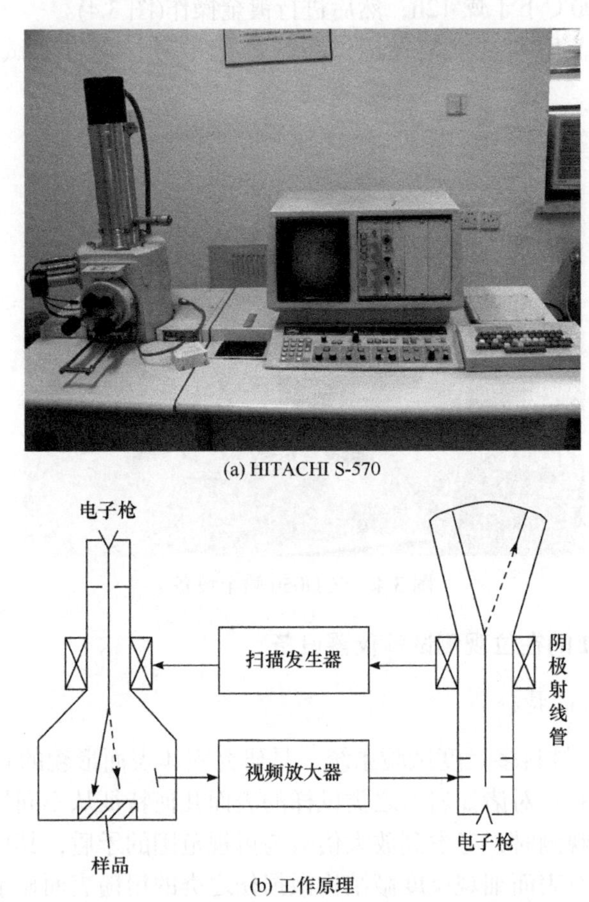

(a) HITACHI S-570

(b) 工作原理

图 3.5　HITACHI S-570 SEM 系统及工作原理

3.3.4　数据采集

在获取岩石细观尺度微结构数字化图像时，首先对单个试样进行尝试性

SEM 试验，并对获取的图像进行数字化处理，基于获取足够多的岩石细观尺度微结构数据这一目的，确定对细观尺度微结构损伤数据有关键性影响的三个技术参数，即图像放大率、图像采集数量、图像采集方式，然后在此基础上对剩余的试样进行试验，详述如下。

1. 图像放大率

图像放大率也就是图像的放大倍数，是 SEM 试验中的一项关键性参数，决定了在数字图像中所需细观尺度微结构微裂纹的信息总量。但是基于 SEM 试验本身的特点，图像放大率与图像视场本身就是一组矛盾，而图像视场本身也决定了数字图像所包括的信息量大小，所以要确定图像放大率，同时也必须考虑图像视场的大小要求，以达到获取最多的岩石细观尺度微损伤信息的目标。

图像视场与图像放大率均是围绕获取细观尺度微裂纹的效果展开的，兼顾减少图像处理过程中由于图像较小而忽略处理的误差，在参阅文献[1]的基础上，根据动态在位试验的特点及预先的试验结果，决定在基于 SEM 的大理岩在位单轴压缩试验中，图像放大率以 50 倍、100 倍、300 倍为主，同时为了兼顾观测效果，对局部区域也采用 500 倍及 1000 倍的放大率(图 3.6)。

2. 图像采集数量

为了减少拍摄时图像视场限制所导致的岩石细观尺度微损伤信息丢失，可以通过增加有效图像采集数量来较好地解决这一问题。图像采集数量就是在同一个岩石试样、同一加载步中采集图像的数目，它决定着获取岩石细观尺度微裂纹信息全面与否，是进行细观信息统计分析的基础。本节在考虑 SEM 装置所要求的大理岩试样自身尺寸大小、在适当放大倍数中图像视野大小及保证较完全地获取到细观尺度损伤信息情况下，同时考虑到试验数据的稳定性，决定在基于 SEM 的大理岩在位单轴压缩试验中，每个试样采集不少于 230 幅图像，这样已经能够得到足够多的岩石细观微裂纹统计信息，各个试样试验时的具体图像采集数量则根据实际情况确定。

3. 图像采集方式

由于试验中的 SEM 设备无法通过电子网格方式进行电镜在试样上的电子定位，必须通过机械操作来完成。为了较为全面地获取信息，减少重复采集，采用类似于在试样上划分网格的方式来获取图像，具体方法为：在试验过程中利用预先在试样上做的标记，从上而下分层，每层从左向右采集，尽量准确地获得大理岩细观尺度微损伤信息，减少遗漏、重复等问题的出现(图 3.7，此处用含预制裂纹的试样以更加清楚地表达 SEM 图像获取原理)。

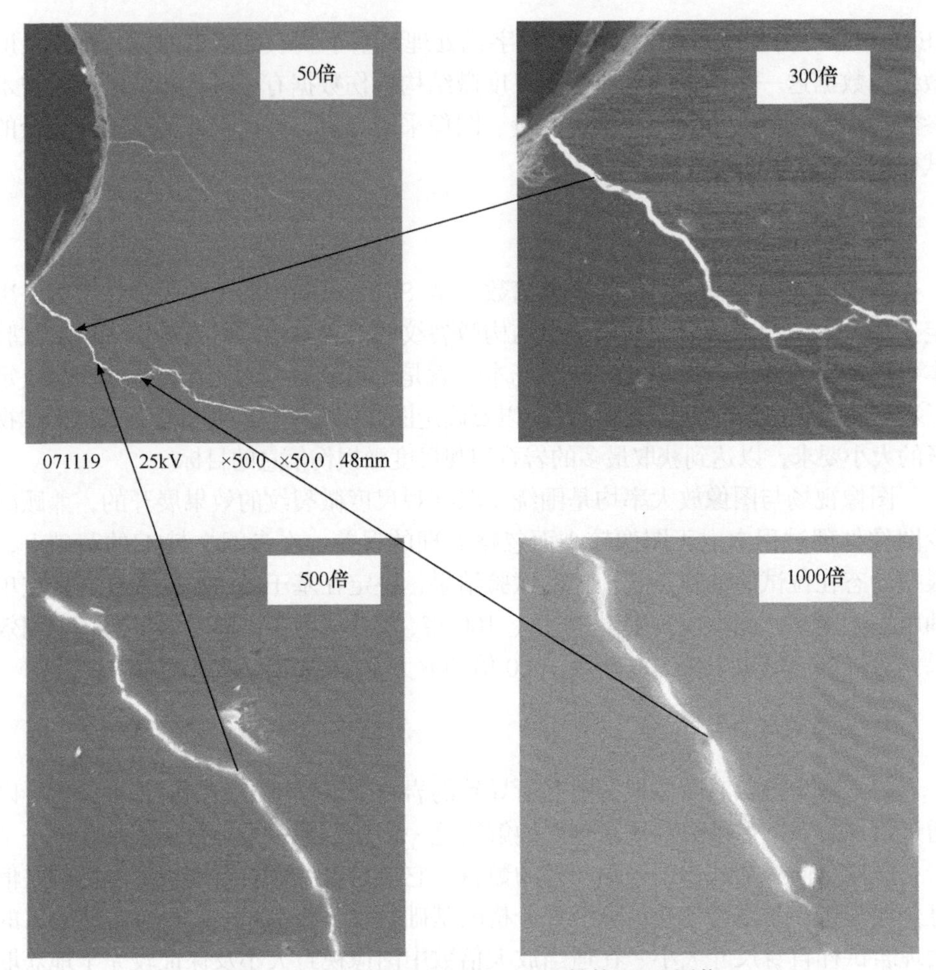

图 3.6　不同放大率下的同一细观结构 SEM 图像

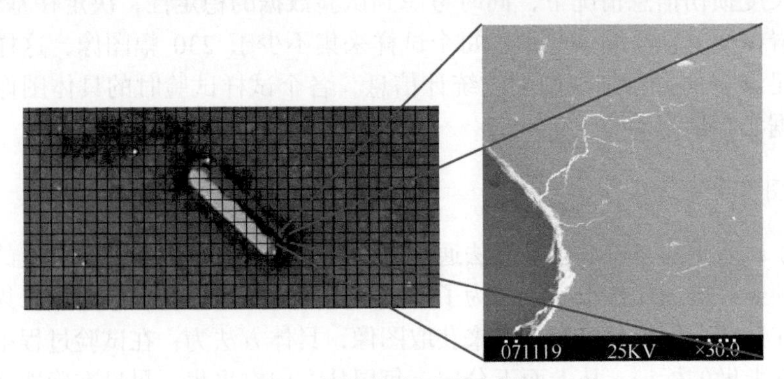

图 3.7　SEM 图像获取原理示意图(30 倍)

3.3.5 试验结果分析

1. 含预制裂纹大理岩试样

选取试样 1-2#(图 3.8)一处细观尺度微裂纹的萌生、扩展及贯通来分析说明试验的有效性与正确性(图 3.9)。本章试验分析中所提到的裂纹除指明预制裂纹外，均指新发育的裂纹。

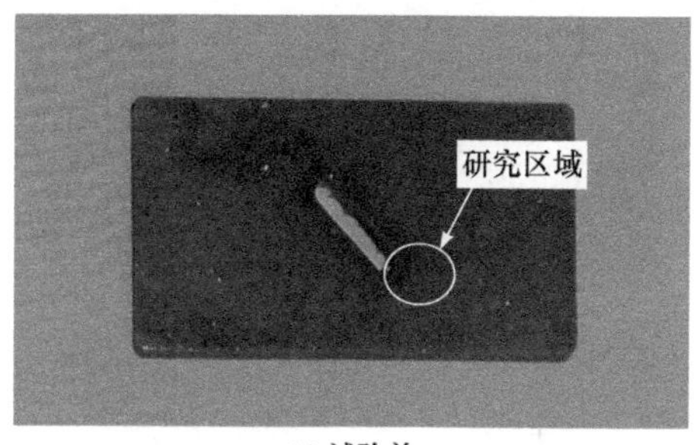

(a) 试验前

(b) 试验后

图 3.8 试样 1-2#

如图 3.10 所示，在加载初期，由应力-应变曲线 *OA* 段可见，大理岩试样中晶粒间的微孔隙在外荷载作用下被压密实，同时晶粒承载面逐渐增加，从而产生宏观上刚度增加的效应。随着加载的进行，*AB* 段曲线的斜率明显增大，反映出材料在加荷过程中出现局部非线性变形致使刚度增大，在宏观尺度上岩样整体仍处于弹性阶段。在细观尺度上，由于晶粒各自的几何物理性质差异及试验中应力分布不均造成的区域性应力集中，细观微裂纹在此时主要呈弥散分布状态，其间出现相互汇集但比例不大(图 3.9(d))。在荷载继续增加的作用下，先前的弥散细

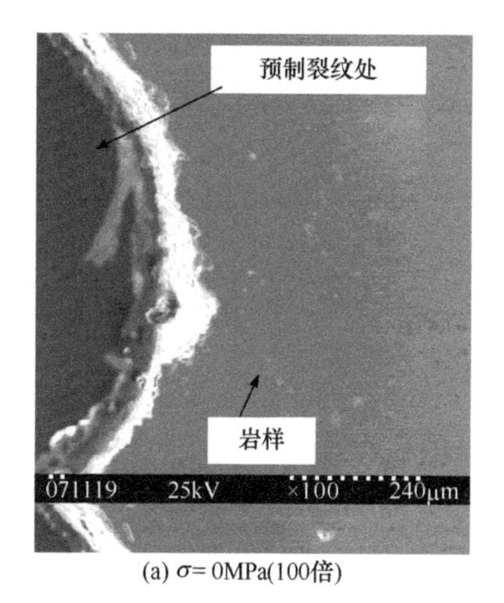

(a) σ= 0MPa(100倍)

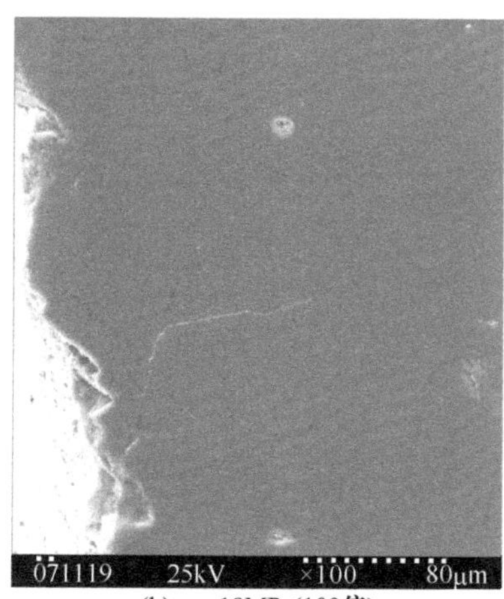

(b) σ = 10MPa(100倍)

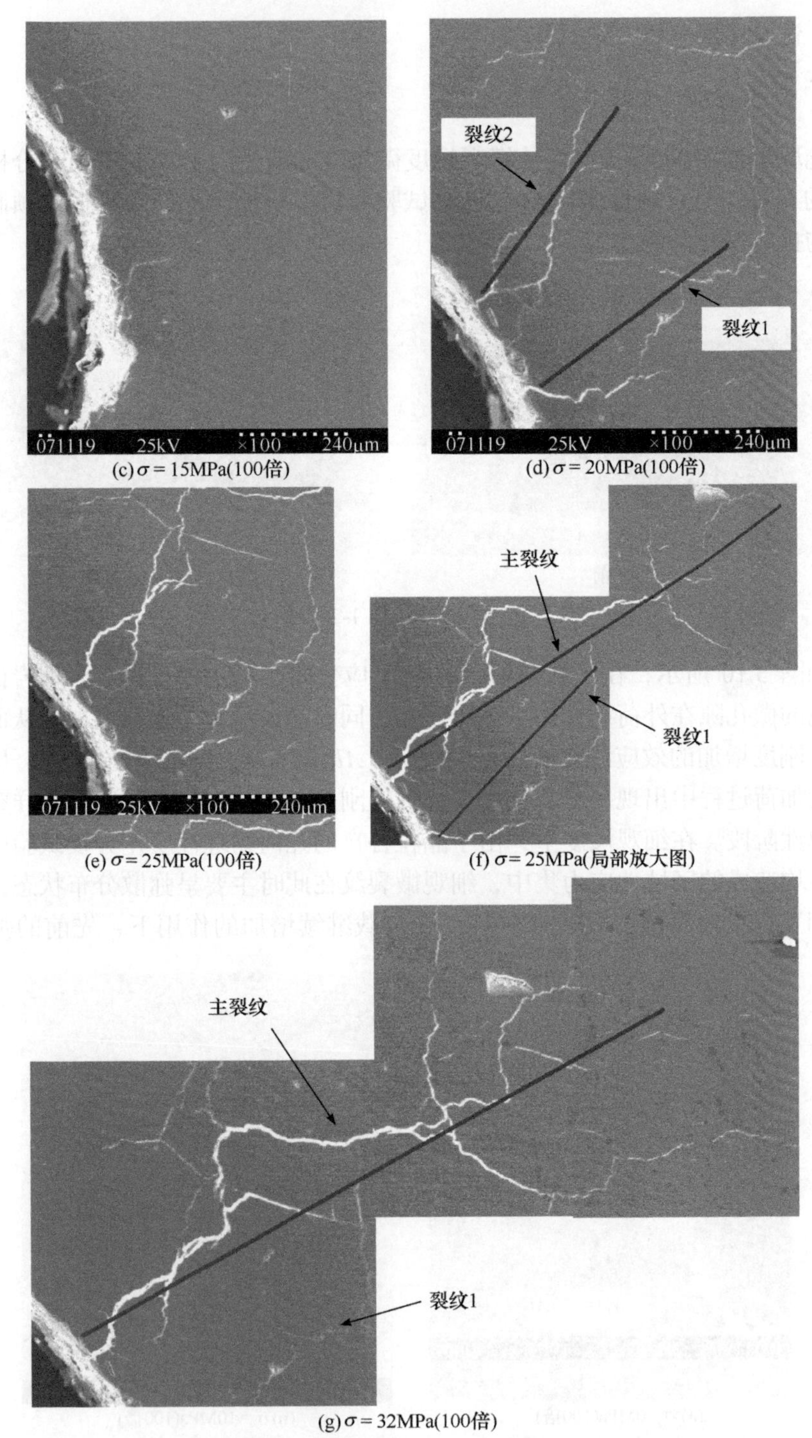

(c) $\sigma=15$MPa(100倍)

(d) $\sigma=20$MPa(100倍)

(e) $\sigma=25$MPa(100倍)

(f) $\sigma=25$MPa(局部放大图)

(g) $\sigma=32$MPa(100倍)

图 3.9 试样 1-2#单轴压缩过程中表面微裂纹发育过程

观微裂纹在由试样特定的细观组构所决定的应力应变条件下以张开方式沿大致垂直于预制裂纹方向生长，同时在微裂纹附近区域造成新的应力分布不均，产生新的弥散微裂纹，如此反复，数条微裂纹汇集成两条较长、较宽的微裂纹(图 3.9(d))，微裂纹的总面积急剧增加。当荷载增加至较高水平时(图 3.9(e))，新生微裂纹的方向由大致垂直于预制裂纹方向逐渐向加载轴方向转动，在此方向上有优势的裂纹 2 在长度、面积和宽度上明显比裂纹 1 发展迅速。应力-应变曲线中的 *BD* 段(图 3.10)过程极短，极限应力点(*C* 点)处的岩石细观状态难以用 SEM 捕捉到图像，是试样最后的破坏阶段。在细观尺度下，此时主裂纹基本沿加载轴方向以张开形式快速扩展(图 3.9(f))，试样的有效承载面积也随之快速减小，造成在试样的微裂纹密集区域应力高度集中。这时试样处于不稳定的平衡状态，在微小的扰动下，试样将发生脆性破坏。在 $\sigma = 32$MPa (图 3.9(g))时进行观测，发现裂纹仍不断扩展，这表明晶粒的变形、裂纹的扩展等所耗能量此时已经不足以平衡所积累的能量释放。当加载至约 $\sigma = 34$MPa (图 3.8(b))时，主裂纹沿与加载轴近似平行方向迅速贯通，试样发生轴向劈裂，产生一个贯穿整个试样的剪切破坏面(图 3.8(b))。

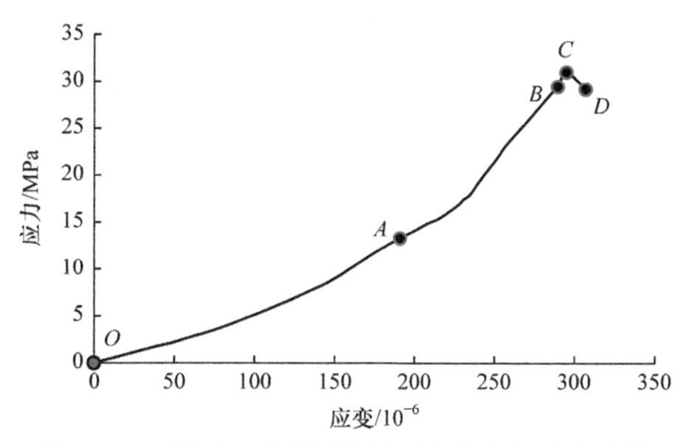

图 3.10　试样 1-2#单轴压缩过程中的应力-应变曲线

2. 无预制裂纹大理岩试样

对于无预制裂纹大理岩试样(用无-××#表示第××组无预制裂纹试样)，单轴压缩全过程的细观尺度微结构损伤图像较多，信息量较大，此处为了更为明确地阐明损伤过程中细观层次的结构变化，采用“选取较为典型的图像并在示意图中指明其大致位置，同时配以文字”的方法进行简要说明，如图 3.11 所示。

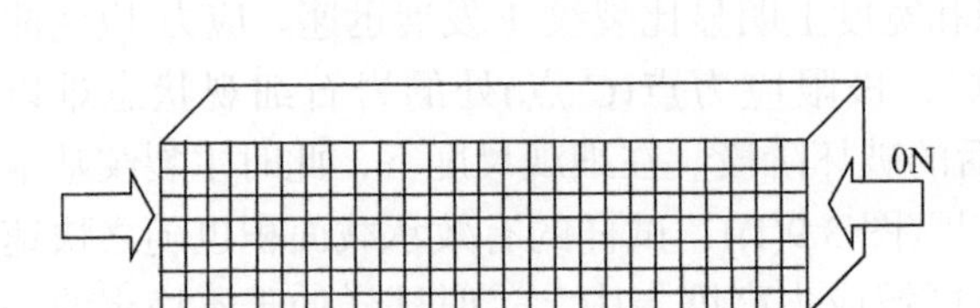

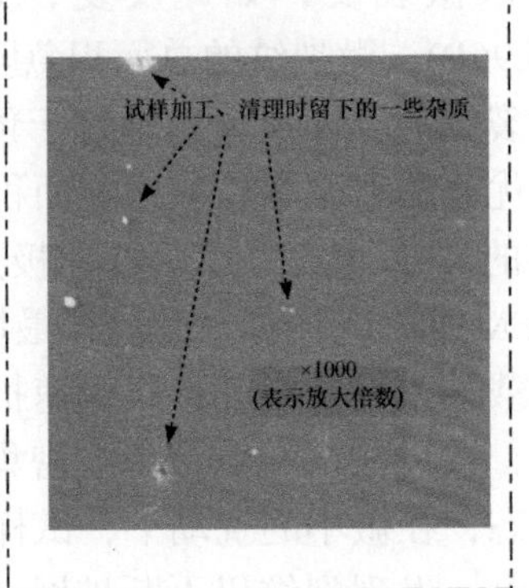

(a) σ=0MPa

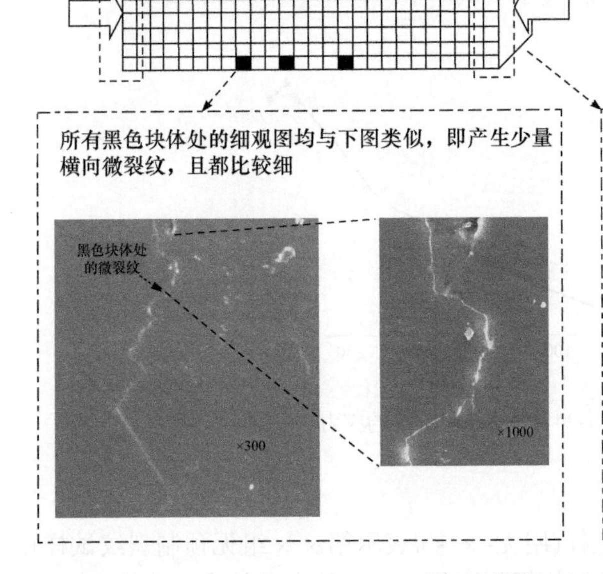

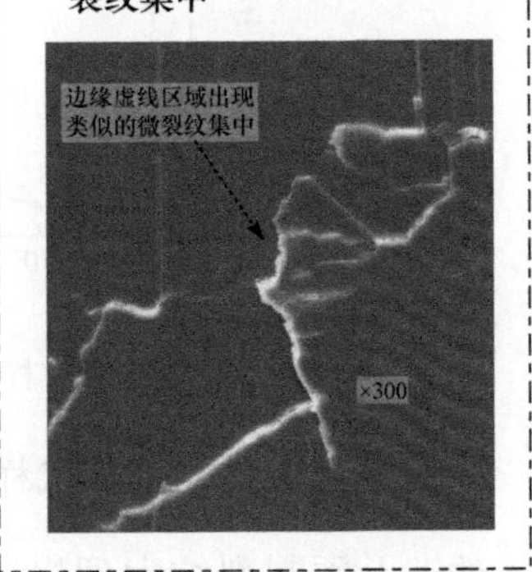

(b) σ=20MPa

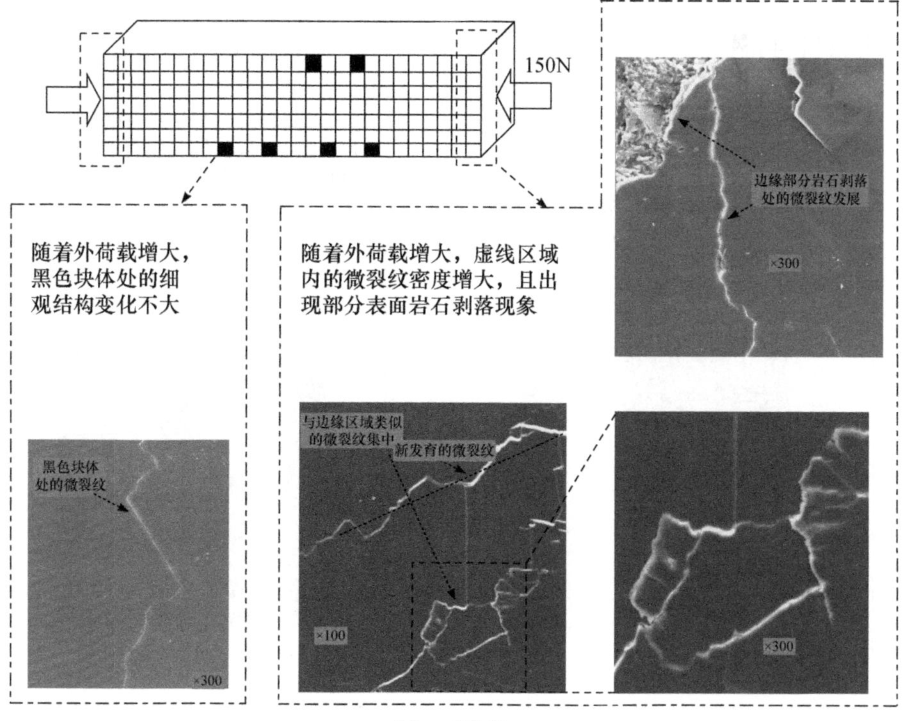

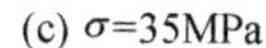

(c) σ=35MPa

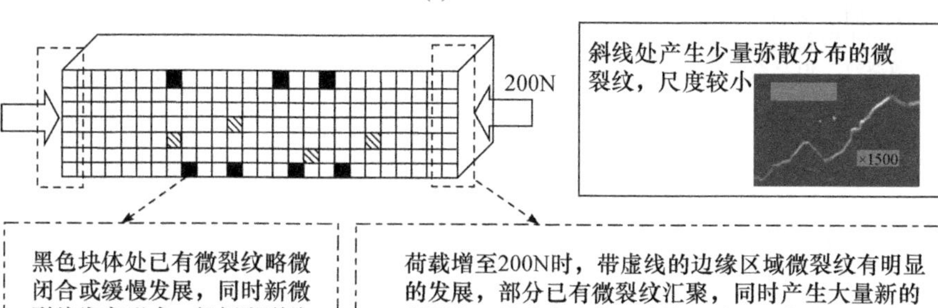

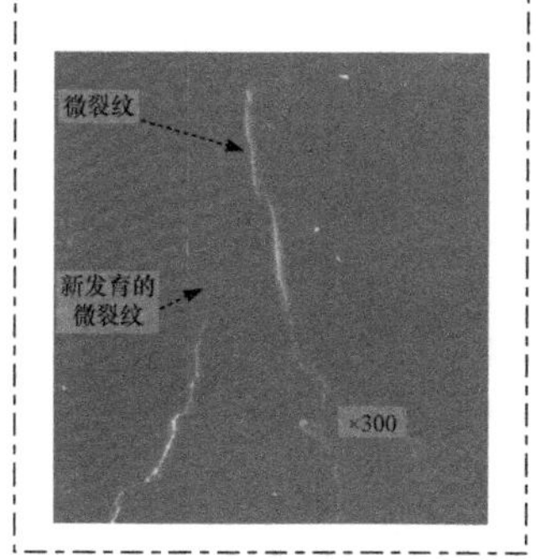

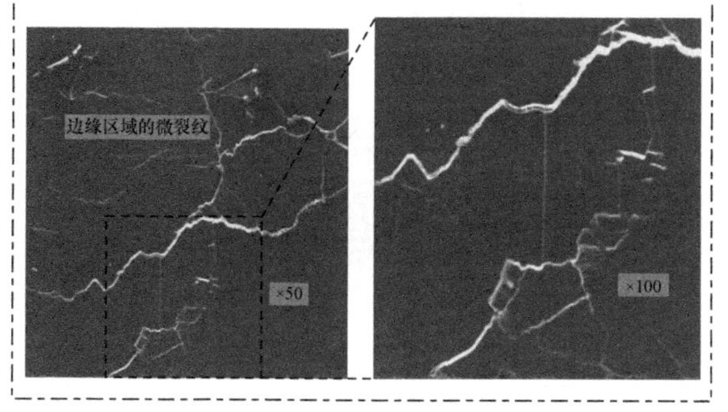

(d) σ=40MPa

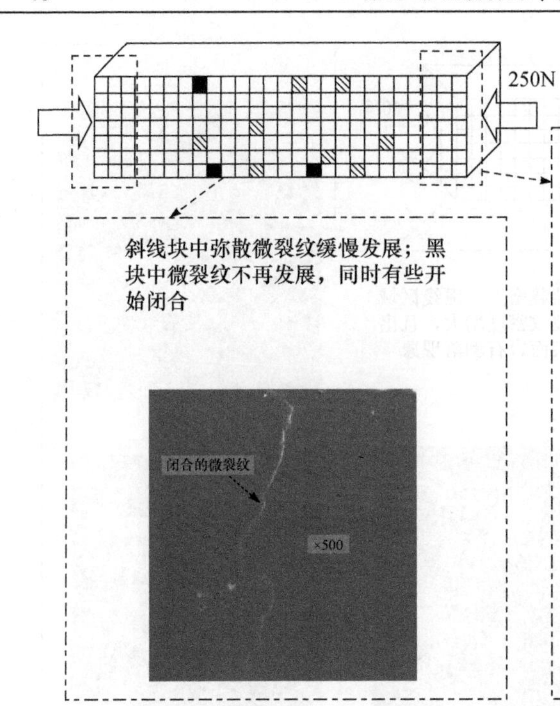

由于虚线边缘区域中已有微裂纹生长较快，其宽度和长度明显增大，同时随着新发育的微裂纹数量增多，边缘区域范围也不断扩大

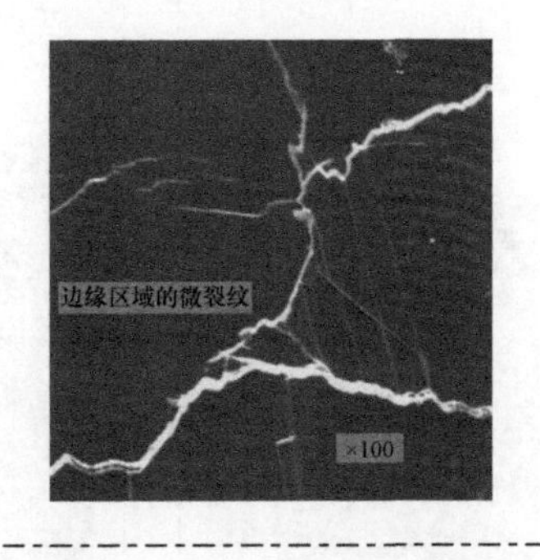

(e) σ=45MPa

图中斜线块体处出现一些表面岩石剥落，同时出现新生的长度与宽度都较大的微裂纹，但是数量仅几条，密度较小

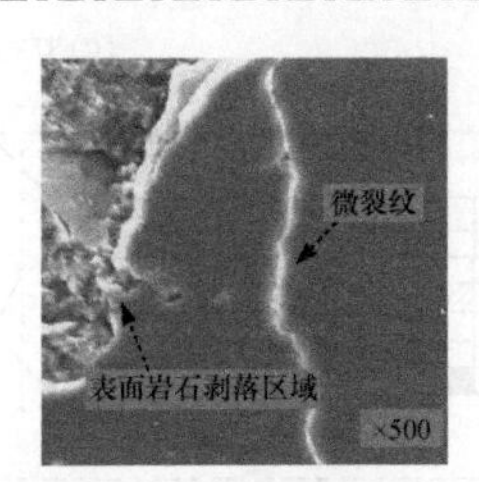

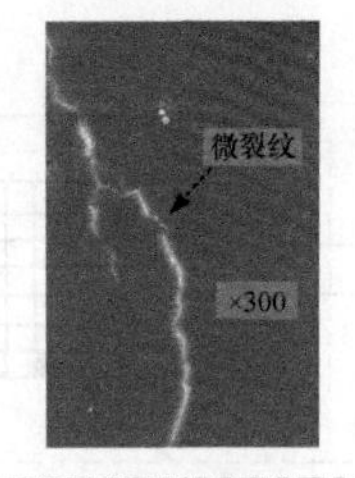

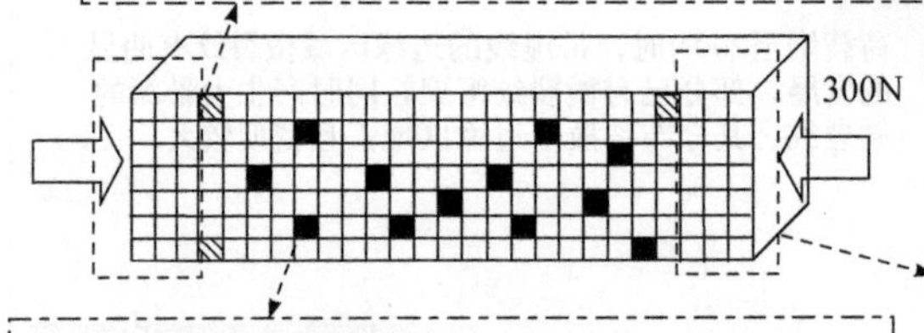

虚线区域出现许多细小微裂纹，致使多个尺度的细观结构微裂纹在较大尺度上产生联通，部分区域出现如下图所示的剥落现象

黑色块体区域产生多条弥散状态的微裂纹，微裂纹的尺度均较小，右图为其中一条的一部分，放大倍数为1000倍

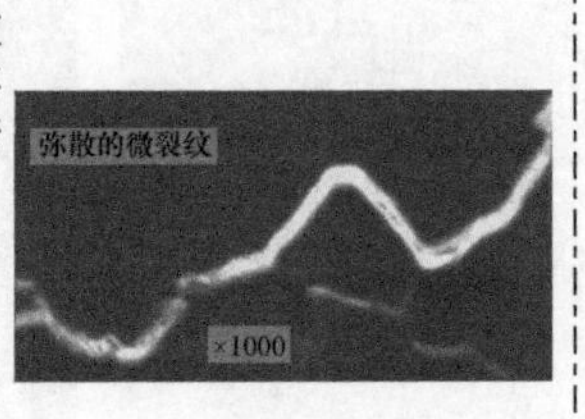

(f) σ=50MPa

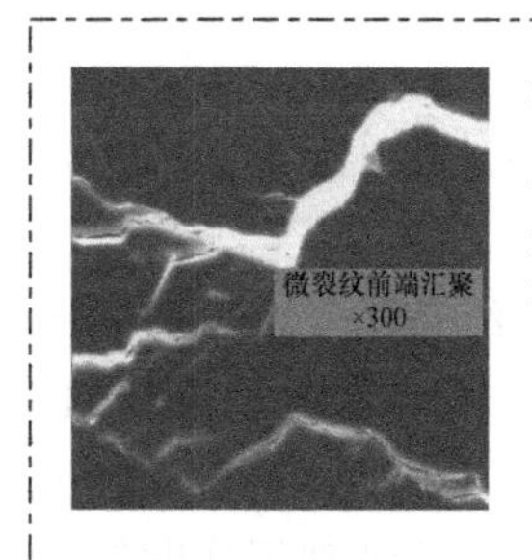

斜线块体处微裂纹密集生长(如右图)，微裂纹长度、宽度、密度增长迅速，同时在微裂纹前端出现明显汇聚(如左图)

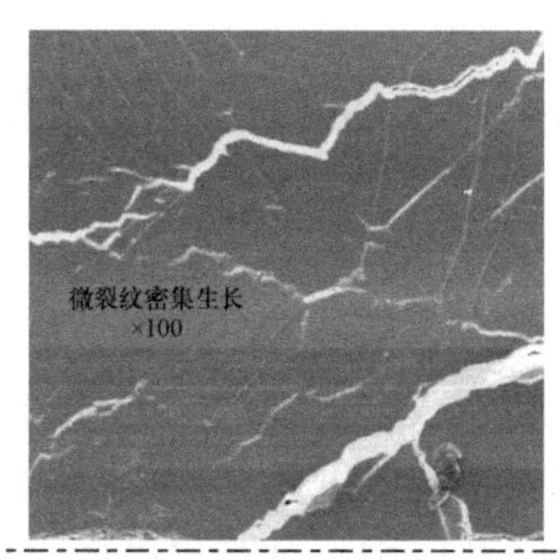

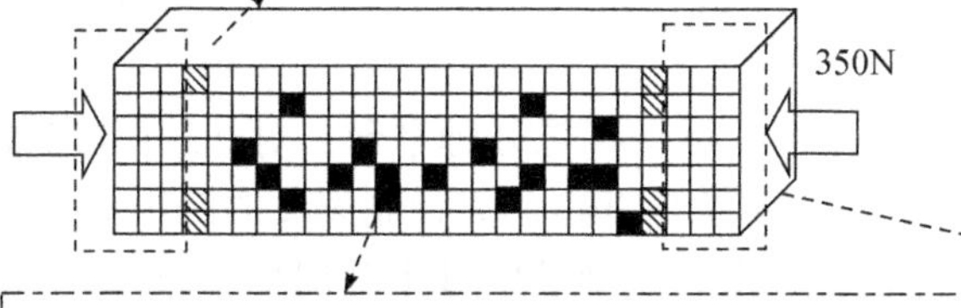

虚线框内微裂纹密度高，微裂纹汇聚速度快，此刻在某些区域已经出现小尺度的断裂裂纹(如下图)

黑色块体处微裂纹尺度及密度增长迅速，微裂纹生长方向大致均沿轴向，同时出现多处的多条微裂纹明显汇聚成几条主要微裂纹继续发展

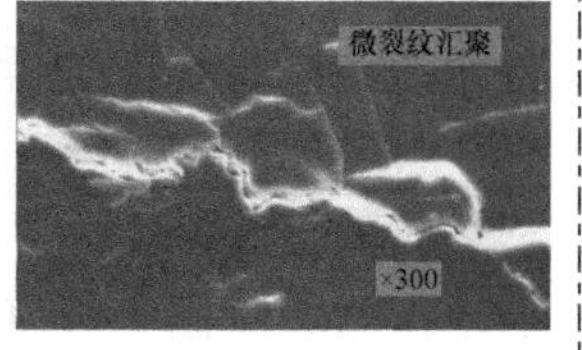

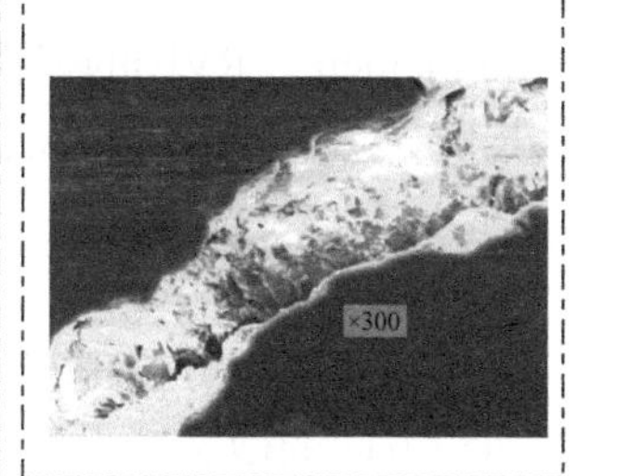

(g) σ=55MPa

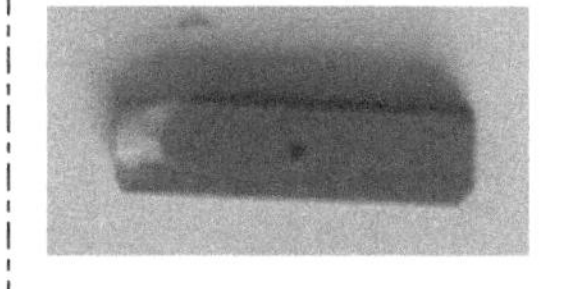

破坏后的试样无-5#

黑色块体处的微裂纹迅速相互汇聚贯通，形成宏观裂纹，试样达到最终破坏

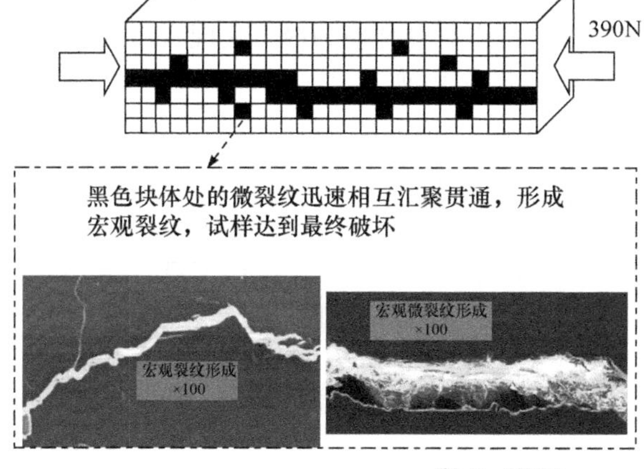

(h) σ=60MPa

图 3.11　试样无-5#单轴压缩全过程的细观结构损伤图

3.4　大理岩细观损伤力学试验数据的数字化统计分析

基于 SEM 的岩石破裂数字化细观损伤力学试验系统包括三个模块：图像获取、图像数字化及数字图像分析。在第 2 章的基础上，本章主要就基于 SEM 的大理岩破裂数字化细观尺度微结构损伤试验的数字图像分析部分进行详细说明，从大理岩细观尺度微结构图像数字化理论、岩石破裂数字化细观损伤图像处理平台的开发及应用、细观尺度微结构数据统计分析三方面所涉及的关键性问题进行详细说明。

应用前面所述的岩石破裂数字化细观损伤图像处理平台，对 2.3 节和 2.4 节基于 SEM 的大理岩在位单轴压缩细观试验所获得的无预制裂纹的四川锦屏大理岩试样细观尺度微损伤图像进行处理，得到微裂纹的基本几何信息(面积、方位角、长度、间距和宽度等)。本节首先基于统计学原理，对单轴压缩全过程中的微裂纹基本几何信息进行整理和统计分析，得到基本几何信息的统计参数变化规律，接着运用 Monte Carlo 理论重构大理岩细观尺度代表性体积单元(representative volume element，RVE)的损伤变化过程。根据需要，本节主要针对微裂纹的方位角、长度、总面积、间距及长宽比数据进行统计分析。

3.4.1　微裂纹方位角

这里的微裂纹方位角实际上是指微裂纹面与竖直加载方向之间的夹角，假设竖直加载方向的微裂纹方位角为 0°，则微裂纹方位角变化范围为–90°～90°(竖轴顺时针转向裂纹面为正，反之为负)。利用岩石破裂数字化细观损伤图像处理平台进行微裂纹的方位角统计，在 0MPa 下，大理岩微裂纹方位角分布直方图和风玫瑰图如图 3.12 和图 3.13 所示。同理，可得到其他应力级下大理岩的微裂纹方位角分布直方图和风玫瑰图，如图 3.14 和图 3.15 所示。

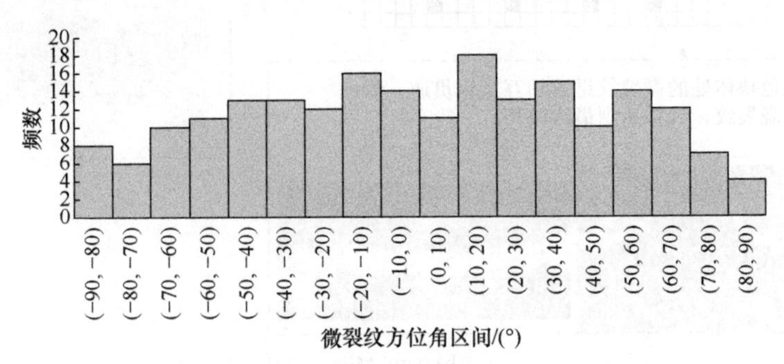

图 3.12　0MPa 下大理岩微裂纹方位角分布直方图

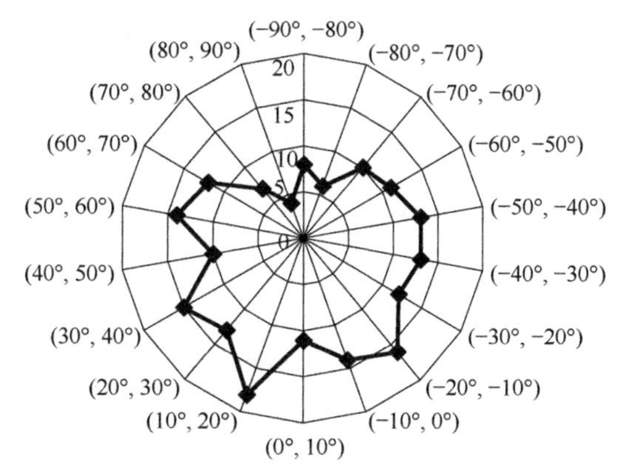

图 3.13　0MPa 下大理岩微裂纹方位角分布风玫瑰图

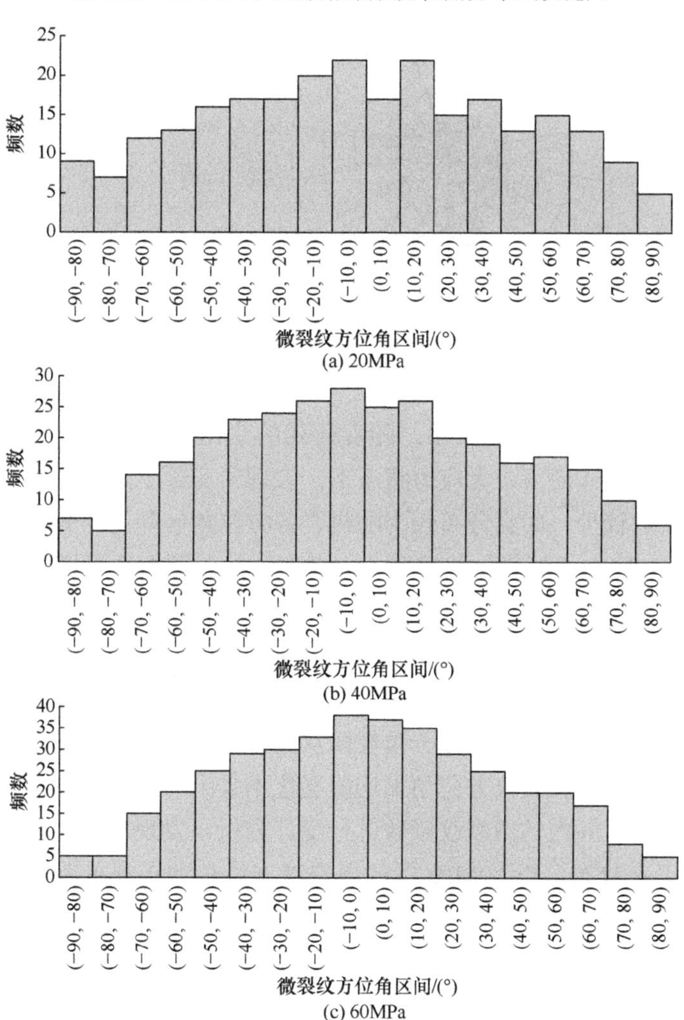

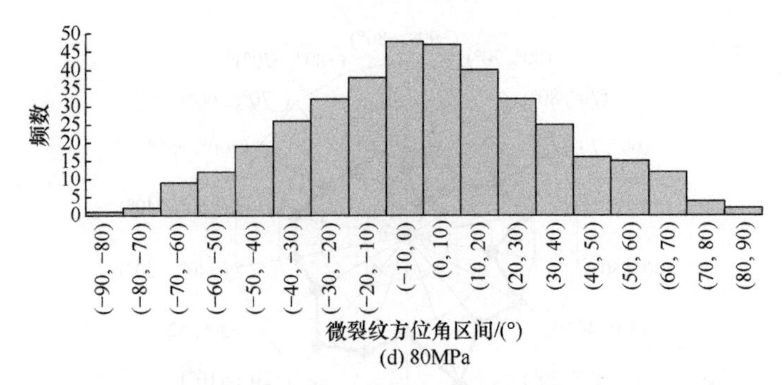

(d) 80MPa

图 3.14　各级应力作用下大理岩微裂纹方位角分布直方图

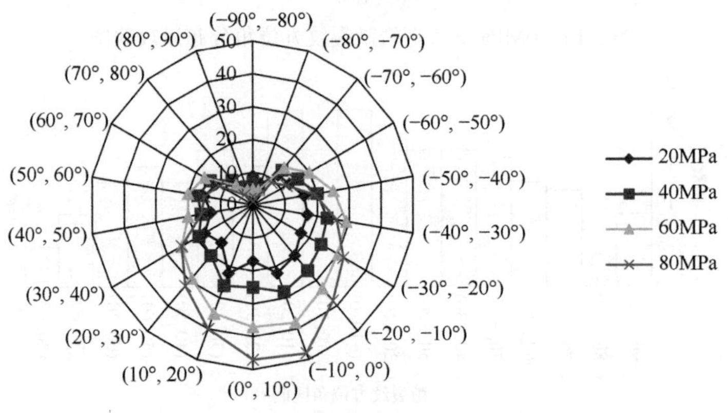

图 3.15　各级应力作用下大理岩微裂纹方位角风玫瑰图

从图 3.12～图 3.15 可以看出，随着荷载的变化，各方位角区间微裂纹频数也在不断改变。总体而言，无应力状态下，大理岩实际上是存在初始裂纹的，这时的微裂纹数量较少，而且分布较为随机，各方位角区间下的微裂纹频数相差较小(图 3.12、图 3.13)；随着荷载的增加，微裂纹数量开始不断增加，但是各方位角区间增加的幅度开始有所差别，靠近加载方向的方位角区间内的微裂纹频数增加快于远离竖轴方向的方位角区间(图 3.14(a)、(b))；随着荷载接近单轴抗压强度，大方位角区间的微裂纹频数开始下降，这是主裂纹逐渐贯通导致部分裂纹开始卸荷闭合的结果，微裂纹频数分布规律从刚开始的随机分布逐渐向接近正态分布的方向发展，但是微裂纹方位角平均值变化不大(图 3.15)，都接近 0°。

对各方位角区间内的微裂纹频数进行统计分析，发现微裂纹方位角出现的频数近似服从正态分布。以 80MPa 下的微裂纹方位角频数分布为例，经统计分析可得到各方位角区间内的频数计算值，具体方法参见文献[2]。

正态分布的密度函数表达式为

$$f(\varphi)=\frac{1}{\sqrt{2\pi}\sigma}\mathrm{e}^{-\frac{(\varphi-E)^2}{2\sigma^2}},\quad -90°\leqslant\varphi\leqslant 90° \tag{3.1}$$

式中，E、σ^2 分别为微裂纹方位角 φ 的期望和方差。

采用点估计方法计算出 E、σ^2 的无偏估计值，即

$$\begin{cases}\hat{E}=\dfrac{1}{n}\sum\limits_{i=1}^{18}n_i\varphi_i=\bar{\varphi}\\ \hat{\sigma}^2=\dfrac{1}{n-1}\sum\limits_{i=1}^{18}n_i\varphi_i^2-\bar{\varphi}^2=\dfrac{1}{n-1}\sum\limits_{i=1}^{18}n_i(\varphi_i-\bar{\varphi})^2\end{cases} \tag{3.2}$$

式中，n_i 为第 i 个微裂纹方位角区间内的裂纹数量，满足 $\sum\limits_{i=1}^{18}n_i=n$。

计算得到微裂纹方位角期望和方差分别为 1.2°和 33.2，于是得到微裂纹方位角的正态分布函数为

$$F(\varphi)=\int_{-\infty}^{\varphi}\frac{1}{\sqrt{2\pi}\sigma}\mathrm{e}^{-\frac{(\varphi_i-\bar{\varphi})^2}{2\sigma^2}}\mathrm{d}\varphi,\quad -90°\leqslant\varphi\leqslant 90° \tag{3.3}$$

故相应微裂纹方位角区间内的频数可以根据

$$N=n\cdot F(\varphi) \tag{3.4}$$

求得，80MPa 应力作用下大理岩微裂纹方位角统计直方图和计算曲线对比如图 3.16 所示。从图中可以看出，微裂纹方位角直方图和计算曲线吻合很好，说明 80MPa 下微裂纹方位角大致符合正态分布。

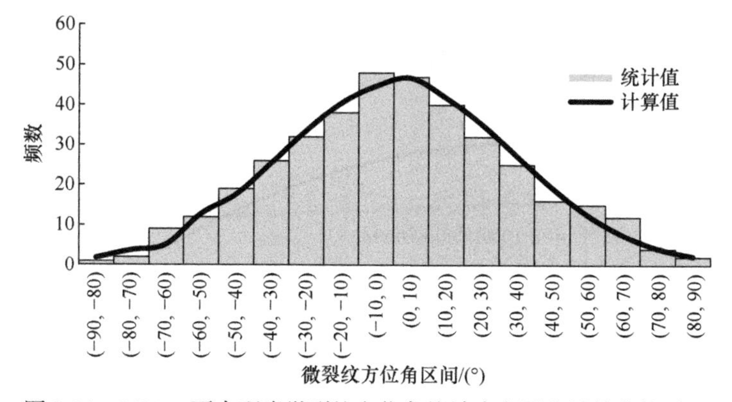

图 3.16　80MPa 下大理岩微裂纹方位角统计直方图和计算曲线对比

对所有大理岩试样微裂纹方位角的分布参数按照不同的应力状态进行分类，通过回归分析，得到分布参数随应力状态变化而变化的回归公式。利用统计学进行数据拟合分析，结果表明，不同应力状态的大理岩试样微裂纹方位角均可较好地服从

广义极值(generalized extreme value，GEV)分布。

广义极值分布的密度函数为

$$f(x|\nu,k,\mu)=\frac{1}{\nu}\exp\left[-\left(1+k\frac{x-\mu}{\nu}\right)^{-\frac{1}{k}}\right]\left(1+k\frac{x-\mu}{\nu}\right)^{-1-\frac{1}{k}} \tag{3.5}$$

式中，x为微裂纹方位角；μ为位置参数；ν为比例参数；k为形状参数。当$k>0$时，广义极值分布退化为 Gumbel 分布，当$k=0$时，广义极值分布退化为 Frechet 分布，当$k<0$时，广义极值分布退化为 Weibull 分布。采用点估计方法，计算微裂纹方位角在 20MPa 时相应统计参数μ、ν和k的无偏估计值，分别为 41.217、38.719 和−0.791。将以上参数代入式(3.5)得到理论密度函数曲线。

依据同样的分析方法，获得与大理岩试样微裂纹方位角相关的广义极值分布参数在不同应力状态下的数据，利用统计学进行回归分析得到微裂纹方位角广义极值分布参数随应力变化的回归公式，且回归效果较好，如图 3.17～图 3.19 所示。

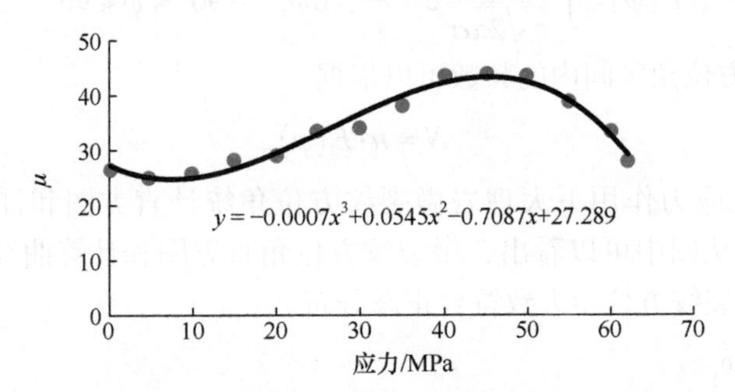

图 3.17　微裂纹方位角广义极值分布参数μ随应力的变化

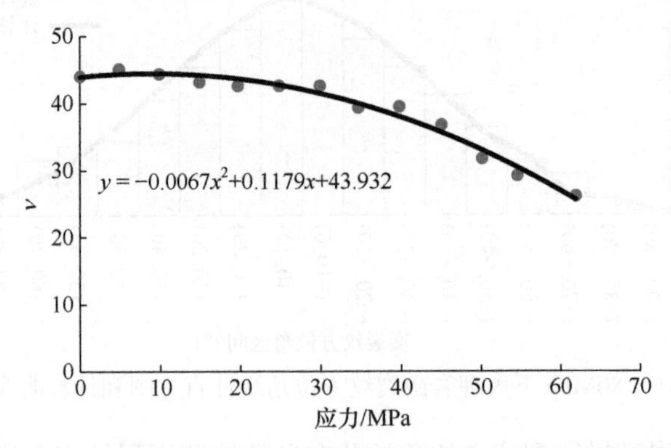

图 3.18　微裂纹方位角广义极值分布参数ν随应力的变化

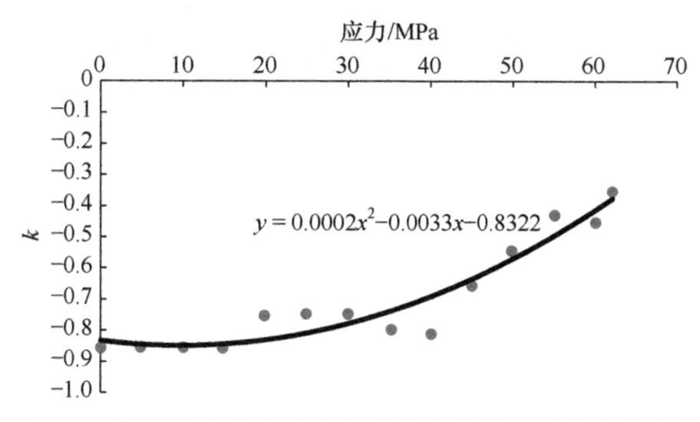

图 3.19　微裂纹方位角广义极值分布参数 k 随应力的变化

3.4.2　微裂纹长度

仍然对同一区域扫描得到的图像中的微裂纹细观信息进行提取。以 0MPa 和 60MPa 应力为例，利用 MATLAB 编制的程序得到微裂纹的细观参数信息，见表 3.1 和表 3.2。

表 3.1　0MPa 下微裂纹的细观参数信息统计

方位角/(°)	面积/μm²	长度/μm	宽度/μm	周长/μm
(−90, −80)	902.04	764.19	50.10	1636.72
(−80, −70)	676.53	573.14	37.58	1227.54
(−70, −60)	1127.55	955.23	62.63	2045.90
(−60, −50)	1240.30	1050.76	68.89	2250.49
(−50, −40)	1465.81	1241.80	81.41	2659.67
(−40, −30)	1465.81	1365.20	73.45	2891.69
(−30, −20)	1353.06	1146.28	75.15	2455.08
(−20, −10)	1804.08	1528.37	100.20	3273.43
(−10, 0)	1578.57	1337.33	87.68	2864.26
(0, 10)	1240.30	1050.76	68.89	2250.49
(10, 20)	2029.59	1719.42	112.73	3682.61
(20, 30)	1465.81	1167.32	98.23	2543.76
(30, 40)	1691.32	1432.85	93.94	3068.85
(40, 50)	1127.55	858.34	62.63	1851.14
(50, 60)	1578.57	1428.56	87.68	3047.63
(60, 70)	1353.06	1208.69	75.15	2580.52
(70, 80)	789.28	668.66	43.84	1432.13
(80, 90)	451.02	382.09	25.05	818.36

表 3.2　60MPa 下微裂纹的细观参数信息统计

方位角/(°)	面积/μm²	长度/μm	宽度/μm	周长/μm
(−90, −80)	1263.77	1627.62	61.31	3394.75
(−80, −70)	1263.77	1627.62	61.31	3394.75
(−70, −60)	3791.32	4882.85	183.94	10184.25
(−60, −50)	5055.10	6510.47	245.25	13578.99
(−50, −40)	6318.87	8138.09	306.56	16973.74
(−40, −30)	7329.89	9440.18	355.61	19689.54
(−30, −20)	7582.64	9765.70	367.88	20368.49
(−20, −10)	8340.91	10742.27	404.66	22405.34
(−10, 0)	9604.68	12369.89	465.98	25800.09
(0, 10)	9351.93	12044.37	453.71	25121.14
(10, 20)	8846.42	11393.32	429.19	23763.24
(20, 30)	7329.89	9440.18	355.61	19689.54
(30, 40)	6318.87	8138.09	306.56	16973.74
(40, 50)	5055.10	6510.47	245.25	13578.99
(50, 60)	5055.10	6510.47	245.25	13578.99
(60, 70)	4296.83	5533.90	208.46	11542.14
(70, 80)	2022.04	2604.19	98.10	5431.60
(80, 90)	1263.77	1627.62	61.31	3394.75

对比表 3.1 和表 3.2 中的微裂纹细观参数信息发现，随着荷载的显著增加，各方位角区间内微裂纹的长度、宽度及面积都明显增加，表明微裂纹数量不断增多，裂纹在不断生长、变粗。而且还发现，与加载方向呈较小夹角的微裂纹细观参数增加比与加载方向呈较大夹角的微裂纹细观参数增加快得多，表明微裂纹多沿着加载方向扩展，这与微裂纹方位角频数统计分析结果一致。对扫描区域的 SEM 图像进行细观信息的提取，得到不同荷载作用下微裂纹长度分布直方图，如图 3.20 所示。

对各级应力作用下的微裂纹总长度进行统计，可得到微裂纹总长度随应力的变化曲线，如图 3.21 所示。

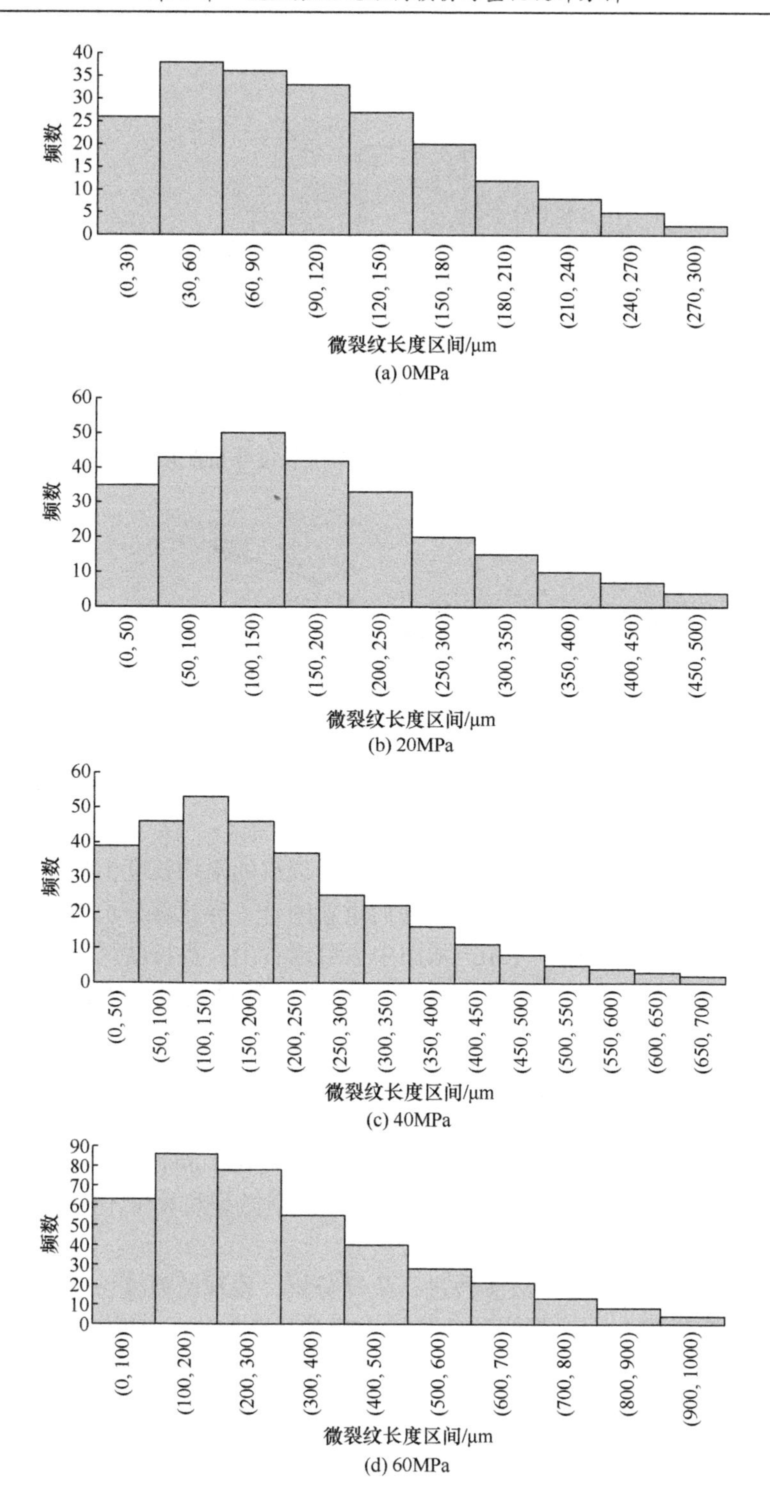

(a) 0MPa

(b) 20MPa

(c) 40MPa

(d) 60MPa

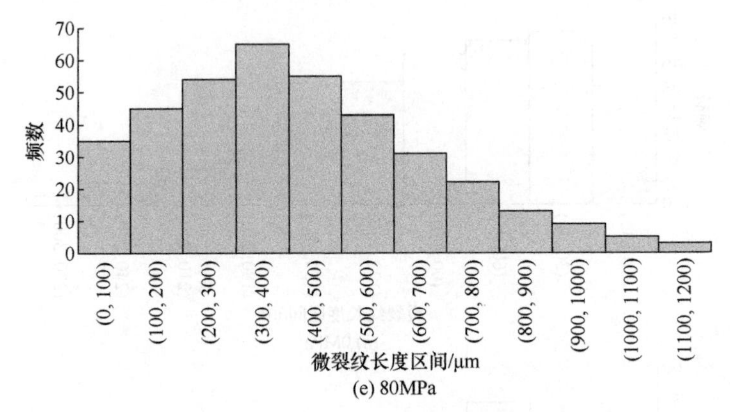

(e) 80MPa

图 3.20　各级应力作用下微裂纹长度分布直方图

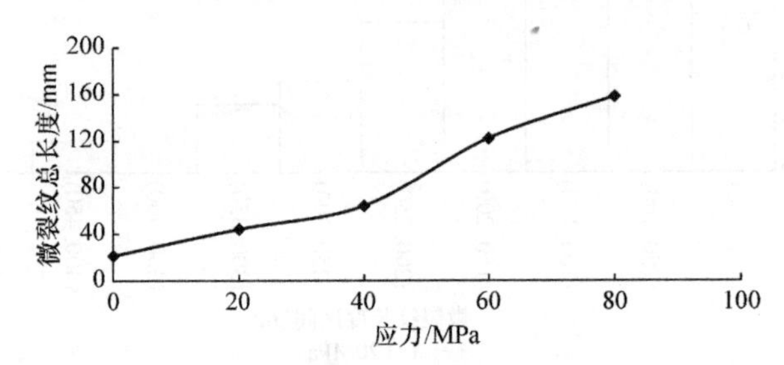

图 3.21　微裂纹总长度随应力的变化曲线

从图 3.20 可以看出，随着竖向荷载的增大，第一，微裂纹的总数量不断增多；第二，最大微裂纹长度逐渐增加，总体微裂纹的平均长度不断增加；第三，当荷载接近破坏值时，部分裂纹发生卸荷重新闭合，导致部分长度区间内的微裂纹数量有所减少(图 3.20(d)、(e))。从图中也可以看出，各长度区间内微裂纹的频数不是均匀分布的，而是某个长度区间内微裂纹数量最多，然后向两侧逐渐递减，微裂纹频数最大的长度区间一般为最大微裂纹长度区间的三分之一左右，即在最大长度区间三分之一处有最大微裂纹频数值。从图 3.21 可以看出，微裂纹总长度随应力的增加不断增加，在应力小于 40MPa 时，微裂纹总长度随应力缓慢增加，近似服从线性规律，此时大理岩基本处于弹性阶段，当应力大于 40MPa 时，微裂纹总长度随应力快速增加，说明微裂纹数量不断增多，裂纹不断变长，大理岩开始进入非线性变形阶段。

对各长度区间内的微裂纹频数进行统计分析，发现微裂纹长度区间内的频数近似服从对数正态分布。具体统计分析方法参见文献[2]。对数正态分布的密度函数表达式为

$$f(l)=\frac{1}{\sqrt{2\pi}\sigma l}\mathrm{e}^{-\frac{(\ln l-E)^2}{2\sigma^2}},\quad l>0 \tag{3.6}$$

则可得到对数正态分布函数表达式为

$$F(l)=\int_0^{\ln l}\frac{1}{\sqrt{2\pi}\sigma l}\mathrm{e}^{-\frac{(\ln l-E)^2}{2\sigma^2}}\mathrm{d}l\,,\quad l>0 \tag{3.7}$$

式中，E、σ^2 分别为微裂纹长度的期望和方差。

采用点估计方法可计算出 E 和 σ^2 的无偏估计值，即

$$\begin{cases}\hat{E}=\dfrac{1}{n}\displaystyle\sum_{i=1}^{18}n_i\ln l_i\\ \hat{\sigma}^2=\dfrac{1}{n-1}\displaystyle\sum_{i=1}^{18}n_i\left(\ln l_i-E\right)^2\end{cases} \tag{3.8}$$

式中，n_i 为第 i 个微裂纹长度区间内的裂纹数量，满足 $\sum_{i=1}^{18}n_i=n$。

以 80MPa 应力作用下的微裂纹长度分布规律为例，经计算后得到 E、σ^2 的无偏估计值分别为 5.79μm、0.79。80MPa 应力作用下大理岩微裂纹长度分布统计直方图和计算曲线对比如图 3.22 所示。

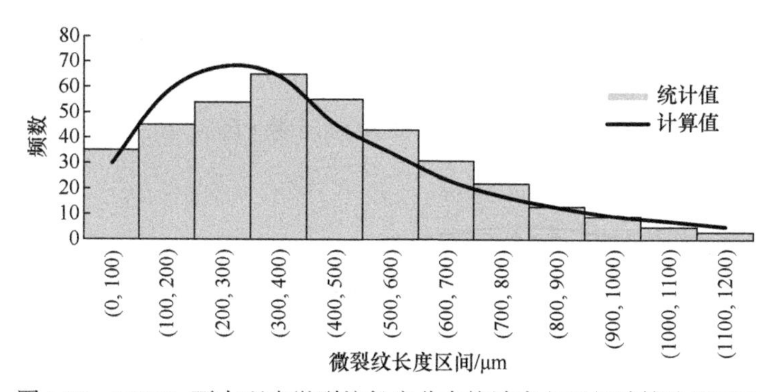

图 3.22　80MPa 下大理岩微裂纹长度分布统计直方图与计算曲线对比

采用点估计方法，计算微裂纹长度在 20MPa 时相应的统计参数 μ 、ν 和 k 的无偏估计值，分别为 20.643、37.158 和 0.398。将以上参数代入式(3.5)得到理论密度函数曲线。同样，获得与每组大理岩试样的微裂纹长度相关的广义极值分布参数在不同应力状态下的数据，进行回归分析得到微裂纹长度广义极值分布参数随损伤演化发展而变化的回归公式，如图 3.23～图 3.25 所示。

3.4.3　微裂纹总面积

同理，伴随着荷载增加，微裂纹的总面积也不断增加。经统计得到，微裂纹

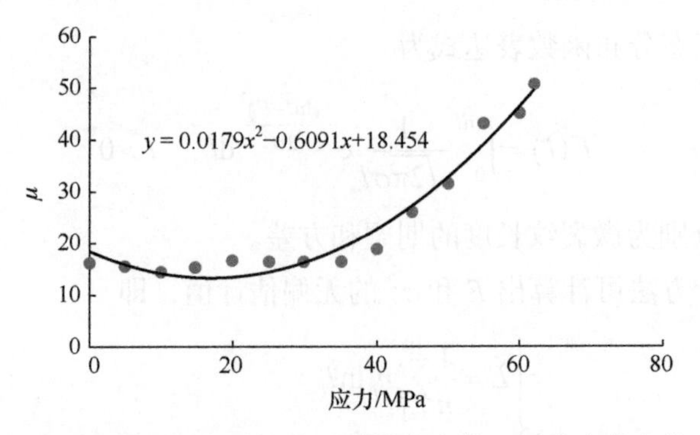

图 3.23　微裂纹长度广义极值分布参数 μ 随应力的变化

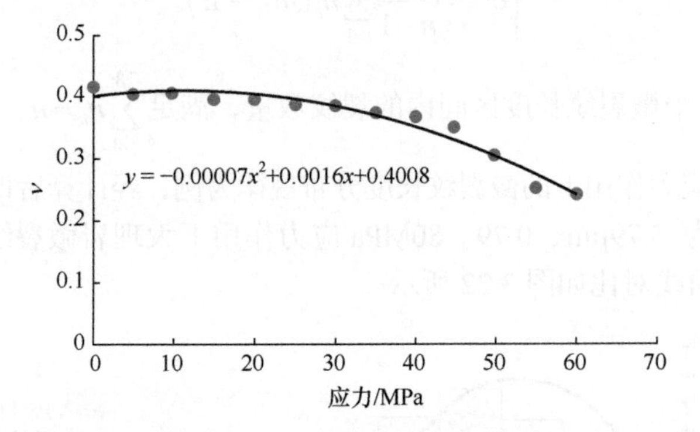

图 3.24　微裂纹长度广义极值分布参数 ν 随应力的变化

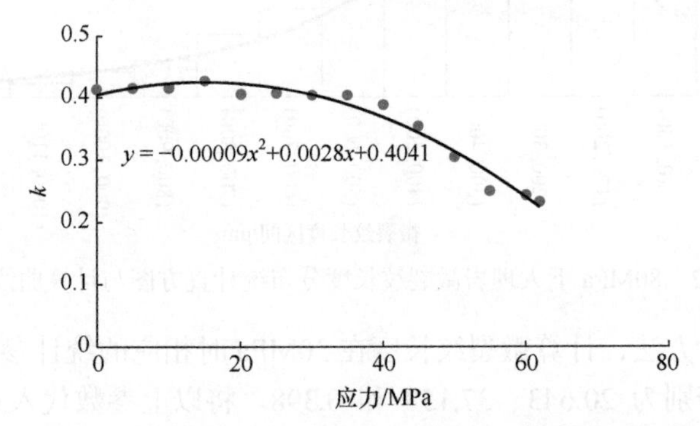

图 3.25　微裂纹长度广义极值分布参数 k 随应力的变化

总面积随应力的变化曲线如图 3.26 所示。从图中可以看出，微裂纹总面积随荷载增加越来越明显。在应力小于 40MPa 时，微裂纹总面积增加速度较为平缓，随后增加速度越来越快，这是由于微裂纹数量快速增多，微裂纹总面积呈加速增长，此时岩石应力-应变曲线也开始进入非线性阶段。

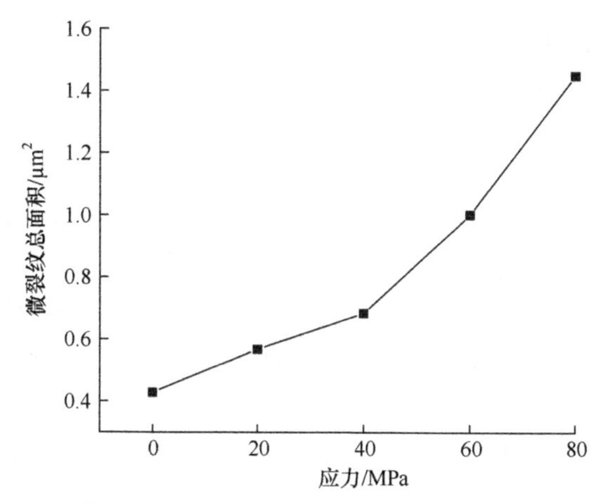

图 3.26　微裂纹总面积随应力的变化曲线

3.4.4　微裂纹间距

对大理岩试样细观结构 SEM 图像微裂纹间距数据的处理方法与方位角、长度数据的处理方法类似，首先按照不同应力状态将各组微裂纹间距数据归为多组子数据；然后根据每组数据的子数据，绘制相应应力阶段的微裂纹间距分布直方图，计算得到相应分布参数的无偏估计值；最后对所有大理岩试样微裂纹间距的分布参数进行回归分析。图 3.27 为大理岩试样在 20MPa 应力作用下微裂纹间距分布直方图。数据拟合分析表明，不同应力状态的大理岩试样微裂纹间距的分布特征类似于方位角、长度，均可较好地服从广义极值分布。

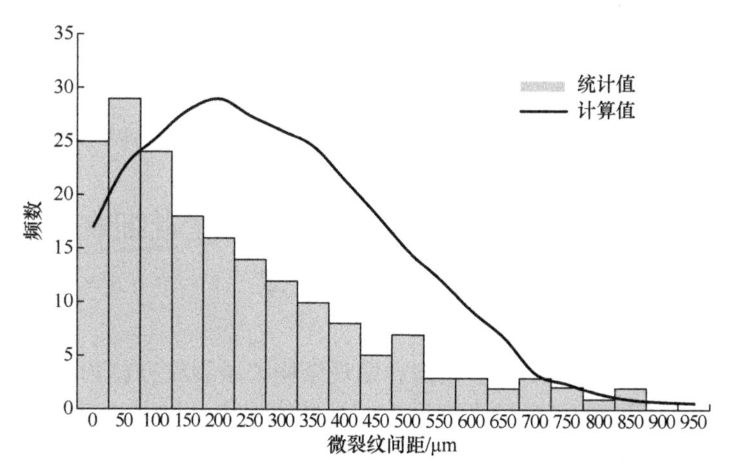

图 3.27　20MPa 下大理岩微裂纹间距分布统计直方图与计算曲线对比

采用点估计方法，计算微裂纹间距在 20MPa 时相应统计参数 μ 、ν 和 k 的无偏估计值，分别为 50.124、51.978 和 0.149。将以上参数代入式(3.5)可得到理论密度函数曲线，见图 3.27 中计算曲线。

3.4.5　微裂纹长宽比

对大理岩试样细观结构 SEM 图像微裂纹长宽比数据的处理方法与上述大理岩试样基本几何数据处理方法类似，即首先按不同应力状态将各组微裂纹长宽比数据归为多组子数据；然后根据每组数据的子数据，绘制相应应力阶段的微裂纹长宽比分布直方图；最后对所有大理岩试样的微裂纹长宽比数据进行回归分析。图 3.28 为大理岩试样在 20MPa 应力作用下微裂纹长宽比分布直方图。数据分析表明，微裂纹长宽比数值取值的区间比较集中，所以在这里使用数据的平均值 3.7479 作为 20MPa 应力作用下微裂纹长宽比的代表值。依照同样方法，获取大理岩试样在不同应力状态下的微裂纹长宽比数据，进行回归分析得到微裂纹长宽比随损伤演化发展而变化的回归公式，即

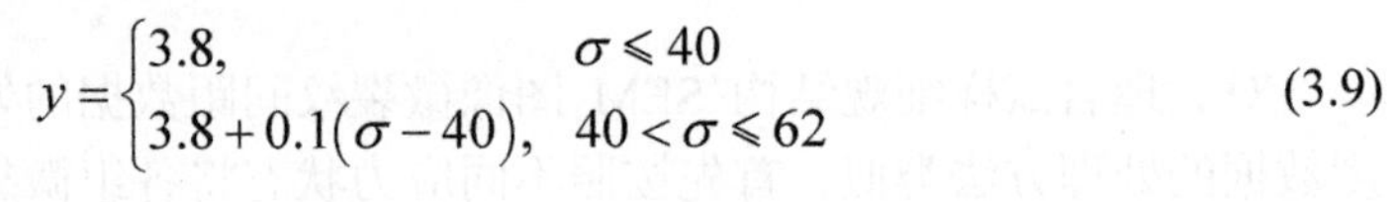

$$y=\begin{cases}3.8, & \sigma\leqslant 40\\ 3.8+0.1(\sigma-40), & 40<\sigma\leqslant 62\end{cases} \tag{3.9}$$

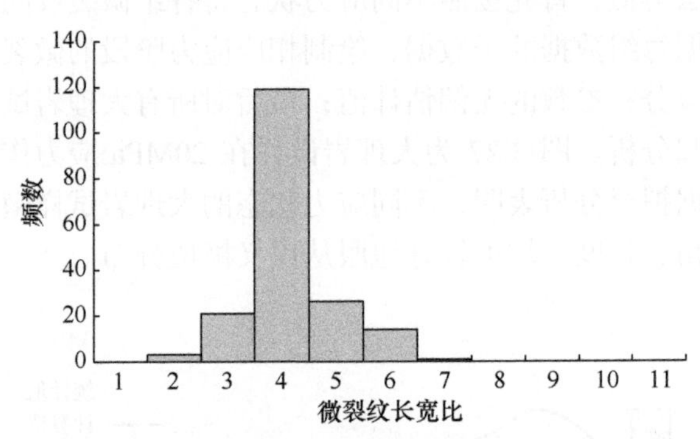

图 3.28　20MPa 下大理岩微裂纹长宽比分布直方图

3.5　基于 Monte Carlo 理论的大理岩细观结构损伤过程模拟

3.4 节通过统计分析得到了大理岩细观结构上微裂纹方位角、长度和间距的统计分布规律及相应的统计分布参数在细观结构损伤过程中的变化规律，本节基于以上参数变化规律，利用 Monte Carlo 理论模拟并得到大理岩细观结构在损伤过程中各个阶段的代表性体积单元。

3.5.1　Monte Carlo 模拟理论

Monte Carlo 模拟理论，又称统计试验方法或随机模拟方法，即通过随机变量的统计试验分析及其随机模拟求解，获得近似结果的常用方法。它是一类通过对有关的随机变量或随机过程的随机抽样来求解数学、物理、工程技术及岩土工程问题近似解的数值方法。其基本思想为：对所求解的问题构造一种随机变量或随机过程，使其某一数值特征(如数学期望)为所求问题的解，然后对所构成的随机变量或随机过程进行抽样，并由得到的样本计算出相应的参数值，作为所求问题的近似解。大理岩细观结构的计算机数字模拟类似于岩体节理网络的模拟，岩体节理网络的模拟是研究岩体内大量的节理裂隙随机分布规律的一种有效方法。

由于在现有试验条件下不可能获取不同应力状态时大理岩细观结构面上的所有图像信息，只能借助统计学方法，采用 Monte Carlo 模拟理论来模拟大理岩细观结构的随机微裂纹。虽然模拟的随机微裂纹与实际情况有一定出入，但是从统计的角度看，二者具有相同的统计分布，所以可以近似模拟大理岩细观结构。

3.5.2　大理岩细观结构损伤过程模拟

通过 SEM 在位单轴压缩试验观测发现，当研究大理岩在毫米、微米尺度下的细观结构损伤时，其损伤的形式以微裂纹的萌生、扩展及贯通为主，因此大理岩细观结构代表性体积单元的确定直接与微裂纹的基本几何信息有关，而对大理岩细观结构 SEM 图像分析得到的微裂纹基本几何信息有微裂纹宽度、长度、面积、方位角及间距。其中，由于微裂纹间距的分布情况直接决定了微裂纹的密集程度，即反映了微裂纹单位面积的数量，所以可认为大理岩细观结构代表性体积单元的大小由微裂纹间距决定，采用以上原理，模拟在同一间距分布而不同尺度下的微裂纹，得到不同尺度与单位面积微裂纹数量的关系，如图 3.29 所示。由图可见，面积在 $40\times10^6\mu m^2$ 左右时，单位面积的微裂纹数量趋于稳定，因此可得到代表性体积单元的具体尺度。

基于上述理论和 MATLAB 的数学统计工具箱，在前面章节研究的框架和已编制的程序基础上，进一步开发“基于 SEM 试验数据的大理岩细观结构微裂纹 RVE 的 Monte Carlo 重构”程序，实现对大理岩试样细观结构代表性体积单元损伤过程的统计再现。在不同应力状态下，根据微裂纹基本几何数据所服从的统计分布参数变化规律，对大理岩细观结构代表性体积单元损伤过程进行模拟，具体如图 3.30 所示(其中，左图是相应应力状态时方位角、长度和间距的统计参数具体值，右图是基于 Monte Carlo 模拟重构的大理岩细观结构代表性体积单元)。

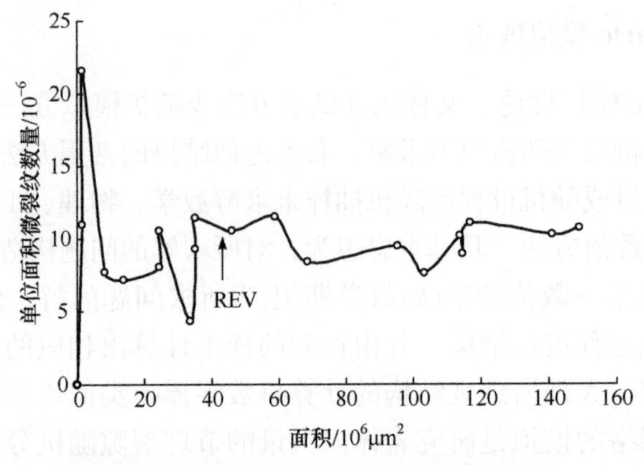

图 3.29　面积与单位面积微裂纹数量关系

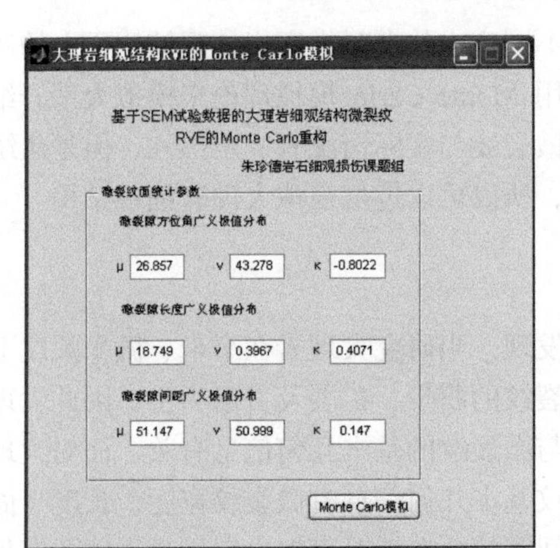

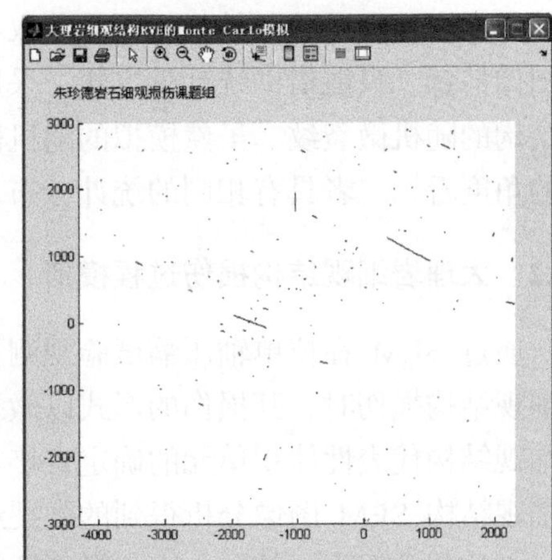

(a) 0MPa

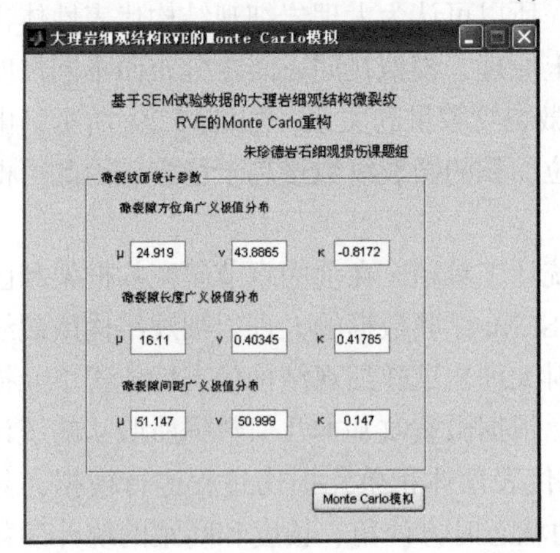

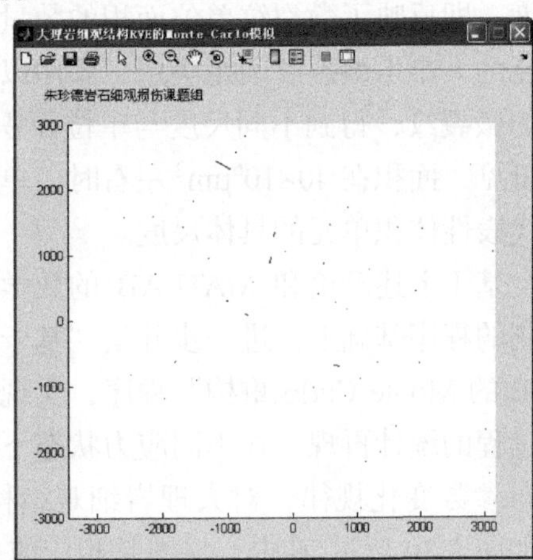

(b) 5MPa

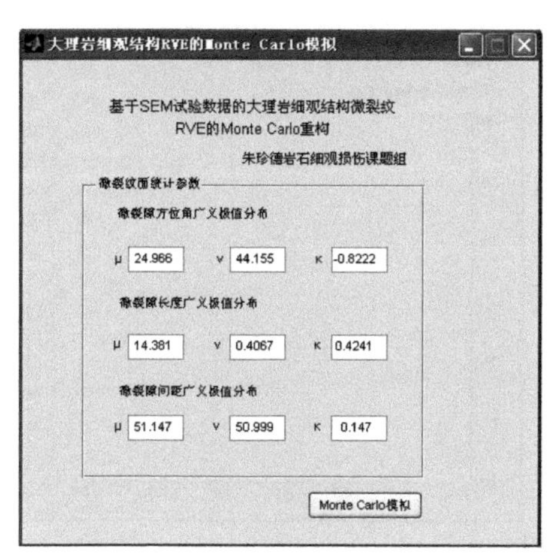

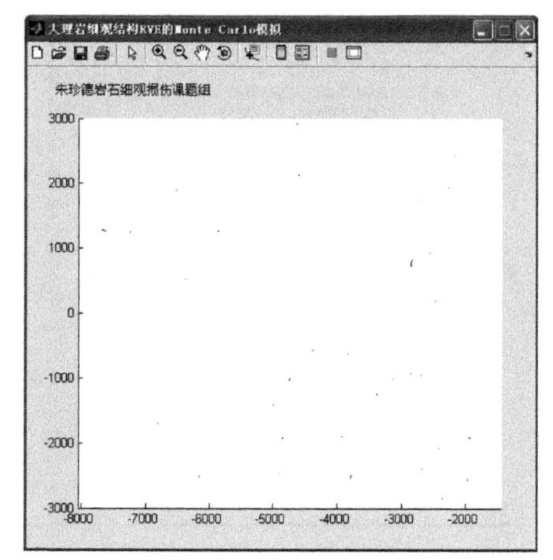

(c) 10MPa

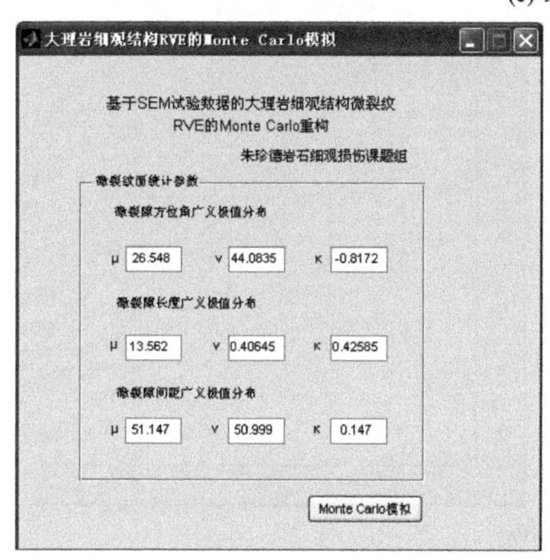

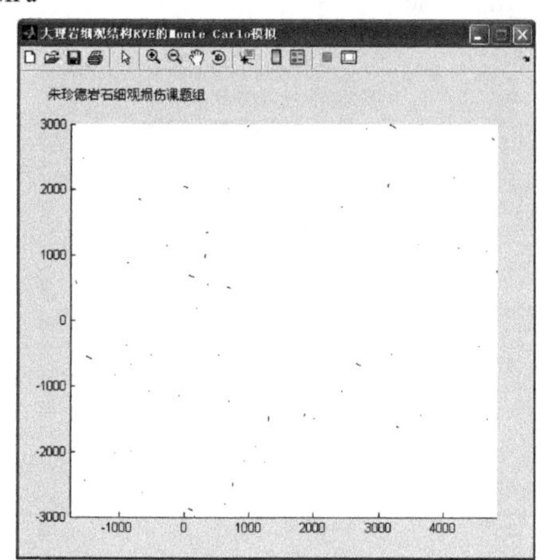

(d) 15MPa

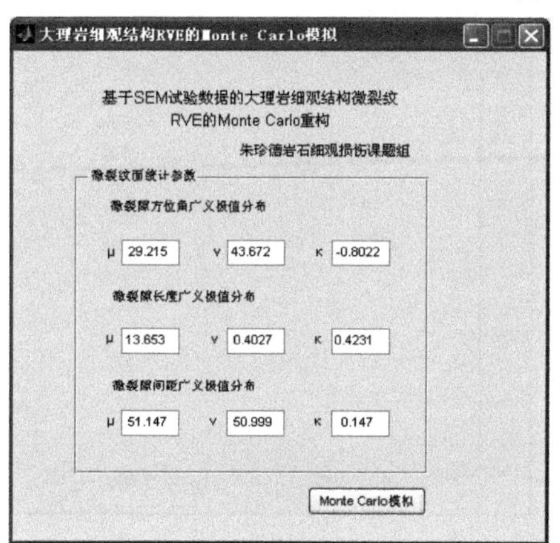

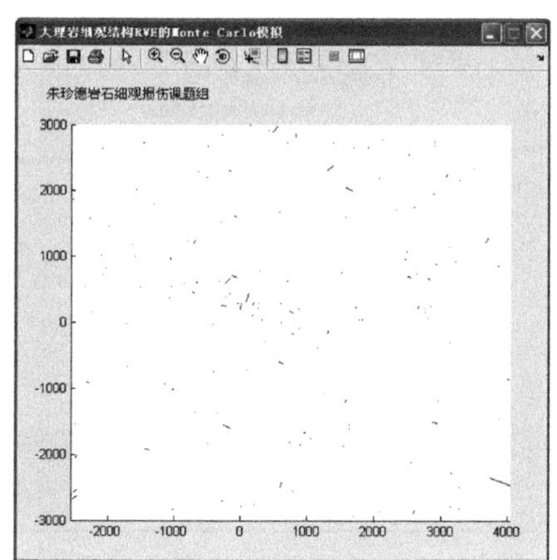

(e) 20MPa

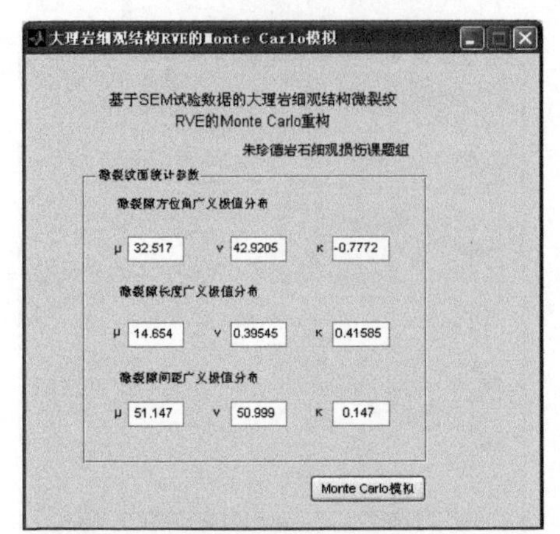

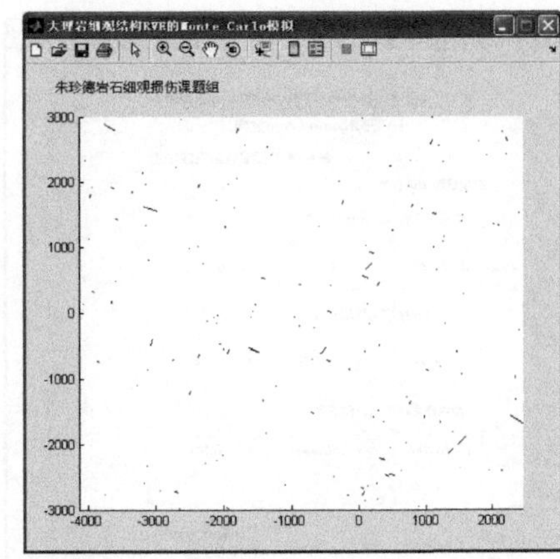

(f) 25MPa

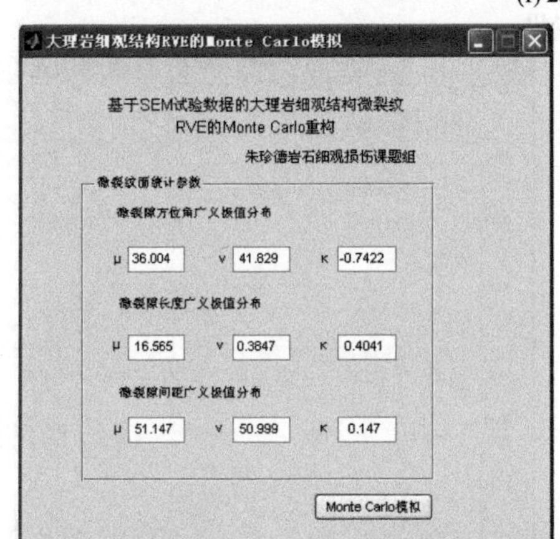

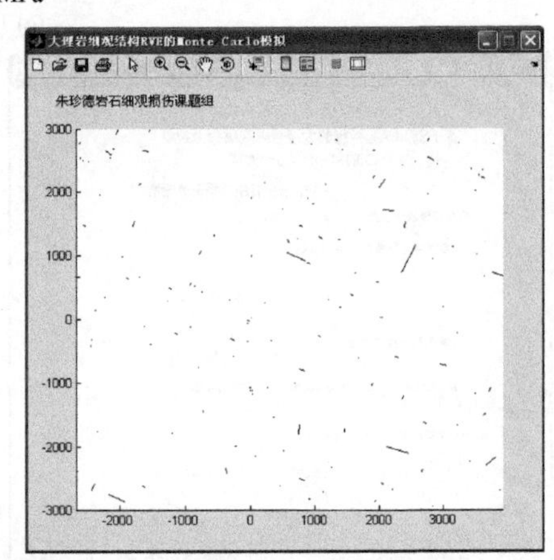

(g) 30MPa

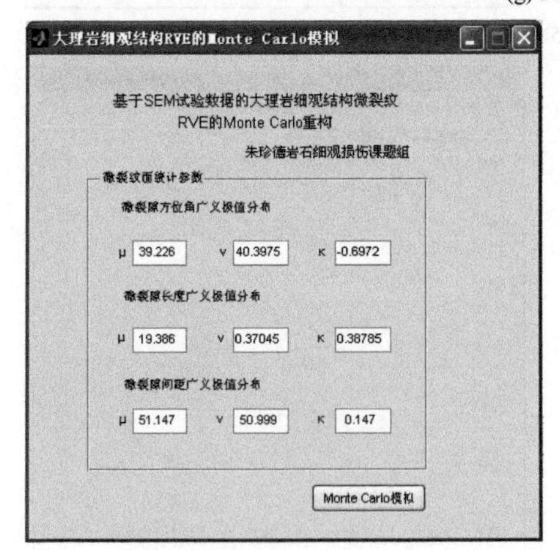

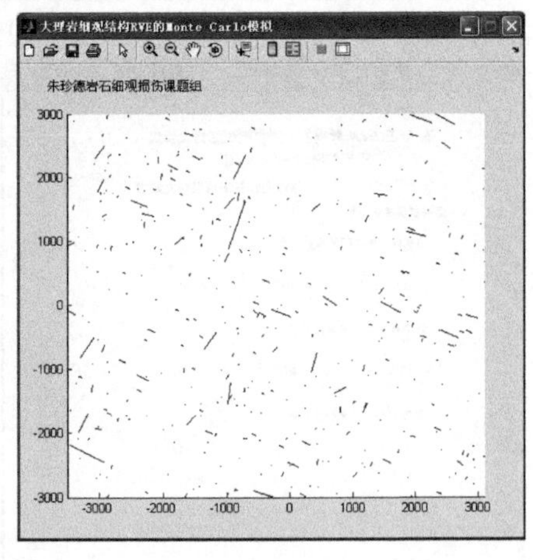

(h) 35MPa

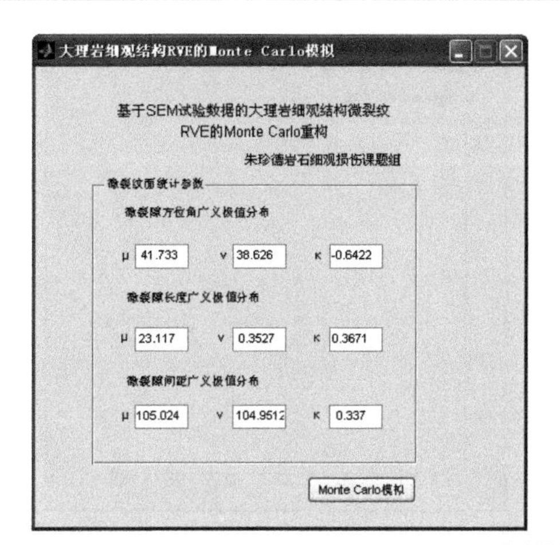

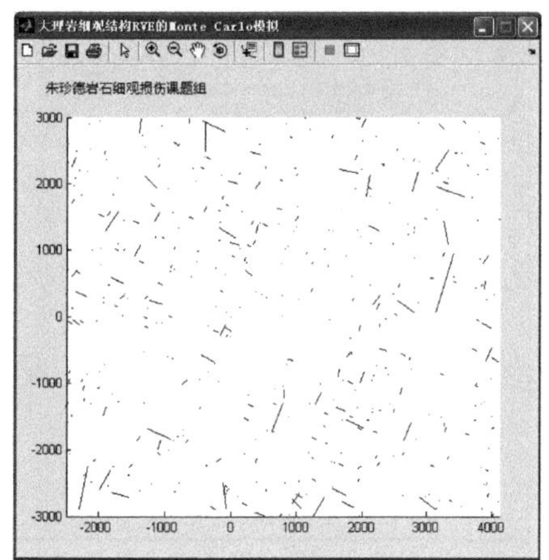

(i) 40MPa

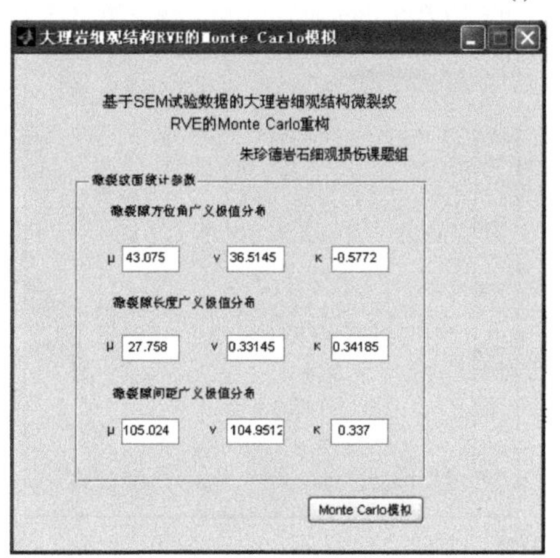

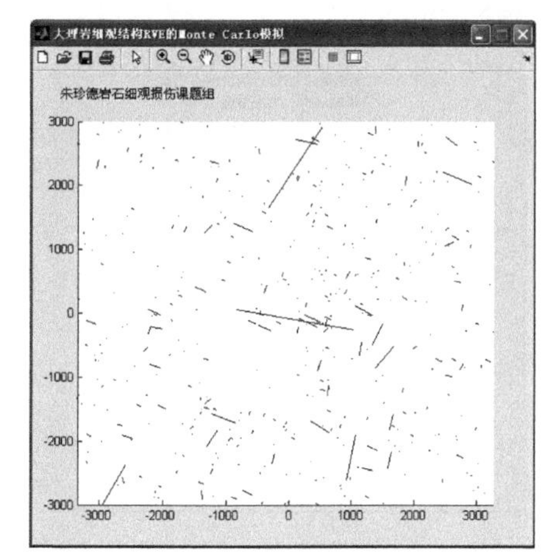

(j) 45MPa

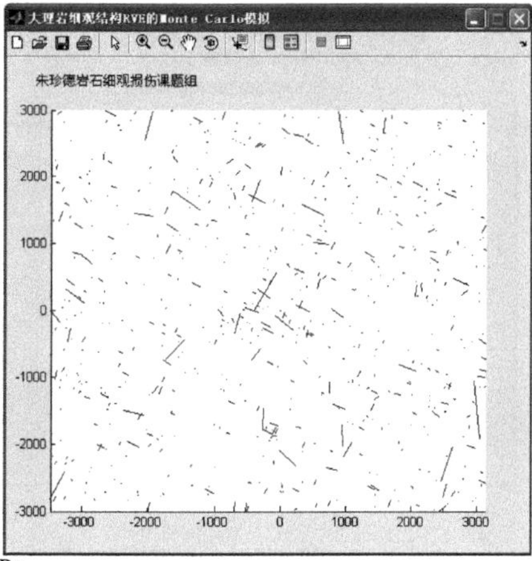

(k) 50MPa

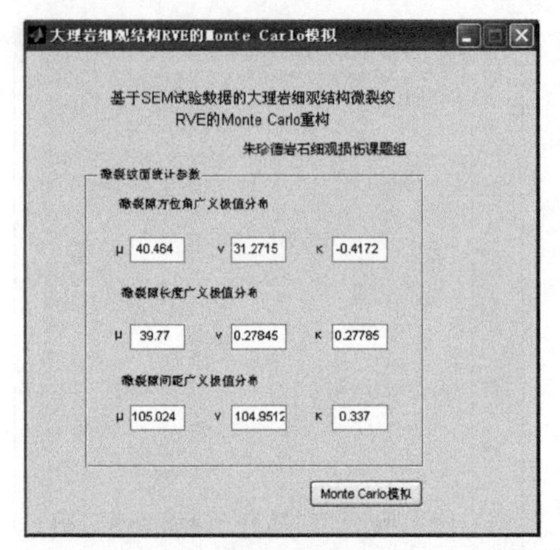

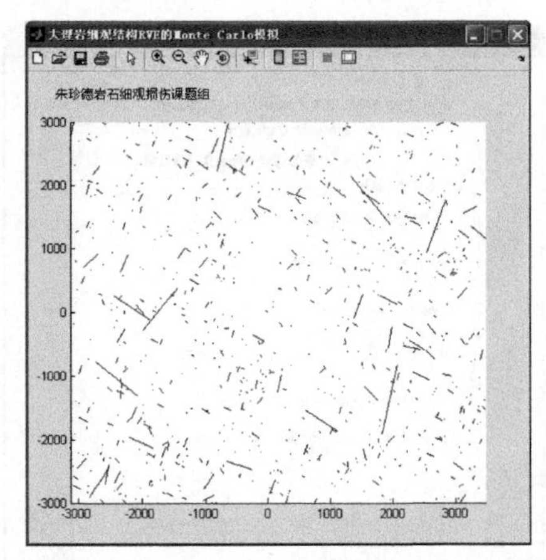

(l) 55MPa

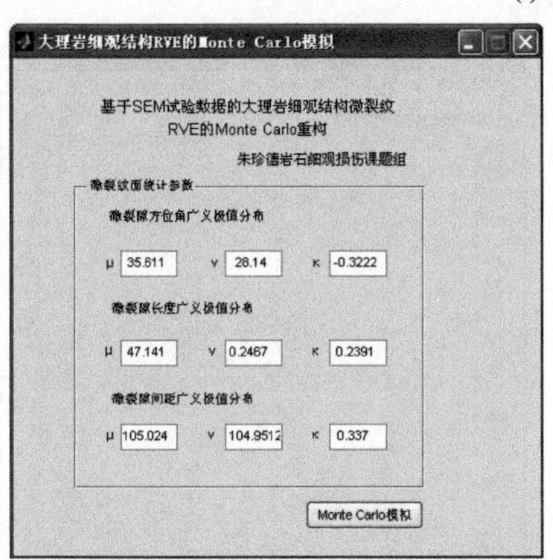

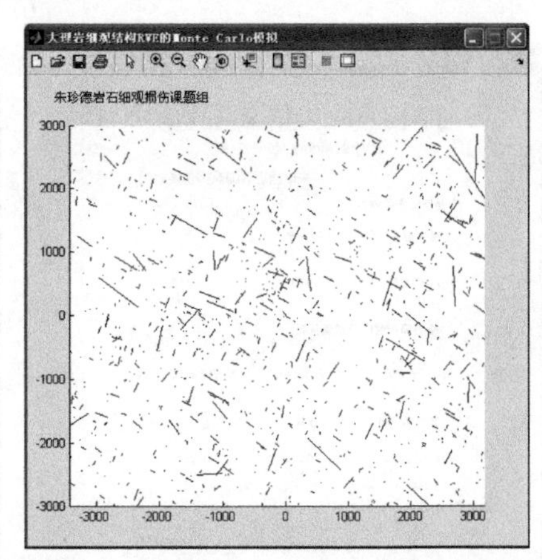

(m) 60MPa

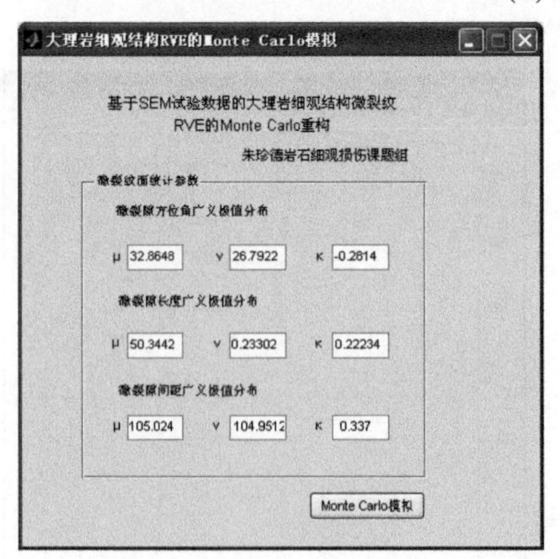

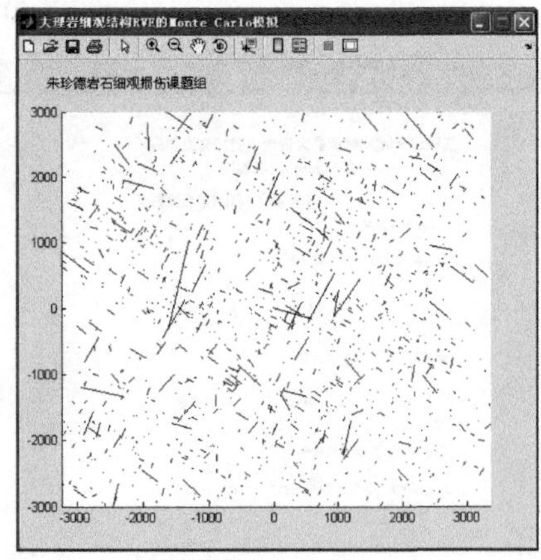

(n) 62MPa

图 3.30　大理岩细观结构代表性体积单元损伤过程模拟

本章首先对前面得到的大理岩在位单轴压缩细观损伤力学试验中的 SEM 图像进行分析处理，得到大量微裂纹几何基本信息数据，然后借助基本统计学理论方法，得到大理岩试样细观微裂纹的基本几何信息在损伤过程中的变化特点，最后在试验统计信息基础上，应用 Monte Carlo 模拟重构大理岩细观尺度代表性体积单元的损伤变化过程，将量化的损伤数据进行可视化，为进一步研究奠定了坚实的试验基础。

参 考 文 献

[1] Elzafraney M F. Quantitative microstructural investigation of damaged concrete[D]. East Lansing: Michigan State University, 2004.

[2] 渠文平. 基于数字图像处理技术的岩石细观量化试验研究[D]. 南京: 河海大学, 2006.

第 4 章 大理岩细观损伤本构模型

第 3 章利用基于 SEM 的岩石破裂数字化细观损伤力学试验系统，对四川锦屏大理岩进行单轴压缩细观损伤力学试验，结合数字图像处理技术和统计学原理，得到其细观结构微裂纹的统计分布特征及损伤变化规律。本章在此基础上(图 4.1 点划线以上内容)，结合热力学定律和细观损伤力学基本原理，建立基于 SEM 试验的大理岩细观损伤本构模型。

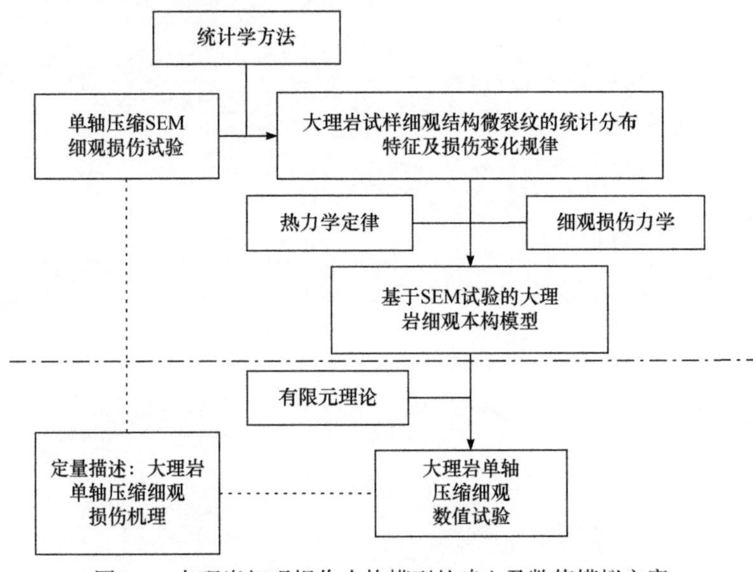

图 4.1 大理岩细观损伤本构模型的建立及数值模拟方案

4.1 细观损伤本构理论

细观损伤力学是基于不同的细观尺度微损伤机理，通过对细观尺度微损伤发展过程的研究，达到深入理解材料宏观尺度破坏并提出改善宏观力学性能的方法的目的[1]。细观损伤力学的研究尺度范围介于连续介质力学(宏观结构、裂纹等)和微观力学(微空穴、位错、原子结合力等)之间，主要采用连续介质力学和材料科学的一些方法，对诸如细观尺度微裂纹、微孔洞等损伤物体进行物理描述。因此，细观损伤力学一方面在满足主要研究目的的基础上忽略细观微损伤较为复杂的物理力学过程，简化数学力学计算模型；另一方面在模拟真实细观尺度微损伤方面比唯象损伤力学更加真实，这是因为细观损伤力学考虑了细观尺度中各类微损伤的物理力学属性，为微损伤过程的相关方程提供具有实际含义的物理力学背景[1]。

1. 细观损伤力学

细观损伤力学建立岩石细观损伤本构模型的基本步骤如下(图 4.2)：

(1) 在岩石材料中选取一个代表性体积单元。

(2) 运用连续介质力学理论和连续热力学理论等方法，对代表性体积单元进行分析，得到细观尺度微结构在外荷载作用下的变形和演化发展规律。

(3) 通过细观尺度上的体积均匀化方法将细观研究结果反映到宏观本构模型、损伤演化方程等宏观性质中。

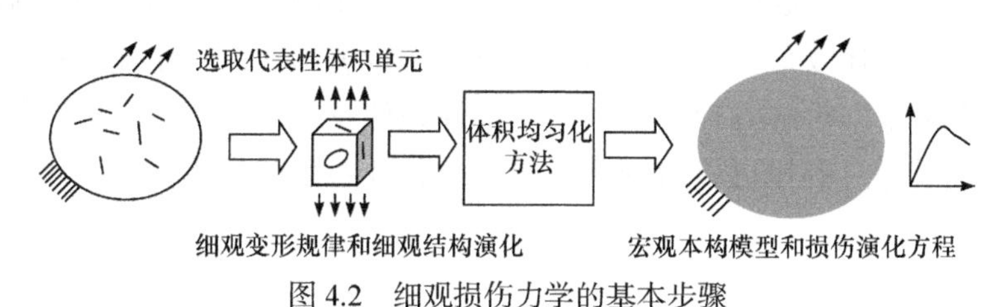

图 4.2　细观损伤力学的基本步骤

2. 代表性体积单元

如果一个细观单元的总体几何特征与细观单元的位置无关，则称此类单元为代表性体积单元，即代表性体积单元是一个具有代表性和一般性的细观尺度单元[2]。数学公式可表示为

$$P(L_{\mathrm{d}} > L_{\mathrm{i}}) \to 1 \quad 和 \quad a_{\max} \ll L_{\mathrm{RVE}} \ll L \tag{4.1}$$

式中，L_{RVE} 为代表性体积单元的尺度；L 为整体结构的尺度；$a_{\max}$ 为微裂纹的最大特征尺度；L_{d} 为微裂纹间距的度量尺度；L_{i} 为微裂纹尖端奇异应力场影响区域的度量尺度。

可见，代表性体积单元必须具备度量尺度的二重性：在宏观尺度上尺寸足够小，可视为一个材料质点，因而其宏观应力场和应变场可视为均匀场($P(L_{\mathrm{d}} > L_{\mathrm{i}}) \to 1$ 与 $L_{\mathrm{RVE}} \ll L$)；同时，在细观尺度上足够大，包含足够多的细观结构信息($L_{\mathrm{RVE}} \gg a_{\max}$)，可以体现材料的统计平均性质。

3. 变形及演化发展规律

获得细观微损伤演化过程规律的方法有三大类：试验法、细观力学方法、不可逆热力学法。试验法是通过大理岩细观尺度微损伤试验，在进行深入的力学推导后，建立基于试验损伤信息统计基础上的细观尺度微损伤演化方程，但由于缺乏理论推导背景，其中各个参数及微损伤演化方程的物理背景不明确。细观力学方法是将多种力学方法应用于细观尺度微损伤机理的研究中，探求细观尺度中损伤孕育发展的物理力学过程，从而建立相应的损伤演化方程。由于对细观尺度微损伤过程的物理背景展现效果较好，其可以解释相对复杂的材料损伤行为。不可逆热力学法则基于一个假设，即存在一个含损伤变量的流动势或损伤面，从而利用Clausius-Duhem不等式和正交流动法则建立损伤演化方程，由于在复杂加载情况下的损伤发展常不具备正交性，该方法的应用受到了限制。

4. 体积均匀化方法

均匀化理论的主要思想是，选取合适的代表性体积单元建立模型，确定代表性体积单元的描述变量，写出势能或余能的能量表达式，利用能量极值原理计算变分，得出基本求解方程，再利用均匀性条件及一定的数学变换，便可以联立求解，最后通过类比可以得到宏观等效的弹性系数张量等一系列等效的材料系数[1]。

4.2　基于SEM试验的大理岩细观损伤本构模型原理

4.2.1　基本假定

建立各类本构模型，首先要确立模型的基本假定。基于SEM试验的大理岩细观损伤本构模型的基本假定包括以下几个方面：大理岩细观尺度微结构模型的概念，代表性体积单元具体尺度的确定(参见3.5.2节)，基于假设的简化模型的建立。

材料的细观尺度微结构一般可概括为两大类：①基体-夹杂型，即仅有一个相是连通的，而其他相按照一定的空间分布嵌含在基体内部。对于这种类型，夹杂可以理解为在其邻近被基体材料所包围，而远离夹杂的部分可以视为有效介质。②弥散型，各材料相都是离散的，材料科学中常见的多晶材料即为此类型。对于这种类型的材料，Hill[3]提出的自洽法很好地反映了这种细观尺度微结构模式，其概念也很简单。

大理岩是一种变质岩，又称大理石，由碳酸盐岩经区域变质作用或接触变质作用形成。它主要由方解石和白云石组成，此外含有硅灰石、滑石等，大都具有粒状(细粒变晶结构)及块状(致密块状结构)。根据前面章节的分析，大理岩细观损伤分析可在微米尺度进行研究，在微米尺度下，大理岩主要由岩石基质与微裂纹组成(图 4.3)，微裂纹分布于岩石基质中，故可将该类大理岩细观尺度微结构简化为基体(岩石基质)-夹杂(微裂纹)型。

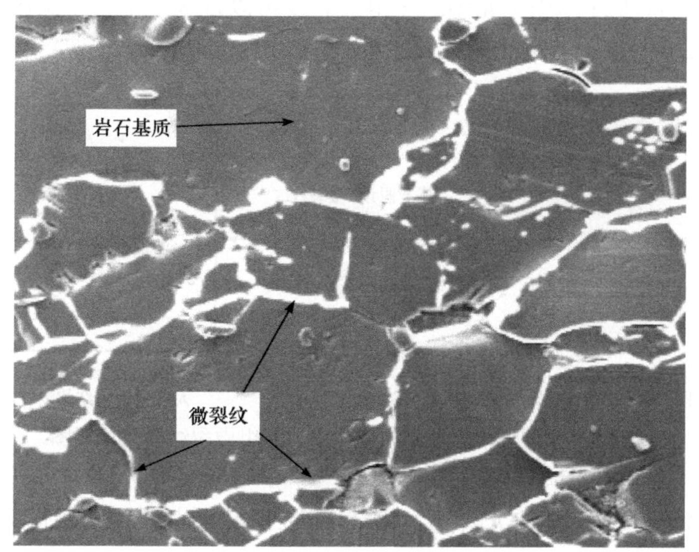

图 4.3　大理岩细观尺度微结构(500 倍)

4.2.2　大理岩细观尺度微结构的简化模型

从基于代表性体积单元尺度的大理岩细观尺度微结构 SEM 在位试验中可观察到，单轴压缩过程中大理岩细观尺度微结构的损伤发展过程较复杂，为了更清晰有效地研究细观尺度微结构的损伤变化物理规律，引入两个假设对细观尺度微结构损伤发展过程中的部分细节进行简化处理。

假设 1：大理岩试样的细观尺度微结构中的微裂纹为币状微裂纹(图 4.4)。

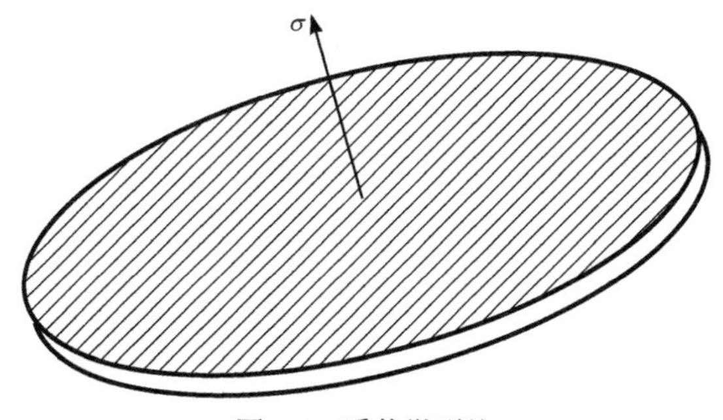

图 4.4　币状微裂纹

假设 2：大理岩细观尺度微裂纹间的相互作用可以忽略不计，即 Taylor 模型的方法。由于微裂纹间可能同时存在应力屏蔽效应和应力放大效应，在包含大量微裂纹的损伤岩石类材料中，这两种相反的效应对力学属性产生的影响可以相互抵消，并且已经有许多试验证明了这一点[4]，因此本节也采用这个假设。由假设 2 可见，大理岩代表性体积单元中的多组微裂纹可以视为多个含单组微裂纹的代表性体积单元的线性组合(图 4.5)。

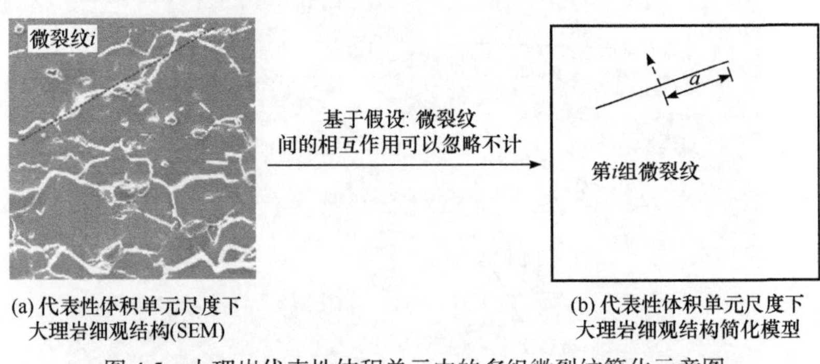

(a) 代表性体积单元尺度下大理岩细观结构(SEM)　(b) 代表性体积单元尺度下大理岩细观结构简化模型

图 4.5　大理岩代表性体积单元中的多组微裂纹简化示意图

4.3　基于 SEM 试验的大理岩细观损伤本构模型

4.3.1　微裂纹描述

建立大理岩细观损伤本构模型的目标就是从大理岩细观尺度微结构的特征出发，考虑岩石材料细观尺度微结构，在宏观力学响应中体现出细观尺度微结构的相互作用，而确定合理的细观尺度微结构描述方法是建立这一目标的基础。对于基于 SEM 试验的大理岩细观尺度微结构简化模型，由于细观尺度微结构是微裂纹，首先对大理岩的微裂纹描述方法进行定义。基于大理岩 SEM 细观在位试验结果的分析(图 4.6)，可以由 SEM 图像直接获得微裂纹的基本几何信息包括微裂纹的方位角(倾角)、长度、宽度、周长及面积，由此为了全面地反映微裂纹的基

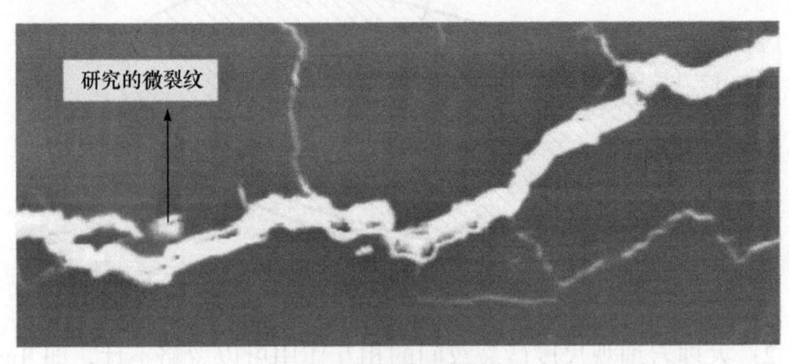

(a) SEM图像中微裂纹

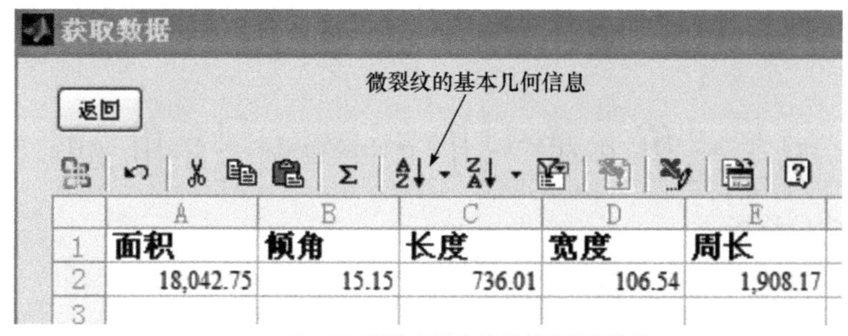

(b) SEM图像中微裂纹的基本几何信息

图 4.6　大理岩 SEM 图像中微裂纹及其基本几何信息

本几何信息，在参阅其他文献[5-7]的基础上，本节定义 4 个量来描述第 i 类微裂纹，即 $(\underline{n},a,c,N)^i$，$(\ )^i$ 为第 i 类微裂纹，$\underline{n}$ 为币状微裂纹的法向量，a 为币状微裂纹的长度，c 为币状微裂纹宽度的一半，N 为单位体积内 $(\underline{n},a,c)$ 均相同的微裂纹数量。

4.3.2　大理岩细观损伤本构模型推导

如图 4.7 所示，设岩石材料中共有 M 类微裂纹，其中岩石基质、第 i 类微裂纹和等效介质的柔度张量(flexibility)及刚度张量(stiffness)分别标记为 $\underline{\underline{F}}_0$ 、$\underline{\underline{F}}_i$ 、$\underline{\underline{F}}$ 与 $\underline{\underline{S}}_0$ 、$\underline{\underline{S}}_i$ 、$\underline{\underline{S}}$ ，其应力-应变关系为

$$\underline{\underline{\varepsilon}}=\underline{\underline{F}}_0:\underline{\underline{\sigma}},\quad \underline{\underline{\varepsilon}}=\underline{\underline{F}}_i:\underline{\underline{\sigma}},\quad \overline{\underline{\underline{\varepsilon}}}=\underline{\underline{F}}:\overline{\underline{\underline{\sigma}}} \tag{4.2}$$

式中，$\underline{\underline{\varepsilon}}$ 为平均应变；$\underline{\underline{\sigma}}$ 为平均应力。在均匀边界条件下，有

$$\overline{\underline{\underline{\sigma}}}=\left\langle\underline{\underline{\sigma}}\right\rangle=\frac{1}{\Omega}\iiint_{\Omega}\underline{\underline{\sigma}}\mathrm{d}V=\underline{\underline{\Sigma}},\quad \overline{\underline{\underline{\varepsilon}}}=\left\langle\underline{\underline{\varepsilon}}\right\rangle=\frac{1}{\Omega}\iiint_{\Omega}\underline{\underline{\varepsilon}}\mathrm{d}V=\underline{\underline{E}} \tag{4.3}$$

其中，$\underline{\underline{\Sigma}}$ 为宏观应力；$\underline{\underline{E}}$ 为宏观应变。

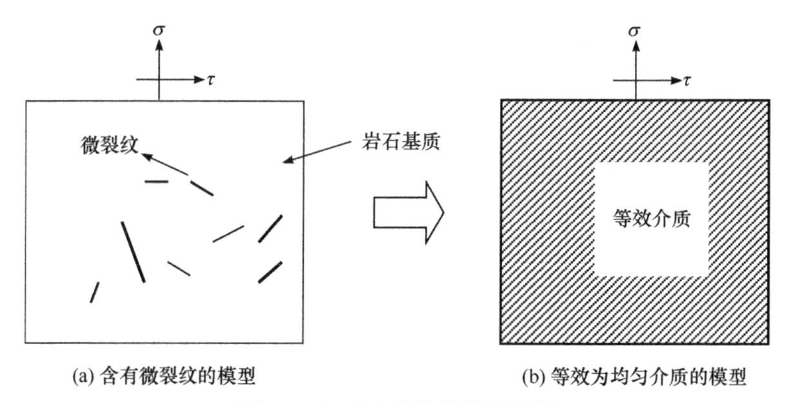

(a) 含有微裂纹的模型　　(b) 等效为均匀介质的模型

图 4.7　细观力学的等效示意图

利用散度定理和边界条件可以得到与岩石材料微裂纹分布相关的应变能 U_{micro} 为

$$U_{\mathrm{micro}}=\frac{1}{2}\iiint_{\Omega}\underline{\underline{\sigma}}:\underline{\underline{\varepsilon}}\mathrm{d}V=\frac{1}{2}\iint_{\partial\Omega}\underline{\underline{\sigma}}:(\underline{n}\otimes\underline{u})\mathrm{d}A=\frac{1}{2}\underline{\underline{\Sigma}}:\iiint_{\Omega}\underline{\underline{\varepsilon}}\mathrm{d}V \tag{4.4}$$

式中，$\underline{u}$ 为位移场。

$$\begin{aligned}
U_{\mathrm{micro}}&=\frac{1}{2}\underline{\underline{\Sigma}}:\iiint_{\Omega}\underline{\underline{\varepsilon}}\mathrm{d}V\\
&=\frac{1}{2}\underline{\underline{\Sigma}}:\left(\iiint_{\Omega_0}\underline{\underline{\varepsilon}}\mathrm{d}V+\sum_{i=1}^{M}\iiint_{\Omega_i}\underline{\underline{\varepsilon}}\mathrm{d}V\right)\\
&=\frac{1}{2}\underline{\underline{\Sigma}}:\left(\iiint_{\Omega_0}\underline{\underline{F_0}}:\underline{\underline{\sigma}}\mathrm{d}V+\sum_{i=1}^{M}\iiint_{\Omega_i}\underline{\underline{F_i}}:\underline{\underline{\sigma}}\mathrm{d}V\right)\\
&=\frac{1}{2}\underline{\underline{\Sigma}}:\left(\iiint_{\Omega_0}\underline{\underline{F_0}}:\underline{\underline{\sigma}}\mathrm{d}V+\sum_{i=1}^{M}\iiint_{\Omega_i}(\underline{\underline{F_i}}+\underline{\underline{F_0}}-\underline{\underline{F_0}}):\underline{\underline{\sigma}}\mathrm{d}V\right)\\
&=\frac{1}{2}\underline{\underline{\Sigma}}:\left(\iiint_{\Omega}\underline{\underline{F_0}}:\underline{\underline{\sigma}}\mathrm{d}V+\sum_{i=1}^{M}\iiint_{\Omega_i}(\underline{\underline{F_i}}-\underline{\underline{F_0}}):\underline{\underline{\sigma}}\mathrm{d}V\right)\\
&=\frac{1}{2}\underline{\underline{\Sigma}}:\left(\underline{\underline{F_0}}:\underline{\underline{\Sigma}}+\sum_{i=1}^{M}c_i(\underline{\underline{F_i}}-\underline{\underline{F_0}}):\underline{\underline{\overline{\sigma}_i}}\right)\Omega
\end{aligned} \tag{4.5}$$

式中，c_i 为第 i 类微裂纹在代表性体积单元中所占的体积分数；$\underline{\underline{\overline{\sigma}_i}}$ 为第 i 类微裂纹中的平均应力。

另外，按照能量等效的思路，该岩石材料又可视为具有等效柔度的宏观均匀材料，其应变能 U_{macro} 为

$$U_{\mathrm{macro}}=\frac{\Omega}{2}\underline{\underline{\Sigma}}:\underline{\underline{F}}:\underline{\underline{\Sigma}} \tag{4.6}$$

由 $U_{\mathrm{macro}}=U_{\mathrm{micro}}$，即可得到等效柔度的估计关系式。

应力表示：

$$\underline{\underline{\Sigma}}:\underline{\underline{F}}:\underline{\underline{\Sigma}}=\underline{\underline{\Sigma}}:(F_0:\underline{\underline{\Sigma}}+\sum_{i=1}^{M}c_i(\underline{\underline{F_i}}-\underline{\underline{F_0}}):\underline{\underline{\overline{\sigma}_i}}) \tag{4.7}$$

应变表示：

$$\underline{\underline{\Sigma}}:\underline{\underline{F}}:\underline{\underline{\Sigma}}=\underline{\underline{\Sigma}}:(\underline{\underline{F_0}}:\underline{\underline{\Sigma}}+\sum_{i=1}^{M}c_i(I-\underline{\underline{F_0}}:\underline{\underline{F_i}}):\underline{\underline{\overline{\varepsilon}_i}}) \tag{4.8}$$

式中，$\underline{\underline{\overline{\varepsilon}_i}}=\underline{\underline{F_i}}:\underline{\underline{\overline{\sigma}_i}}$。

用应变场等效可以表示为

应力表示：

$$\underline{\underline{E}} = \underline{\underline{F}} : \underline{\underline{\Sigma}} = \underline{\underline{F_0}} : \underline{\underline{\Sigma}} + \sum_{i=1}^{M} c_i (\underline{\underline{F_i}} - \underline{\underline{F_0}}) : \underline{\underline{\overline{\sigma}_i}} \tag{4.9}$$

应变表示：

$$\underline{\underline{E}} = \underline{\underline{F}} : \underline{\underline{\Sigma}} = \underline{\underline{F_0}} : \underline{\underline{\Sigma}} + \sum_{i=1}^{M} c_i (I - \underline{\underline{F_0}} : \underline{\underline{F_i}}) : \underline{\underline{\overline{\varepsilon}_i}} \tag{4.10}$$

本节基于不考虑微裂纹相互作用的 Taylor 模型，由细观力学分析[1]可知，夹杂中平均应力 $\underline{\underline{\overline{\sigma}_i}} = \underline{\underline{\Sigma}}$，则由应变场的应力表示可得

$$\underline{\underline{E}} = \underline{\underline{F}} : \underline{\underline{\Sigma}} = \underline{\underline{F_0}} : \underline{\underline{\Sigma}} + \sum_{i=1}^{M} c_i (\underline{\underline{F_i}} - \underline{\underline{F_0}}) : \underline{\underline{\Sigma}} = \left(\underline{\underline{F_0}} + \sum_{i=1}^{M} c_i (\underline{\underline{F_i}} - \underline{\underline{F_0}}) \right) : \underline{\underline{\Sigma}} \tag{4.11}$$

$$\underline{\underline{\Sigma}} = \left(\underline{\underline{F_0}} + \sum_{i=1}^{M} c_i (\underline{\underline{F_i}} - \underline{\underline{F_0}}) \right)^{-1} : \underline{\underline{E}} \tag{4.12}$$

令 $\underline{\underline{F_t}} = \left(\underline{\underline{F_0}} + \sum_{i=1}^{M} c_i (\underline{\underline{F_i}} - \underline{\underline{F_0}}) \right)^{-1}$，可得如下本构方程：

$$\underline{\underline{\Sigma}} = \left(\underline{\underline{F_0}} + \sum_{i=1}^{M} c_i (\underline{\underline{F_i}} - \underline{\underline{F_0}}) \right)^{-1} : \underline{\underline{E}} = \underline{\underline{F_t}} : \underline{\underline{E}} \tag{4.13}$$

式中，c_i 为第 i 类微裂纹在代表性体积单元中所占的体积分数。由 c_i 的物理意义可直接定义[2]：

$$c_i = \frac{4}{3}\pi a^2 c N = \frac{4}{3}\pi \frac{c}{a} d = \frac{4}{3}\pi \chi d \tag{4.14}$$

式中，a 为第 i 类币状微裂纹的长度；c 为第 i 类币状微裂纹宽度的一半；N 为单位体积内第 i 类微裂纹数量；d 为第 i 类微裂纹密度，$d = Na^3$；χ 为第 i 类币状微裂纹的修正宽长比(使文中的“宽度/(2×长度)”区别于“宽度/长度”)，$\chi = \dfrac{c}{a}$。式(4.13)可写成

$$\underline{\underline{\Sigma}} = \underline{\underline{F_t}} : \underline{\underline{E}} = \left[\underline{\underline{F_0}} + \sum_{i=1}^{M} \left(\frac{4}{3}\pi \chi d \right)_i (\underline{\underline{F_i}} - \underline{\underline{F_0}}) \right]^{-1} \tag{4.15}$$

式(4.15)即为含微裂纹信息的大理岩细观本构模型。可见，在这个本构模型中，只要确定第 i 类微裂纹的修正宽长比 χ、柔度张量 $\underline{\underline{F_i}}$、微裂纹密度 d 三个参

数，就可得到基于 SEM 试验的含微裂纹信息的大理岩细观本构模型。

4.4　修正宽长比

在 3.4.5 节中，已经对单轴试验过程中大理岩细观结构微裂纹长宽比变化特点进行了统计研究，并得到具有统计性质的长宽比规律公式，因此本节可在此基础上进一步建立大理岩细观结构模型中需要使用的修正宽长比 χ 。根据定义，修正宽长比 χ = 宽度/(2 × 长度)；同时根据式(3.9)，经计算整理可得修正宽长比随宏观应力变化而变化的公式，即

$$\chi=\begin{cases}0.1316, & \sigma \leqslant 40 \\ \dfrac{1}{7.6+0.2(\sigma-40)}, & 40<\sigma \leqslant 62\end{cases} \tag{4.16}$$

1. 柔度张量

大理岩代表性体积单元中第 i 类微裂纹引起的应变可由式(4.17)得到[6]：

$$\underline{\underline{\varepsilon}}_i=\frac{1}{\Omega}\iint_{\partial\Omega}\underline{b}\overset{s}{\otimes}\underline{n}\mathrm{d}A=\underline{\underline{F_i}}:\underline{\underline{\sigma_i}} \tag{4.17}$$

式中， $\underline{b}\overset{s}{\otimes}\underline{n}=\dfrac{1}{\Omega}\iint_{\partial\Omega}\dfrac{1}{2}(b_i n_j+b_j n_i)\mathrm{d}A$ ， $\underline{b}$ 为微裂纹面上的位移不连续矢量， $\underline{n}$ 为微裂纹的法向单位矢量。

由式(4.17)可见，微裂纹的柔度张量 $\underline{\underline{F_i}}$ 与微裂纹所处的变形状态有关，故可以对张开微裂纹的柔度张量与闭合微裂纹的柔度张量分别进行求解。

1) 张开微裂纹

对于张开的币状微裂纹，利用局部坐标系对整体坐标系进行转换，如图 4.8 所示，位移不连续矢量 b_i 为[2]

$$b_i=(a^2-r^2)^{1/2}B'_{lj}\sigma'_{2j}g'_{li} \tag{4.18}$$

式中， r 为微裂纹中心到微裂纹面上一点的距离； σ'_{2j} 为在局部坐标系中的应力张量($\sigma'_{ij}=g'_{ik}g'_{jl}\sigma_{kl}$ ， σ_{kl} 为整体坐标系中的应力张量)； g'_{li} 为局部坐标系与整体坐标系转换的转换张量(两个坐标系的基矢量转换关系为 $e'_i=g'_{ij}e_j$)。

$$g'_{ij}=\begin{bmatrix}\cos\theta\cos\varphi & \sin\theta & -\cos\theta\sin\varphi \\ -\sin\theta\cos\varphi & \cos\theta & \sin\theta\sin\varphi \\ \sin\varphi & 0 & \cos\varphi\end{bmatrix} \tag{4.19}$$

B'_{lj} 为微裂纹的张开位移张量中第(l,j)元素，对于张开币状微裂纹且不考虑微裂纹间的相互作用，$\underline{\underline{B'}}$ 为仅依赖岩石基质的各向同性柔度张量，其中非零元素为[2]

$$B'_{11} = B'_{33} = \frac{16(1-\nu^2)}{(2-\nu)\pi E},\quad B'_{22} = \frac{8(1-\nu^2)}{\pi E}$$

将式(4.18)代入式(4.17)，经计算整理可得

$$F^{i}_{ijkl}(\underline{n}, a, \sigma_{ij}) = \frac{\pi a^3}{3\Omega} B'_{mn} g'_{2k} g'_{nl} (g'_{mi} n_j + g'_{mj} n_i) \left[\!\left[\sigma_{ij} g'_{2s} g'_{2t} \right]\!\right] \tag{4.20}$$

式中，$\left[\!\left[\sigma_{ij} g'_{2s} g'_{2t} \right]\!\right] = \frac{1}{2}\left(1 + \frac{\sigma_{ij} g'_{2s} g'_{2t}}{\left|\sigma_{ij} g'_{2s} g'_{2t}\right|}\right)$。

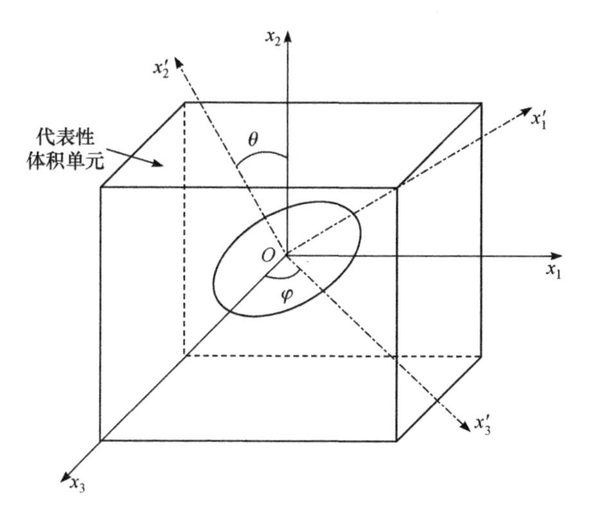

图 4.8　整体坐标系和局部坐标系

2) 闭合微裂纹

对于闭合币状微裂纹，位移不连续矢量 b_i 为[8]

$$b_i = (a^2 - r^2)^{1/2} B'_{lj} \sigma'^{\mathrm{d}}_{2j} \tag{4.21}$$

式中，对于闭合币状微裂纹且不考虑微裂纹间的相互作用，$\underline{\underline{B'}}$ 为仅依赖岩石基质的各向同性柔度张量，其中非零元素为

$$B'_{11} = B'_{33} = \frac{16(1-\nu^2)}{(2-\nu)\pi E}$$

$\sigma'^{\mathrm{d}}_{2j}$ 为微裂纹变形的驱动力

$$\sigma_{21}'^{\mathrm{d}} = \left(1 + \frac{\mu\sigma_{22}'}{\sqrt{(\sigma_{21}')^2 + (\sigma_{23}')^2}}\right)\sigma_{21}', \quad \sigma_{22}'^{\mathrm{d}} = 0, \quad \sigma_{23}'^{\mathrm{d}} = \left(1 + \frac{\mu\sigma_{22}'}{\sqrt{(\sigma_{21}')^2 + (\sigma_{23}')^2}}\right)\sigma_{23}'$$

将式(4.21)代入式(4.17)，经计算整理可得

$$F_{ijkl}^{i}(\underline{n}, a, \sigma_{ij}) = \frac{\pi a^3}{3\Omega}\left(1 + \frac{\mu\sigma_{22}'}{\sqrt{(\sigma_{21}')^2 + (\sigma_{23}')^2}}\right) B_{1s}' g_{2k}' g_{sl}' (g_{1i}' g_{2j} + g_{1j}' g_{2i}) \tag{4.22}$$

2. 基于微裂纹密度的细观损伤本构模型

1) 叠加原理

假设只有小应变和小转动发生对于属于脆性材料的大理岩是恰当的；同时假设大理岩基质为线弹性各向同性材料，此假设与大理岩宏观力学性质的各向异性是由微裂纹的参与引起的理论并不矛盾。在以上两假设成立的基础上，细观力学叠加原理成立。基于细观力学叠加原理对大理岩细观结构微裂纹的处理方法是，将含微裂纹的大理岩细观结构代表性体积单元边值问题 M 分解为两个子问题，如图 4.9 所示。

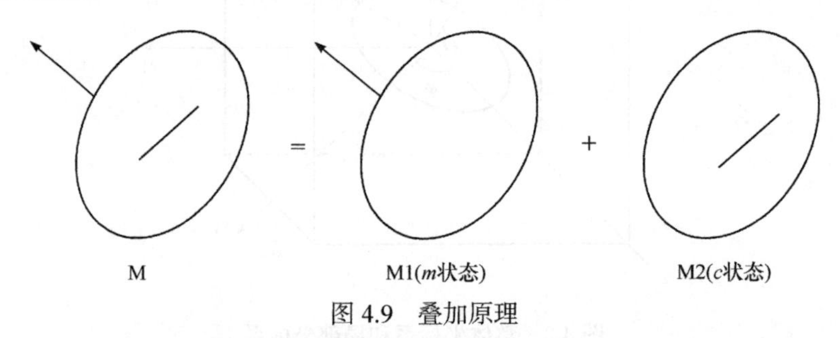

图 4.9 叠加原理

(1) M1：岩石基质的常规边值问题(包括常规应力场和常规应变场问题)。

(2) M2：细观结构微裂纹状态变化产生的附加应力场和附加位移场问题。

相应地，大理岩细观结构代表性体积单元内的场变量(包括应力场与应变场)满足如下关系。

应力场：

$$\underline{\underline{\sigma}} = \underline{\underline{\sigma}}^{\mathrm{m}} + \underline{\underline{\sigma}}^{\mathrm{c}} \tag{4.23}$$

应变场：

$$\underline{\underline{\varepsilon}} = \underline{\underline{\varepsilon}}^{\mathrm{m}} + \underline{\underline{\varepsilon}}^{\mathrm{c}} \tag{4.24}$$

式中，$\underline{\underline{\Sigma}} = \left\langle \underline{\underline{\sigma}}^{\mathrm{m}} \right\rangle = \frac{1}{\Omega}\iiint_{\Omega} \underline{\underline{\sigma}}^{\mathrm{m}} \mathrm{d}\Omega$；$\underline{\underline{\sigma}}^{\mathrm{c}}$ 具有自平衡性质，即

$$\left\langle \underline{\underline{\sigma}}^{\mathrm{c}} \right\rangle = \frac{1}{\Omega} \iiint_{\Omega} \underline{\underline{\sigma}}^{\mathrm{c}} \mathrm{d}\Omega = 0 \tag{4.25}$$

式中，Ω 为代表性体积单元的体积。

2) 宏观自由能

大理岩损伤状态的宏观自由能可以以应力形式表示，也可以以应变形式表示[3]，此处选用以应力形式表示：

$$\begin{aligned} U_{\text{micro}} &= \frac{1}{2\Omega} \iiint_{\Omega} \underline{\underline{\sigma}} : \underline{\underline{\varepsilon}} \mathrm{d}V = \frac{1}{2\Omega} \iiint_{\Omega} \underline{\underline{\sigma}} : \underline{\underline{F_0}} : \underline{\underline{\sigma}} \mathrm{d}V \\ &= \frac{1}{2\Omega} \iiint_{\Omega} (\underline{\underline{\sigma}}^{\mathrm{m}} : \underline{\underline{F_0}} : \underline{\underline{\sigma}}^{\mathrm{m}} + 2\underline{\underline{\sigma}}^{\mathrm{c}} : \underline{\underline{F_0}} : \underline{\underline{\sigma}}^{\mathrm{m}} + \underline{\underline{\sigma}}^{\mathrm{d}} : \underline{\underline{F_0}} : \underline{\underline{\sigma}}^{\mathrm{c}}) \mathrm{d}V \end{aligned} \tag{4.26}$$

因为 $\underline{\underline{\Sigma}} = \left\langle \underline{\underline{\sigma}}^{\mathrm{m}} \right\rangle = \frac{1}{\Omega} \iiint_{\Omega} \underline{\underline{\sigma}}^{\mathrm{m}} \mathrm{d}V$，$\left\langle \underline{\underline{\sigma}}^{\mathrm{c}} \right\rangle = \frac{1}{\Omega} \iiint_{\Omega} \underline{\underline{\sigma}}^{\mathrm{c}} \mathrm{d}V = 0$，所以应变能为

$$U_{\text{macro}} = \frac{1}{2} \underline{\underline{\Sigma}} : \underline{\underline{F_0}} : \underline{\underline{\Sigma}} + \frac{1}{2\Omega} \iiint_{\Omega} \underline{\underline{\sigma}}^{\mathrm{c}} : \underline{\underline{\varepsilon}}^{\mathrm{c}} \mathrm{d}V \tag{4.27}$$

其中，M1 问题中的自由能为 $\frac{1}{2} \underline{\underline{\Sigma}} : \underline{\underline{F_0}} : \underline{\underline{\Sigma}}$，M2 问题中的自由能为 $\frac{1}{2\Omega} \iiint_{\Omega} \underline{\underline{\sigma}}^{\mathrm{c}} : \underline{\underline{\varepsilon}}^{\mathrm{c}} \mathrm{d}V$。

由散度定理和功能原理，可得

$$\frac{1}{2\Omega} \iiint_{\Omega} \underline{\underline{\sigma}}^{\mathrm{c}} : \underline{\underline{\varepsilon}}^{\mathrm{c}} \mathrm{d}V = \frac{1}{2\Omega} N \iint_{\partial\Omega} (\underline{\underline{\sigma}}_n^{\mathrm{c}} \cdot [\underline{u}_n] + \underline{\underline{\tau}}_n^{\mathrm{c}} \cdot [\underline{u}_t]) \mathrm{d}A \tag{4.28}$$

式中，$\underline{\underline{\sigma}}_n^{\mathrm{c}}$ 和 $\underline{\underline{\tau}}_n^{\mathrm{c}}$ 是由大理岩细观结构微裂纹的张开及闭合滑移产生的，其大小完全取决于大理岩基质的性质和微裂纹表面的位移大小，显然，$\underline{\underline{\sigma}}_n^{c}$ 与 $\underline{\underline{\tau}}_n^{c}$ 可用大理岩基质材料参数和描述大理岩细观结构微裂纹的参数来定义。参考文献[6]，无限空间中微裂纹面相对位移产生的附加应力场为

$$\underline{\underline{\sigma}}_n^{\mathrm{c}} = \frac{1}{\sqrt{a^2 - r^2}} k_n [\underline{u}_n] \tag{4.29}$$

$$\underline{\underline{\tau}}_n^{\mathrm{c}} = \frac{1}{\sqrt{a^2 - r^2}} k_t [\underline{u}_t] \tag{4.30}$$

式中，$k_n = \frac{\pi E}{8(1-\nu)}$，$k_t = \frac{\pi E(1-\nu)}{16(1-\nu)}$；$r$ 为微裂纹中心到微裂纹面上一点的距离；a 为币状微裂纹的长度；$[u_n]$、$[\underline{u}_t]$ 为币状微裂纹上点的法向位移和切向位移；$\underline{\underline{\sigma}}_n^{\mathrm{c}}$ 和 $\underline{\underline{\tau}}_n^{\mathrm{c}}$ 分别为微裂纹面上的法向应力和切向应力。

定义 $\beta = N\iint_{w}[u_n]\,\mathrm{d}A$ [2]，w 为代表性体积单元中的某条微裂纹，可以视 β 为大理岩细观结构微裂纹的某种宏观度量，则

$$\beta = N\iint_{\partial\Omega}[u_n]\,\mathrm{d}A = N\iint_{\partial\Omega}\frac{8(1-\nu)}{\pi E}\underline{\underline{\sigma}}_n^{\mathrm{c}}\sqrt{a^2-r^2}\,\mathrm{d}A = \frac{16(1-\nu)}{3E}\underline{\underline{\sigma}}_n^{\mathrm{c}}d \tag{4.31}$$

整理可得

$$\underline{\underline{\sigma}}_n^{\mathrm{c}} = \frac{H_0}{d}\beta \tag{4.32}$$

其中，$H_0 = \dfrac{16(1-\nu)}{3E}$；$d = Na^3$。

同理，定义 $\underline{\gamma} = N\iint_{w}\left([\underline{u}]-[\underline{u}_n]\underline{n}\right)\mathrm{d}A$，则

$$\underline{\tau}_n^{\mathrm{c}} = \frac{H_0}{d}\left(1-\frac{\nu}{2}\right)\underline{\gamma} \tag{4.33}$$

将式(4.32)和式(4.33)代入式(4.27)可得

$$U_{\mathrm{macro}} = \frac{1}{2}\underline{\underline{\Sigma}}:\underline{\underline{F_0}}:\underline{\underline{\Sigma}} + \frac{H_0}{2d}\left[\beta^2 + \left(1-\frac{\nu}{2}\right)\underline{\gamma}\cdot\underline{\gamma}\right] \tag{4.34}$$

3) 微裂纹损伤状态的判别准则

由于细观尺度上大理岩内部材料并不均匀，其内部细观结构处于极其复杂的应力状态，从而使得大理岩细观结构微裂纹在不同损伤发展阶段可能处于张开状态或闭合状态(图 4.10)。对于处于张开状态的微裂纹，一般认为处于张拉应力状态，而闭合状态微裂纹的裂纹面处于压剪应力状态。张拉应力状态的微裂纹一般发生自相似扩展，而压剪应力状态的微裂纹更可能发生摩擦滑移扩展[1,2,6]，所以反映的力学性质也有很大差别，故计算具体模型参数时，首先应判断大理岩微裂纹处于什么状态，对不同状态的微裂纹应分别进行处理。根据能量原理建立判别准则[5]，含微裂纹大理岩的 Gibbs 能为

$$\begin{aligned} U_{\mathrm{g}} &= \underline{\underline{\Sigma}}:\underline{\underline{E}} - U_{\mathrm{macro}} = \underline{\underline{\Sigma}}:(\underline{\underline{E}}^{\mathrm{m}} + \underline{\underline{E}}^{\mathrm{c}}) - U_{\mathrm{macro}} \\ &= \frac{1}{2}\underline{\underline{\Sigma}}:\underline{\underline{F_0}}:\underline{\underline{\Sigma}} + \underline{\underline{\Sigma}}:[\beta(\underline{n}\otimes\underline{n}) + (\underline{n}\overset{s}{\otimes}\underline{\gamma})] - \frac{H_0}{2d}\left[\beta^2 + \left(1-\frac{\nu}{2}\right)\underline{\gamma}\cdot\underline{\gamma}\right] \end{aligned} \tag{4.35}$$

外荷载可以诱发大理岩试样细观结构微裂纹的各类损伤行为，大理岩试样系统的能量随损伤行为的不同程度而变化，能量最终达到临界稳定状态时 Gibbs 能的变化率应为 0，即

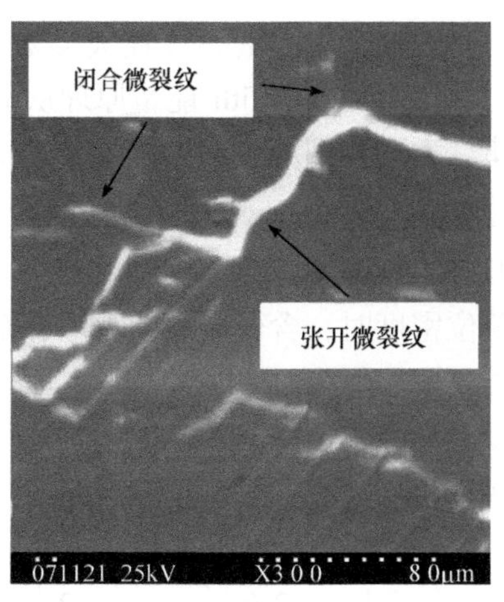

图 4.10　大理岩细观尺度中处于不同状态的微裂纹

$$\dot{U}_{\mathrm{g}}=0 \tag{4.36}$$

则

$$\left[\underline{\underline{\Sigma}}:(\underline{n}\otimes\underline{n})-\frac{H_0}{d}\beta\right]\dot{\beta}+\left[(\underline{\underline{\delta}}-\underline{n}\otimes\underline{n})\cdot(\underline{\underline{\Sigma}}\cdot\underline{n})-\frac{H_0}{d}\left(1-\frac{\nu}{2}\right)\underline{\gamma}\right]\cdot\dot{\underline{\gamma}}=0 \tag{4.37}$$

由于式(4.37)对任意 $\dot{\beta}$ 、 $\dot{\underline{\gamma}}$ 均成立，可得

$$\underline{\underline{\Sigma}}:(\underline{n}\otimes\underline{n})-\frac{H_0}{d}\beta=0 \tag{4.38}$$

$$(\underline{\underline{\delta}}-\underline{n}\otimes\underline{n})\cdot(\underline{\underline{\Sigma}}\cdot\underline{n})-\frac{H_0}{d}\left(1-\frac{\nu}{2}\right)\underline{\gamma}=0 \tag{4.39}$$

即

$$\begin{cases}\beta=\dfrac{d}{H_0}\underline{\underline{\Sigma}}:(\underline{n}\otimes\underline{n})\\[2ex]\underline{\gamma}=\dfrac{d}{H_0\left(1-\dfrac{\nu}{2}\right)}(\underline{\underline{\delta}}-\underline{n}\otimes\underline{n})\cdot(\underline{\underline{\Sigma}}\cdot\underline{n})\end{cases} \tag{4.40}$$

式(4.40)左边是微裂纹变形的描述，右边是宏观应力，这说明可以通过宏观应力来判断微裂纹的状态。显而易见，当 $\beta>0$ 时，微裂纹张开，处于张拉应力状态；当 $\beta=0$ 时，微裂纹闭合，处于压剪应力状态。对式(4.40)中的第一式进行简化，得到大理岩细观结构微裂纹所处状态(张开/闭合)的判别准则，即

$$\underline{\underline{\Sigma}}:(\underline{n}\otimes\underline{n})=0 \tag{4.41}$$

4) 张开微裂纹

大理岩细观结构单轴受压 SEM 在位试验分析同样验证了在不同的应力状态

下，处于张开状态的大理岩细观结构微裂纹在大多数情况下均发生自相似扩展[1,2,6]。综合文献资料，本节拟用 Griffith 能量原理从能量角度来建立大理岩细观微裂纹的损伤演化规律。大理岩细观结构微裂纹在发生自相似扩展后，币状微裂纹长度 a 增加，由于参数 $d = Na^3$ (细观微裂纹密度)，因此可认为大理岩细观微裂纹自相似扩展最终反映在 d 的数值不断增加上。根据以上原理，定义 U^{c} 为大理岩细观微裂纹扩展单位密度时，含微裂纹的大理岩系统所释放的自由能：

$$U^{\mathrm{c}} = -\frac{\partial U_{\mathrm{macro}}}{\partial d} \tag{4.42}$$

将式(4.34)代入式(4.42)可得

$$U^{\mathrm{c}} = -\frac{\partial U_{\mathrm{macro}}}{\partial d} = \frac{H_0}{2d^2}\left[\beta^2 + \left(1-\frac{\nu}{2}\right)\underline{\gamma}\cdot\underline{\gamma}\right] \tag{4.43}$$

当 U^{c} 大于岩石表面能 R 时，微裂纹发生扩展，从而可以确定微裂纹扩展判别准则，即

$$f(U^{\mathrm{c}}, R) = U^{\mathrm{c}} - R \tag{4.44}$$

参照文献[6]的方法，构造岩石表面能 R 的表达式：

$$R(d) = k_{\mathrm{t}}(1+\eta d) \tag{4.45}$$

式中，k_{t}、η 为材料常数，用于描述材料抵抗张开微裂纹自相似扩展的能力。

将式(4.43)和式(4.45)代入式(4.44)，整理可得

$$f(U^{\mathrm{c}}, R) = \frac{H_0}{2d^2}\left[\beta^2 + \left(1-\frac{\nu}{2}\right)\underline{\gamma}\cdot\underline{\gamma}\right] - k_{\mathrm{t}}(1+\eta d) \tag{4.46}$$

式(4.46)便是裂纹扩展判别准则。当 $f<0$ 时，由于微裂纹扩展所需变形能小于材料表面能，微裂纹不发生损伤扩展；当 $f>0$ 时，处于张开状态的微裂纹发生自相似扩展，此时伴随着微裂纹密度 d 的增加，材料表面能 R 也增加，最终扩展停止，大理岩细观结构达到新的平衡，此时有如下公式成立：

$$\dot{f}(\underline{\underline{\Sigma}}, d) = 0 \tag{4.47}$$

即

$$\dot{f}(\underline{\underline{\Sigma}}, d) = \frac{\partial f}{\partial \underline{\underline{\Sigma}}} : \dot{\underline{\underline{\Sigma}}} + \frac{\partial f}{\partial d} : \dot{d} = 0 \tag{4.48}$$

将式(4.46)代入式(4.48)可得

$$\dot{d} = \frac{1}{k_{\mathrm{t}}\eta}\left\{\frac{32(1-\nu)}{3E^{\mathrm{s}}(2-\nu)}\underline{\underline{\Sigma}} : \left(\underline{\underline{\Delta}}\otimes\underline{\underline{\Delta}}\right) + \frac{8(1-\nu)}{3E}\underline{\underline{\Sigma}} : \left[\underline{\underline{\Delta}}\,\overline{\overline{\otimes}}\,\underline{\underline{\delta}} - \underline{\underline{\delta}}\,\overline{\overline{\otimes}}\,\underline{\underline{\Delta}} - 2\left(\underline{\underline{\Delta}}\otimes\underline{\underline{\Delta}}\right)\right]\right\} : \dot{\underline{\underline{\Sigma}}} \tag{4.49}$$

式(4.49)即为内变量 d 的损伤演化方程。

5) 闭合微裂纹

(1) 剪切滑移方程。

由大理岩单轴受压细观损伤试验数据可知，对于处于闭合状态的大理岩细观结构微裂纹，在外荷载作用下，剪切滑移是其主要的损伤扩展形式，这一结论也被多个文献研究所证明[1,2,6]。因此，对大理岩闭合微裂纹的分析应从剪切滑移机理入手，基于 SEM 试验数据的分析及参考文献[8]、[9]对损伤机制的研究，采用 Mohr-Coulomb 准则作为大理岩细观结构微裂纹的滑移判别准则：

$$g(\underline{\underline{\sigma}}) = \left|\underline{\underline{\tau}}\right| + c\sigma_n$$

式中，c 为大理岩细观结构微裂纹的滑动摩擦系数，可以通过试验确定。

考虑细观应力在微裂纹面上投影的两个分量：

$$\begin{cases} \underline{\underline{\tau}} = \underline{\underline{\tau}}^{\mathrm{m}} + \underline{\underline{\tau}}^{\mathrm{c}} = \underline{\underline{\Sigma}} \cdot \underline{n} \cdot (\underline{\underline{\delta}} - \underline{n} \otimes \underline{n}) + \underline{\underline{\sigma}}^{\mathrm{c}} \cdot \underline{n} \cdot (\underline{\underline{\delta}} - \underline{n} \otimes \underline{n}) \\ \underline{\underline{\sigma}} = \underline{\underline{\sigma}}^{\mathrm{m}} + \underline{\underline{\sigma}}^{\mathrm{c}} = \underline{\underline{\Sigma}} : (\underline{n} \otimes \underline{n}) + \underline{\underline{\sigma}}^{\mathrm{c}} : (\underline{n} \otimes \underline{n}) \end{cases} \tag{4.50}$$

将 $\underline{\underline{\sigma}}_n^{\mathrm{c}} = \dfrac{H_0}{d}\beta$，$\underline{\underline{\tau}}_n^{\mathrm{c}} = \dfrac{H_0}{d}\left(1 - \dfrac{\nu}{2}\right)\underline{\gamma}$ 代入式(4.49)及式(4.50)，则 Mohr-Coulomb 准则可以进一步表示为

$$g(\underline{\underline{\Sigma}}, \underline{\gamma}) = \underline{\underline{\Sigma}} \cdot \underline{n} \cdot (\underline{\underline{\delta}} - \underline{n} \otimes \underline{n}) \cdot \underline{m} + c\underline{\underline{\Sigma}} : (\underline{n} \otimes \underline{n}) - \frac{3E(2-\nu)}{32(1-\nu)d}\underline{\gamma} \cdot \underline{m} \tag{4.51}$$

式中，$\underline{m}$ 为 $\underline{\gamma}$ 的单位向量。

对式(4.51)求全微分，可得

$$\dot{g}(\underline{\underline{\Sigma}}, \underline{\gamma}) = \frac{\partial g(\underline{\underline{\Sigma}}, \underline{\gamma})}{\partial \underline{\underline{\Sigma}}} \dot{\underline{\underline{\Sigma}}} + \frac{\partial g(\underline{\underline{\Sigma}}, \underline{\gamma})}{\partial \underline{\gamma}} \dot{\underline{\gamma}} = 0 \tag{4.52}$$

式中，$\dfrac{\partial g(\underline{\underline{\Sigma}}, \underline{\gamma})}{\partial \underline{\underline{\Sigma}}} = \underline{n} \overset{s}{\otimes} \underline{m} + c(\underline{n} \otimes \underline{n})$，由于 $\underline{n}$、$\underline{m}$ 分别为微裂纹的法向单位向量和切向单位向量，有 $\underline{n} \cdot \underline{m} = 0$；$\dfrac{\partial g(\underline{\underline{\Sigma}}, \underline{\gamma})}{\partial \underline{\gamma}} = -\dfrac{3E(2-\nu)}{32(1-\nu)d}$。

整理式(4.52)可得

$$\dot{\underline{\gamma}} = \frac{32(1-\nu)d}{3E(2-\nu)} \left\{ \dot{\underline{\underline{\Sigma}}} : \left[\underline{n} \overset{s}{\otimes} \underline{m} + c(\underline{n} \otimes \underline{n}) \right] \right\} \underline{m} \tag{4.53}$$

式(4.53)即为考虑滑动摩擦条件下，由宏观应力增量 $\dot{\underline{\underline{\Sigma}}}$ 产生的微裂纹剪切滑

移变形增量$\dot{\underline{\gamma}}$。由式(4.53)可知，剪切滑移方程中含有损伤变量d。

(2) 损伤演化方程。

当大理岩细观结构微裂纹处于闭合状态时，式(4.31)中的β则是由细观微裂纹的法向位移引起的，即

$$\dot{\beta} = f\dot{\underline{\gamma}} \cdot \underline{m} \tag{4.54}$$

式中，f为常系数，表示大理岩微裂纹表面的粗糙度。

参照式(4.45)，构造含有闭合微裂纹的岩石表面能R的表达式：

$$R(d) = k_{\mathrm{c}}(1+\eta d) \tag{4.55}$$

式中，k_{c}、η为材料常数，用于描述岩石材料抵抗闭合微裂纹滑移扩展的能力。

大理岩细观闭合微裂纹的扩展准则可表示为

$$f(\beta,\underline{\gamma},d) = U^{\mathrm{c}} - R = \frac{H_0}{2d^2}\left[\beta^2 + \left(1-\frac{\nu}{2}\right)\underline{\gamma}\cdot\underline{\gamma}\right] - k_{\mathrm{t}}(1+\eta d) \tag{4.56}$$

由$\dot{f}(\beta,\underline{\gamma},d)=0$，经计算及整理可得

$$\dot{d} = \left(\frac{3E(2-\nu)}{32(1-\nu)d^3}\underline{\gamma}\cdot\underline{\gamma} + k_{\mathrm{t}}\eta\right)^{-1}\left(\frac{16(1-\nu)}{3Ed^2}\chi\beta\cdot\underline{m} + \frac{3E(2-\nu)}{32(1-\nu)d^2}\underline{\gamma}\right)\cdot\dot{\underline{\gamma}} \tag{4.57}$$

由式(4.57)可见，损伤演化方程中含有$\dot{\underline{\gamma}}$。

参考文献

[1] 冯西桥, 余寿文. 损伤力学[M]. 北京: 清华大学出版社, 1997.

[2] 冯西桥, 余寿文. 脆性材料的各向异性损伤及其测量方法[J]. 清华大学学报, 1995, 35(2): 6-11.

[3] Hill R. A self-consistent mechanics of composite materials-ScienceDirect[J]. Journal of the Mechanics and Physics of Solids, 1965, 13(4): 213-222.

[4] Krajcinovic D. Damage mechanics[J]. Mechanics of Materials, 1989, 8(2-3): 117-197.

[5] Zhu Q Z, Kondo D, Shao J F. Micromechanical analysis of coupling between anisotropic damage and friction in quasi brittle materials: Role of the homogenization scheme[J]. International Journal of Solids and Structures, 2008, 45: 1385-1405.

[6] Pensée V, Kondo D, Dormieux L. Micromechanical analysis of anisotropic damage in brittle materials[J]. Journal of Engineering Mechanics, 2007, 128(8): 889-897.

[7] Budiansky B, O'Connell R J. Elastic moduli of a cracked solid[J]. International Journal of Solids and Structures, 1976, 12(2): 81-97.

[8] Andrieux S, Bamberger Y, Marigo J J. Un mod è le de mat é riau microfissur é pour les b é tons et les roches[J]. Journal de Mécanique Théorique et Appliquée, 1986, 5(3): 471-513.

[9] Gambarotta L, Lagomarsino S. A microcrack damage model for brittle materials[J]. International Journal of Solids and Structures, 1993, 30(2): 177-198.

第5章　基于不同含水率红砂岩的细观损伤演化研究

本章以红山窑水利枢纽膨胀红砂岩地基处理为工程背景，通过不同含水率红砂岩 RMT 刚性伺服单轴压缩试验和光学细观单轴压缩试验，分析不同含水率红砂岩全应力-应变曲线、宏观破坏形式、细观结构演化图像；运用岩石力学、损伤力学和断裂力学理论对试验结果进行分析，研究红砂岩抗压强度、弹性模量和峰值变形等随含水率变化的关系；通过对红砂岩进行单轴压缩试验，依据 Geo-Image 程序对红砂岩细观结构图片的量化处理信息，着重分析不同含水率下红砂岩微裂纹损伤演化与宏观力学响应之间的规律。运用细观损伤力学理论，定义孔隙面积比为损伤因子，推导峰值应变前的损伤本构方程，并详细阐述红砂岩损伤演化的四个阶段：损伤弱化阶段、弹性阶段、非线性强化阶段、峰后软化阶段。从宏观损伤力学理论出发，依据红砂岩全应力-应变曲线，分析红砂岩应变软化特性的内在原因，在前人研究的基础上推导峰值应变后的红砂岩损伤本构方程；并与 RMT 试验结果、其他损伤本构模型进行比较分析，验证该本构模型对红砂岩拟合的合理性，并应用于工程实际，为新红山窑水利枢纽工程地基处理的设计、施工、运行提供可靠的指导，同时也丰富和发展了损伤力学理论的研究[1]。

5.1　试验简介

为了全面深入地分析红砂岩的损伤力学特性，试验分宏观和细观两个部分进行：第一部分利用 RMT 试验机在不同含水率下进行单轴压缩试验，以分析红砂岩单轴压缩条件下的含水率对破坏形式、变形、强度特性的影响；第二部分利用岩土微细结构光学测试系统对红砂岩在不同含水率条件下进行单轴压缩试验，对不同含水率的红砂岩变形与破坏进行细观机理研究，旨在分析红砂岩细观损伤演化的基本规律。所有的试验均在河海大学岩土力学与堤坝工程教育部重点实验室进行。

5.1.1　试样制备

试验制样所用岩石取自红山窑水利枢纽基岩部分，采用机械加工和手工台人工加工的办法加工成型，加工时避免着水。制成两种试样：①ϕ70mm×140mm 圆柱体试样，用于 RMT 试验机单轴压缩试验；②先制成ϕ50mm×100mm 圆柱体试样，然后沿径向对半切割，制成半圆柱体，切割面打薄磨光，用于微细结构光学测试系统单轴压缩试验，尺寸误差控制在 ± 0.5mm 以内。为了研究不同含水率红砂岩的宏观和细观损伤演化特性，两种试样都配置为干燥、3%、6%、9%、12%和饱和六种不同状态，然后进行加载试验。

5.1.2　试验仪器

试验在 RMT-150B 多功能全自动刚性岩石伺服试验机(图 5.1)上完成。该岩石力学试验系统专为岩石和混凝土一类的工程材料进行力学性能试验而设计，其试验功能齐全(可进行水平剪切试验、单轴压缩试验、三轴压缩试验及直接和间接拉伸试验等)，操作简便、自动化程度高，完全在计算机控制下进行。试验过程中操作者可以进行干预，转换控制方式和试验参数；也可以预先设置试验步骤，由计算机自动完成。试验结束后，系统可自动退回到初始状态，并能方便地给出试验结果。

(a) 实物图

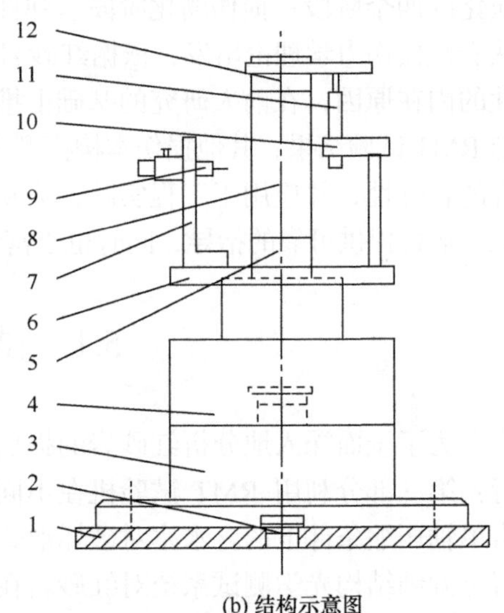

(b) 结构示意图

图 5.1　RMT-150B 多功能全自动刚性岩石伺服试验机

1-底板；2-定位块；3-安装底座；4-承力座；5-下垫块；6-传感器固定板；7-横向位移传感器安装座；8-试样；9-横向位移传感器；10-轴向位移传感器夹持架；11-轴向位移传感器；12-上垫块

该试验机通过液压缸由活塞控制加载，试验控制模式分为手动和自动两种，加载系统由应变速率控制，轴向输出力为 100～1000kN，活塞的行程为 5～50mm[2]。

岩土微细结构光学测试系统[3](图 5.2)是河海大学岩土力学与堤坝工程教育部重点实验室特别设计研制而成的，主要由加载系统、图像采集系统和图像处理系统三部分组成。该系统可以在试验过程中控制加载装置，在显微镜下对试样进行单轴和三轴加载试验，并可实时、动态地原位观测并记录加载过程中试样发生的微细观结构变化，精确测量试样的轴向荷载和变形量。该系统轴向荷载为 0～5kN，侧向压力为 0～1MPa，轴向位移为 0～55mm；Questar-QM100 型长距离显微镜的最大分辨率为 1.1μm，工作范围为 15～35cm。

(a) 实物图

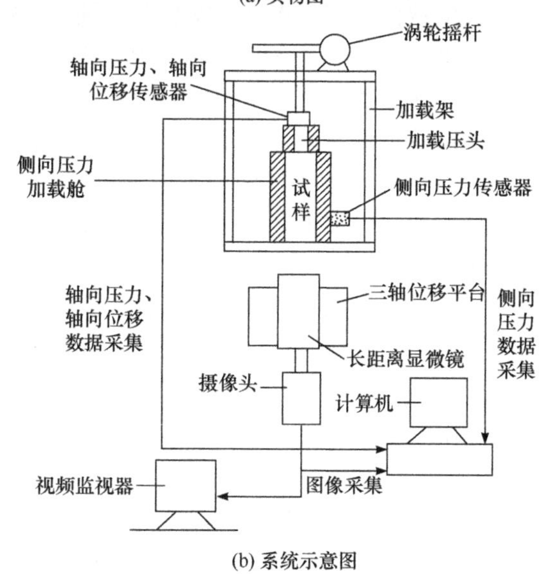

(b) 系统示意图

图 5.2　微细结构光学测试系统

5.1.3　红砂岩单轴压缩细观损伤试验

红砂岩细观损伤演化试验也按 6 种不同含水率工况进行，每种工况 3 个试样。为了全面准确地反映红砂岩受荷时细观结构的演化规律，在试样的观测面设置 9 个观察点，如图 5.3 所示。

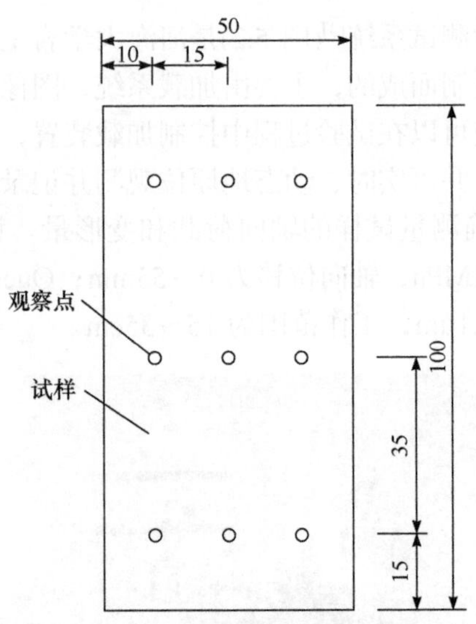

图 5.3 试样观察点详图(单位：mm)

试验前，当调好长距离显微镜与试样间距离及显微镜的焦距后，必须对试验放大倍数进行标定。放大倍数标定完，将试样安装在三轴加载舱内，接上位移传感器的传感头，调节涡轮使加载压头与试样顶面刚好接触(暂不施加轴向压力)，运行图像分析软件保存试样初始状态 9 个观察点的微细结构照片，转动涡轮摇杆施加轴向压力，调节三轴位移平台，运行图形采集软件实时捕捉并保存试样 9 个观察点的微细结构照片，对于不清晰的图像可通过微调键操作，以期获得最佳效果的微观图像，同时运行传感器数据采集程序得到试样在相应荷载位移下的微细结构连续动态变化的图像序列。

由于该微细结构光学测试系统的加载装置是柔性加载装置，对峰值以后的应力-应变曲线无法准确得到。当试样到达应力峰值且出现破坏后，不再拍摄 9 个观察点，而对局部出现的宏观裂缝、崩解等破坏形式进行细观图片的拍摄；同时用 400 万像素的数码相机对试样进行宏观破坏形态的拍摄，得到压缩过程中的应力-应变曲线及宏观和细观图像。

5.2 试验研究及机理分析

5.2.1 水对红砂岩宏观力学特性的影响

按照以上试验步骤，通过一系列的 RMT-150B 单轴压缩试验，得到了大量红砂岩全应力-应变曲线。下面给出红砂岩在不同含水率下具有代表性的单轴压缩曲线，如图 5.4 所示。

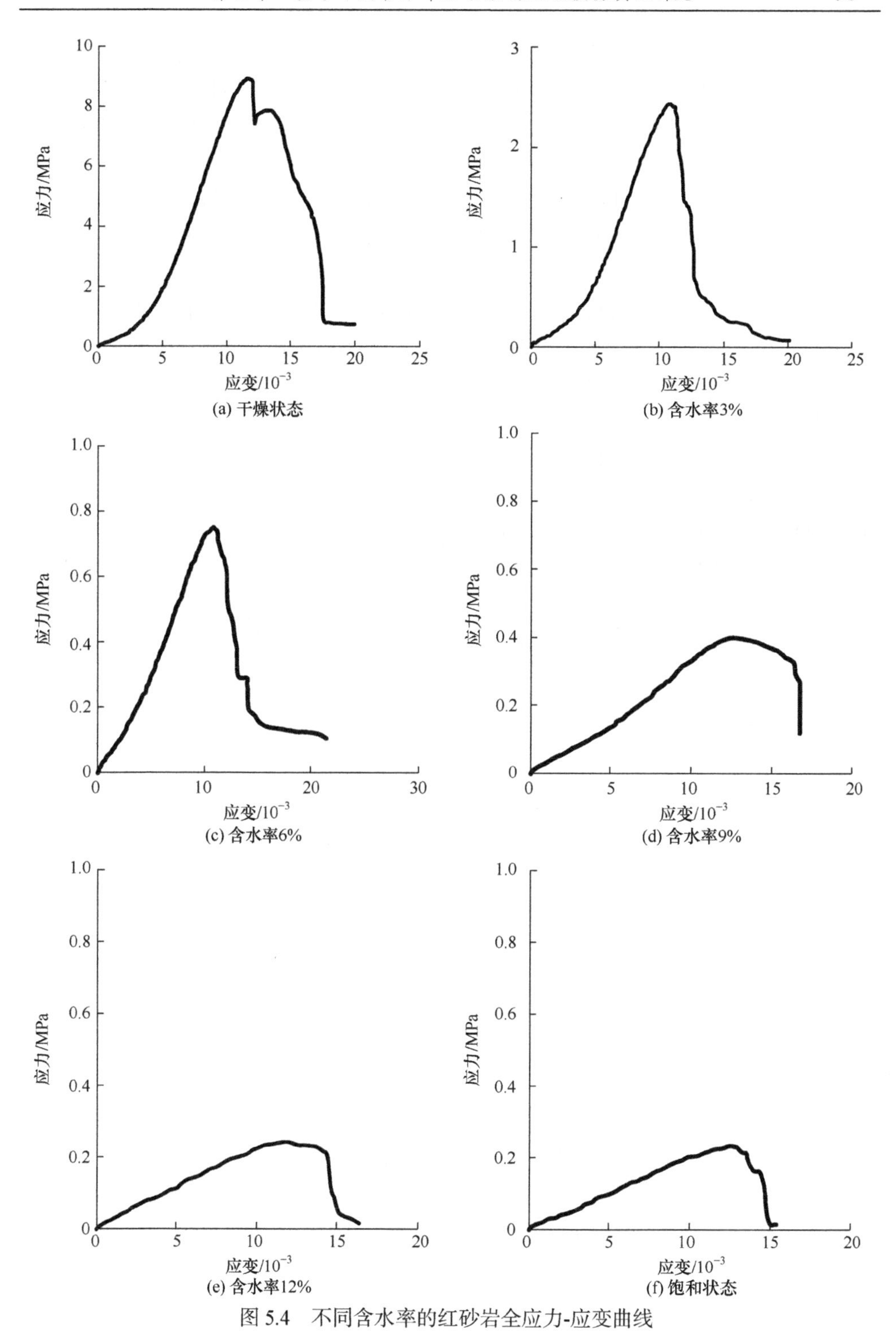

图 5.4　不同含水率的红砂岩全应力-应变曲线

分析各组不同含水率下的曲线不难发现，红砂岩的应力-应变全过程曲线宏观上可分为四个阶段：①压密阶段，曲线稍微向上弯曲，此阶段是细微裂隙闭合造成的；②弹性阶段，轴向应力和侧向应力与应变是线性关系，形状很接近直线；③塑性变形阶段，岩石应力-应变关系偏离直线，呈现非线性变形，曲线向下弯曲，直到最大值，曲线斜率随着应力的增加而逐渐降低到0；④破坏阶段，此时的荷载已达到峰值强度，岩石破坏，破坏后岩石仍具有一定的承载能力，曲线斜率为负值。

由于含水率不同，各应力-应变曲线也体现出显著的不同：①整体的应力-应变曲线形状几乎一致，特别是达到峰值以前，都经历了压密阶段、弹性阶段和塑性变形阶段，即总的变化趋势是相同的，但随着含水率的增大，压密阶段越来越长，曲线越来越缓；②当含水率增大时，直线段的斜率降低，直观地说明了弹性模量随着含水率的增大而降低，见表5.1；③含水率超过5%以后，峰值应力已明显减小，说明含水率对应力的影响很大；④峰值应变、最终应变都随着含水率的增大呈现出增大的趋势，当含水率较小时，试样的压缩曲线离散性较大，这是因为红砂岩试样脆性减弱而延性增强。

表5.1　不同含水率下红砂岩力学特性参数表

含水率/%	峰值应力/MPa	弹性模量/MPa	变形模量/MPa	峰值应变/10^{-3}
干燥状态(0)	8.92	972	481	10.2
3	2.43	380	188	11.3
6	0.77	85	61	11.5
9	0.40	32	26	12.6
12	0.24	22	22	12.0
饱和状态(13.5)	0.22	18	18	13.6

为了进一步分析岩石力学特性参数与含水率之间的定量变化关系，运用函数表达式来对其进行定量拟合，如图5.5所示。

从图5.5可以清楚地看出，红砂岩弹性模量、峰值应变分别呈指数函数、线性函数的变化趋势，拟合程度很高，确定系数都达到0.83以上，充分说明红砂岩遇水后宏观力学特性变化的本质规律。因此，在建立红砂岩的本构关系时必须考虑水对红砂岩具有强烈的劣化作用，在本构方程中引入含水率变量，以反映在各种复杂工程条件下红砂岩的实际强度和变形。由试验结果经过以上拟合分析得到弹性模量、峰值应变与含水率的定量关系：

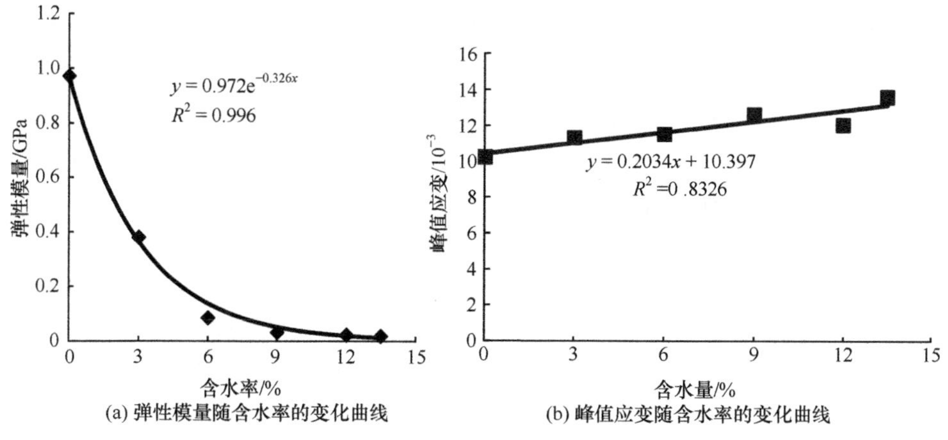

(a) 弹性模量随含水率的变化曲线　(b) 峰值应变随含水率的变化曲线

图 5.5　弹性模量和峰值应变随含水率的变化曲线

$$E_{\omega} = E_0 e^{k\omega} \tag{5.1}$$

$$\varepsilon_{\omega}^{f} = \varepsilon_0^{f} + a\omega \tag{5.2}$$

式中，E_{ω}、ε_{ω}^{f} 分别表示含水率为 ω 时红砂岩的单轴压缩弹性模量和峰值应变；E_0、ε_0^{f} 分别表示红砂岩在干燥状态(含水率为 0)下的单轴压缩弹性模量和峰值应变；ω 为红砂岩的含水率(一般取 0～13.5%)；k、a 为函数拟合系数。

5.2.2　水对红砂岩细观结构变化的影响

依据红砂岩 RMT 单轴压缩试验结果，初步分析了水对红砂岩劣化作用后的宏观力学特性的影响；同时通过对红砂岩进行细观单轴压缩试验，也得到了不同应力状态下的细观结构和宏观裂纹图像，由于图像数量较多，下面仅给出一个具有代表性岩样(干燥状态)的完整试验图像，如图 5.6 所示。

(a) 观察点1(10个连续应力状态, 300倍)

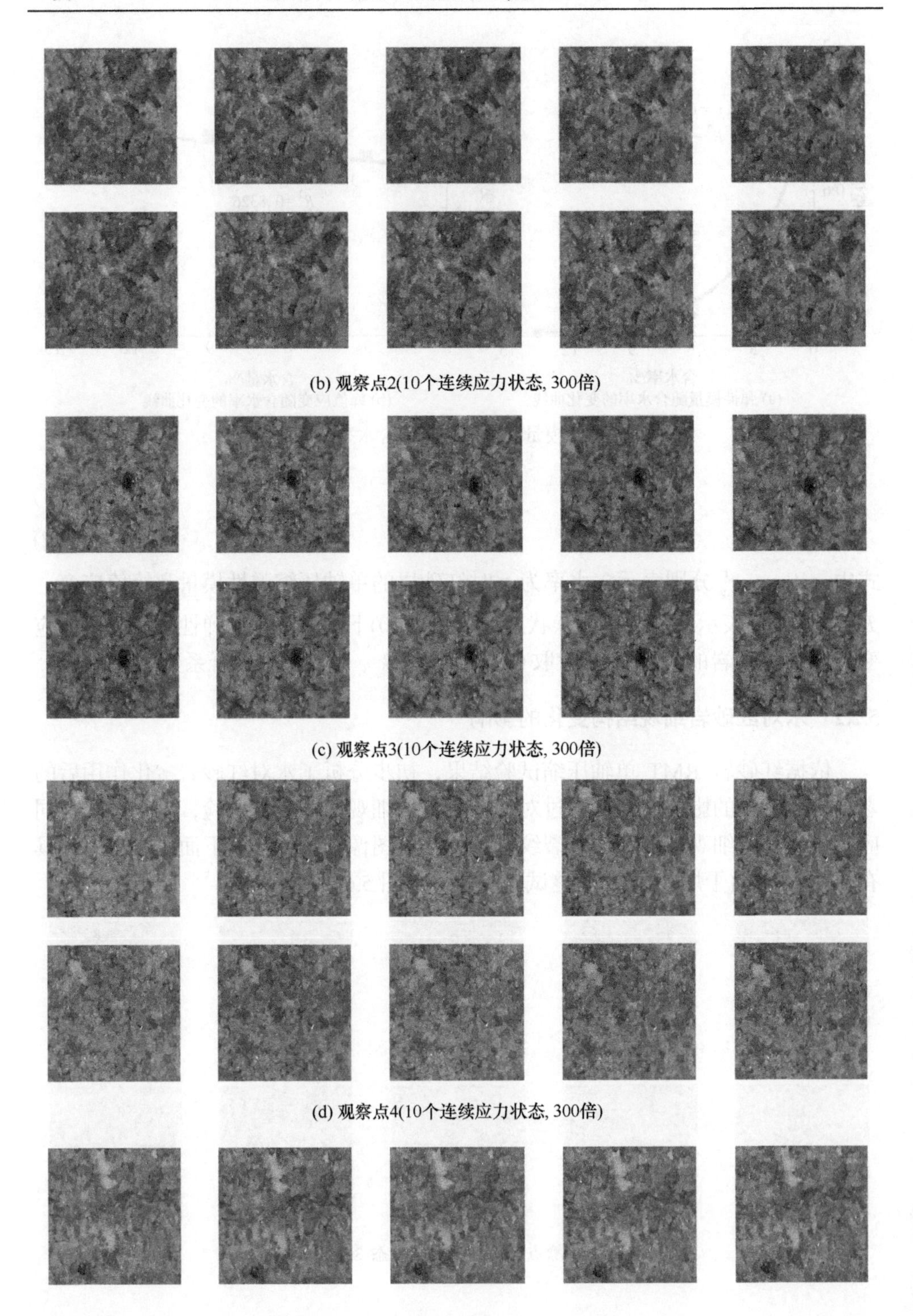

(b) 观察点2(10个连续应力状态, 300倍)

(c) 观察点3(10个连续应力状态, 300倍)

(d) 观察点4(10个连续应力状态, 300倍)

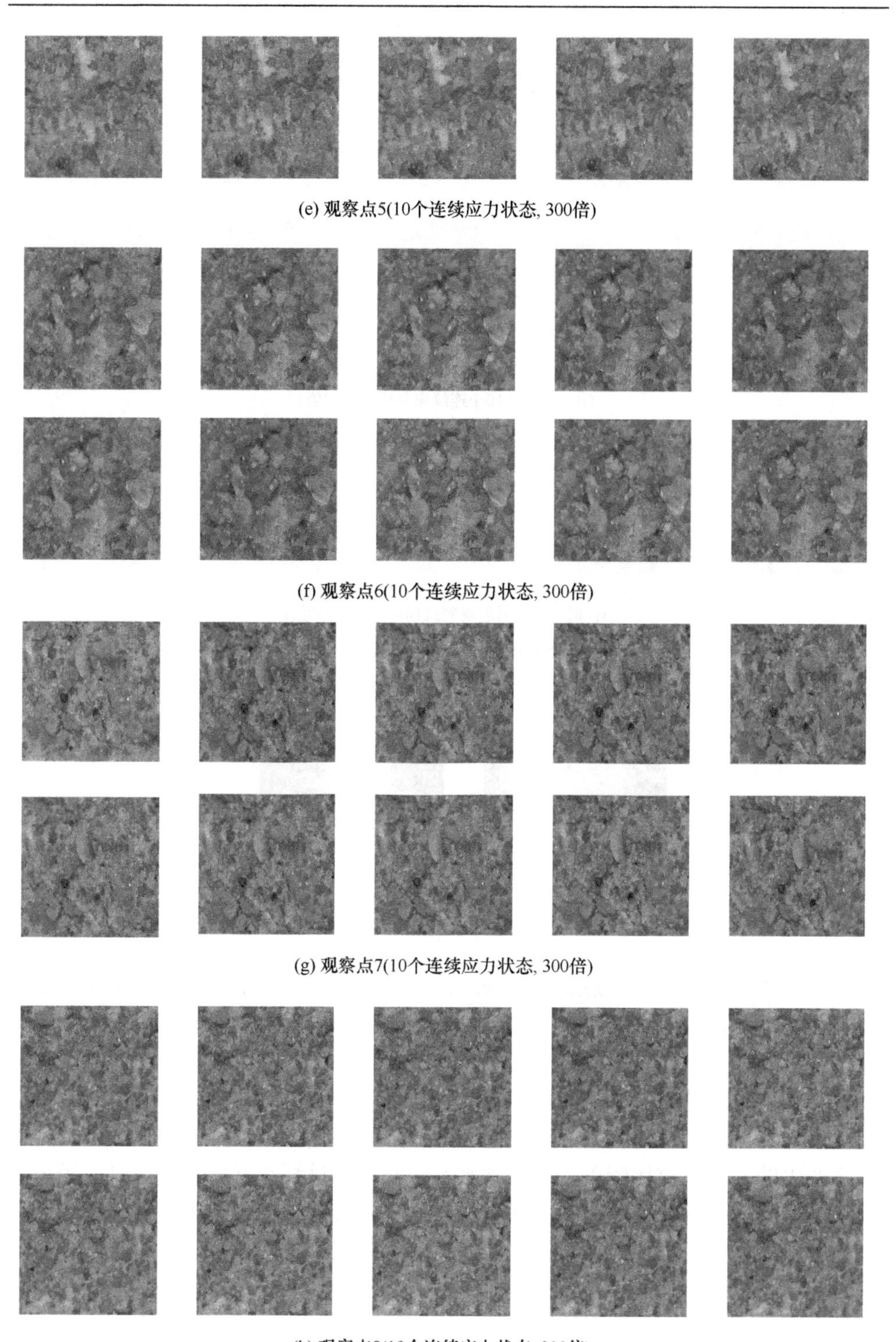

(e) 观察点5(10个连续应力状态, 300倍)

(f) 观察点6(10个连续应力状态, 300倍)

(g) 观察点7(10个连续应力状态, 300倍)

(h) 观察点8(10个连续应力状态, 300倍)

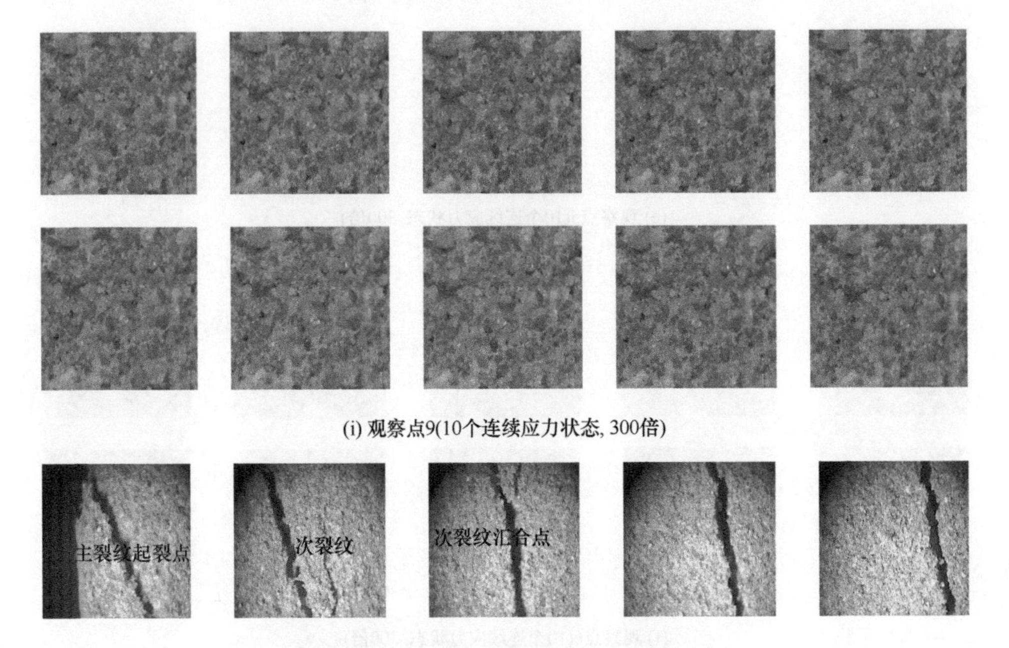

(i) 观察点9(10个连续应力状态, 300倍)

(j) 试样破坏时宏观裂纹局部放大图(20倍)

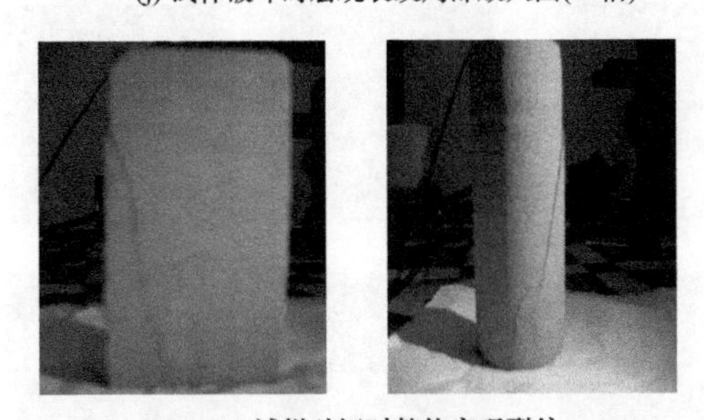

(k) 试样破坏时整体宏观裂纹

图 5.6　试样细观结构变化和宏观裂纹图像(干燥状态)

对于图 5.6 中 9 个观察点的细观结构变化图像，由于细观结构变化非常小，肉眼无法识别，后面将运用 GeoImage 图像处理程序重点对此微观结构图像进行处理分析，本节不作详细分析。而对于图 5.6 中的宏观裂纹图像，在试验过程中发现当含水率较低时，试样在低应力状态时几乎看不到微裂纹的扩展，当应力达到较高的水平时，试样会突然产生宏观裂纹导致破坏，并伴随有明显的破裂声，最终产生的宏观裂纹比较单一；当含水率较高时，试样在低应力状态时已经可以清晰地看到遍布的微裂纹，并伴随着应力水平的提高，微裂纹不断萌生、扩展、贯通直至最后试样失稳破坏，最终的宏观裂纹发展非常丰富。

5.3　水-岩物理化学作用的微观分析

为了进一步研究水-岩物理化学作用的微观机理，通过扫描电子显微镜可以直观地看出在不同的时间段，在水的作用下红砂岩微观颗粒结构的变化过程[4]，如图 5.7 所示。红砂岩矿物组成见表 5.2。

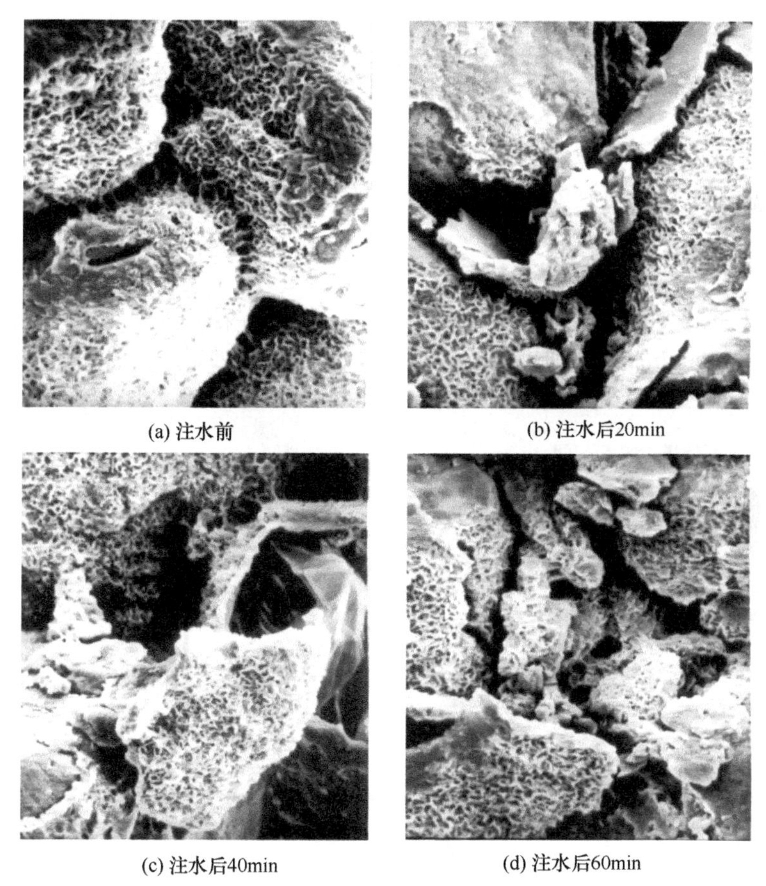

(a) 注水前　(b) 注水后20min

(c) 注水后40min　(d) 注水后60min

图 5.7　注水前后红砂岩微观结构变化过程(2000 倍)

从图 5.7 中可以看出，岩样颗粒间胶结与松散的变化过程。水化学作用机理如下：红砂岩颗粒吸水后发生水化学反应，水分子进入颗粒晶体内部产生膨胀应力；各颗粒晶体所产生的膨胀力不同，迫使晶体重新组建、排列，使颗粒间产生了间隙，并被水分子所充满，水分子又起到膨胀力传播作用；膨胀力不断增大，使颗粒逐渐脱离胶结物的黏结，裂隙空间不断加大，不断吸收水分子。经过一定的时间，膨胀力和颗粒间的黏结力达到平衡，则颗粒晶体组建完成，不再变化，这时水化学作用趋于平缓，从而完成了水化学作用的全过程。

表 5.2　红砂岩矿物组成

岩性	矿物质量分数/%					黏土矿物质量分数/%		
	石英	钾长石	钠长石	方解石	赤铁矿	蒙脱石	伊利石	高岭石
红色粉砂岩	41.9	8.4	18.3	14.1	0.5	16.9	1.1	0.8

5.4　试验图像信息及数据提取

本节将着重对 5.3 节中的微观试验结果进行进一步分析，力求通过对细观结构图像信息的量化，得到能反映细观结构损伤动态演化的特征参数。

5.4.1　程序概述

为了便于对 GeoImage 图像处理程序进行说明，采用图片处理分析过程的顺序对程序各键的功能和原理进行简要的介绍，图像处理程序界面如图 5.8 所示。

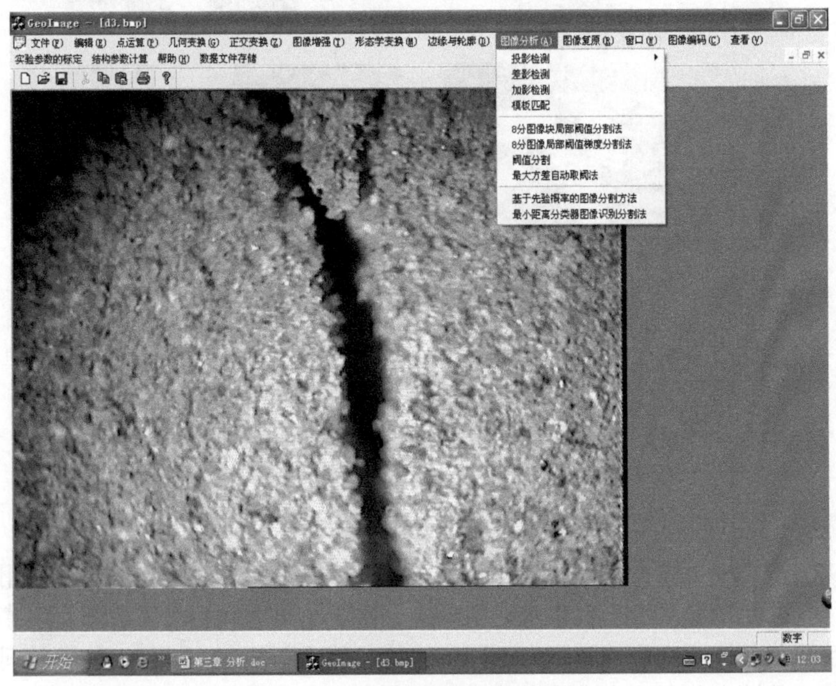

图 5.8　微细结构图像处理程序界面

5.4.2　图像前处理

当采集一幅图像后，由于各种客观原因(试验时光线强弱、电压及频率的波动以及拍摄者视角的变化等)，不能立刻提取量化信息和特征参数，必须对图像进行前处理，达到恢复图像本来面目的目的，主要包括以下内容。

(1) 图像前处理包括几何校正、灰度整体修正、消除噪声。

对图像的几何失真校正主要包括两个步骤：①空间变化，即对图像空间上的像素进行重新排列以恢复原空间关系；②灰度插值变化，即对空间变化后的像素赋予相应的灰度值以恢复原位置的灰度值。

图像灰度整体修正是由于光照环境不能绝对恒定不变，连续拍摄的图像背景灰度并不一致，需要进行整体上的灰度修正。

在图像的传输过程中，由于噪声污染，图像质量会有所下降，必须对这些降质的图像进行改善处理。将图像中感兴趣的区域有选择的突出，衰减次要信息，从而提高图像的可读性。图像平滑是一种实用的数字图像处理技术，主要目的是减少图像的噪声。

(2) 图像预处理包括亮度调整、对比度调整、直方图均衡化、直方图规定化。

亮度是指从对象或图像表面反射的光线数量，或者从一个光源发射出来的光线数量。亮度的调整是对人眼亮度感觉的调整，亮度越高，颜色越饱和，可观察的细节就越多。对比度是指图像最亮区域和最暗区域之间的反差比例。一幅对比度高的图像包含了反差很大的黑色、白色区域或深色、浅色区域，几乎没有灰阶过渡。而往往对比度和亮度需要同时调整。

直方图均衡化的目的是通过点运算使输入图像转化为在每一灰度级上都有相同的像素点数的输出图像(即输出的直方图是平的)。这对在进行图像比较和分割之前将其转化为一致的格式是十分有益的。直方图均衡化的结果是唯一的，而直方图规定化可以使直方图成为某个特定的形状，从而可以有控制地达到预定的目标。

(3) 图像处理包括图像变化、图像锐化、局部增强。

为了有效快速地对图像进行处理和分析，常需要将原定义在图像空间的图像(空间域)以某种形式转化到频域空间，并利用频域空间的特有性质进行一定的加工，最后再转回到图像空间以得到所需的效果。傅里叶变换是一种常见的正交变换，此外，还有沃尔什变换、霍特林变换等。

边缘模糊是图像中常见的质量问题，由此造成图像轮廓不清晰、线条不鲜明，从而导致图像特征提取、识别和理解难以进行。图像模糊主要是其受到平均或者积分运算造成的，因此可以对图像进行微分运算，以使图像清晰化。图像锐化一般有两种方法：一种是微分法；另一种是高通滤波法。

在实际应用中常需要对图像某些局部区域的细节进行增强，而对整幅图像的质量进行增强并不能保证所研究的局部区域得到所需的增强效果。直方图变化是空间域增强最常用的方法，也最容易用于图像的局部增强，只需将图像分成一系列小区域即可。

(4) 图像分割：边缘检测、轮廓提取、种子填充、灰度阈值分割、区域生长分割。

图像分割就是把图像分成若干个有意义的区域。对岩土体微细结构图片来说，主要是分割出孔隙、颗粒和连接带等。按照图像的某些特征将图像分成若干个区域，在每个区域内部有相似或相同的特性，而相邻区域的特性不同。基于不同的图像模型，大致分为基于边缘检测的方法和基于区域生成的方法两大类。基于边缘检测的方法首先检出局部特性的不连续性，再将它们连成边界，这些边界将图像分成不同的区域。基于区域生成的方法是将像素分成不同的区域。

5.4.3 图像后处理

由于分析手段和观察角度的差异，特征参数的组合取舍也因人而异。吴义祥[5]认为描述黏性土结构状态的有效参数是结构熵(E)；胡瑞林[6]提出了类似粒级熵($E_{粒级}$)的计算方法，并且利用分形几何学的分形维数表达式对图像结构要素进行量化处理，获得了丰富的结构信息。随着计算机图像识别和处理技术的飞速发展，该 GeoImage 图像处理程序将结构参数分为纹理特征参数、形状特征参数、其他特征参数三大类。

(1) 纹理特征参数：原始图像特征参数、灰度共生矩阵特征参数、灰度-梯度共生矩阵特征参数。

原始图像特征参数包括：①纹理基元，即一种或多种图像基元的组合，具有一定的大小和形状，本节主要指颗粒、孔隙、裂隙、接触带等；②纹理基元的排列组合，即基元排列的疏密、周期性、方向性等的不同，能使图像的外观产生较大的变化。

灰度共生矩阵是由于纹理是灰度分布在空间位置上反复出现而形成的，因而在图像空间中相隔一定距离的两像素间会存在一定的灰度关系，这种关系称为图像中灰度的空间相关特性。灰度共生矩阵可以通过研究灰度的空间相关性来描述纹理，具体包括二阶矩、对比度、熵、方差、差平均等。

灰度-梯度共生矩阵法是灰度直方图和边缘梯度直方图的结合。图像的灰度直方图是一幅图像灰度在图像中分布的最基本的统计信息。图像梯度信息的获得是通过使用各种微分算子，检出图像中灰度跳跃部分。将图像的梯度信息加入灰度共生矩阵中，使共生矩阵更能包含图像的纹理基元及排列的信息。

(2) 形状特征参数：几何特征参数、矩阵特征参数。

图像经过边缘检测提取和图像分割等操作，就会得到目标的边缘和轮廓，也就获得了目标的形状。目标的形状特征均可由其几何属性和拓扑属性来描述。

几何特征参数包括颗粒总面积、颗粒相对面积、颗粒数目、颗粒平均圆形度、粒度分布、不均匀系数、颗粒平均面积、颗粒最大面积、孔隙总面积、孔隙相对面积、孔隙平均面积、孔隙数目、平均孔隙比、曲率系数、孔径分布、复杂度。

矩阵特征参数包括零阶矩、一阶矩、二阶矩、矩组、扁度和欧拉数。

(3) 其他特征参数：平面分布分维、定向度。

一幅图像中的颗粒分布情况既反映颗粒系统的形态，又可以说明岩土体的密实情况。颗粒分布的分形维数越小，反映出岩土体颗粒分布越分散，集团化程度越低，密度越大。孔隙分布的分形维数与颗粒分布的分形维数类似。

在图像处理中，颗粒的定向性以其最长弦的方位确定，对应的参数为方位角 α 。不同颗粒有不同的方位，方位角可以取 0～π 中的任何值。

5.4.4　细观结构信息量化

为了得到细观结构图像动态信息变化，利用 GeoImage 图像处理程序对图 5.6 中的各个图像进行灰度处理及细观结构特征参数提取。由于图像数量太大，由原来每个观察点的 10 幅图像缩减到能体现动态细观结构变化的 5 幅图像，如图 5.9 所示。

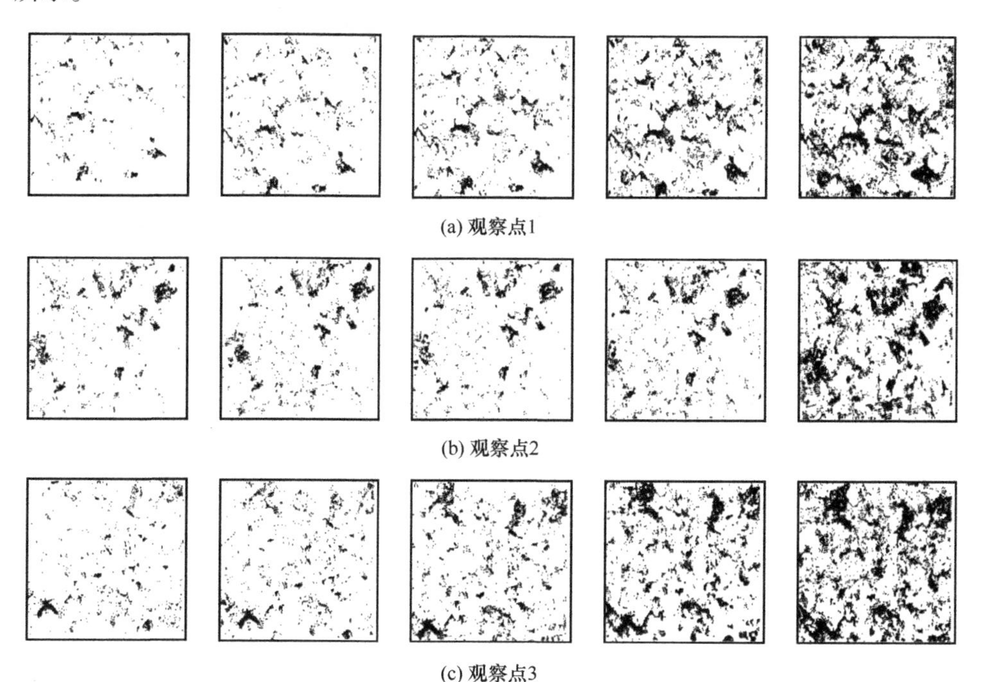

(a) 观察点1

(b) 观察点2

(c) 观察点3

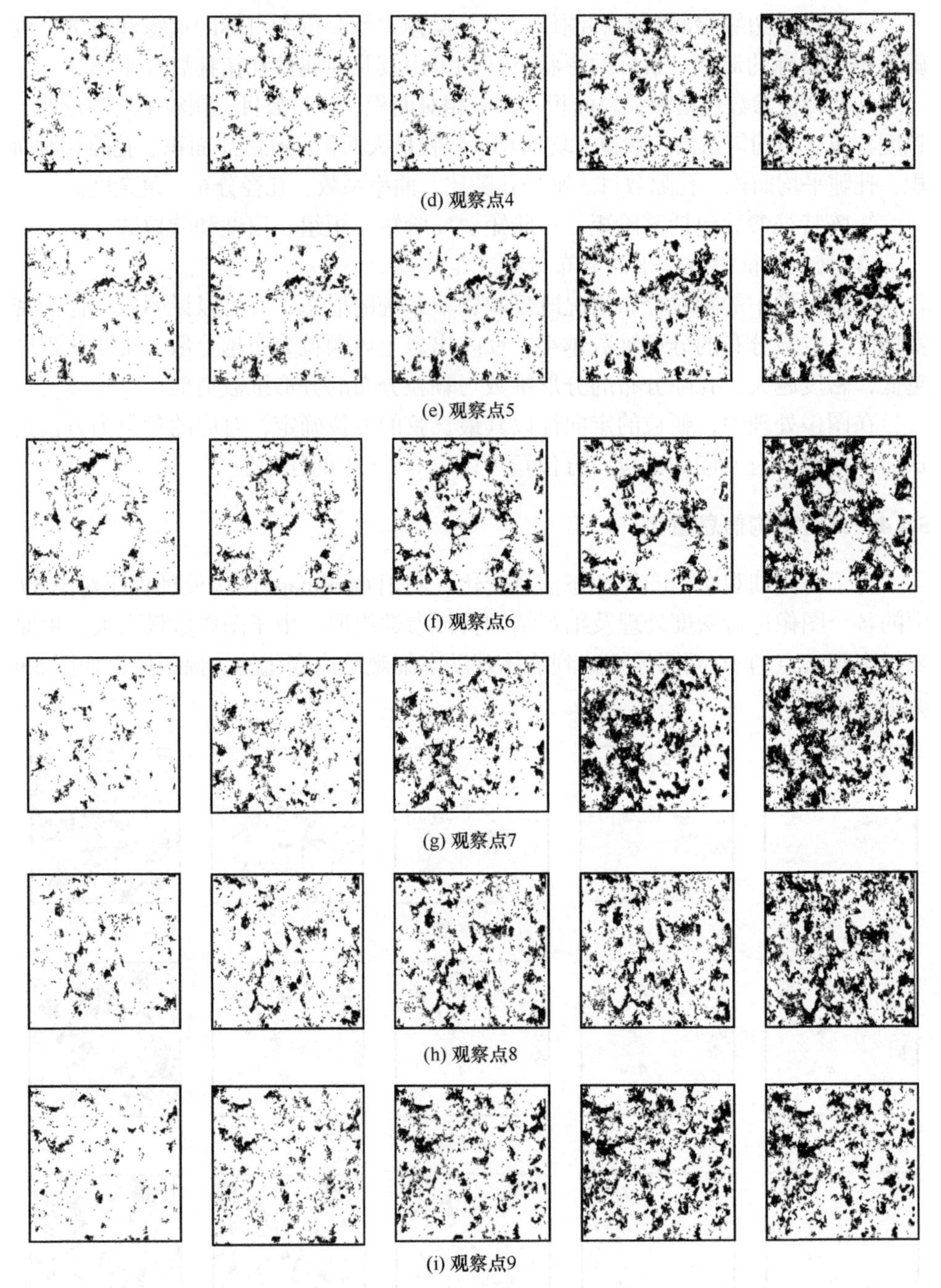

图 5.9　细观结构图像灰度处理图

从图 5.9 中每个观察点的连续灰度变化图像中可以清楚地看到，随着轴向荷载的增加，微裂隙不断萌生、扩展及贯通(黑色部分代表微裂隙、孔隙)，所以前人采用宏观损伤力学方法，假设峰值强度前损伤不扩展来研究岩石类材料的本构关系显然是不合理的。为了定量地分析峰值强度前损伤演化情况，必须借助从微观图像中提取的细观结构特征参数，下面分别针对 9 个观察点列出各个细观结构特征参数演化表，详见表 5.3～表 5.11。

表 5.3　观察点 1 细观结构特征参数演化表($\omega = 0$)

应变/10^{-3}	熵	面积比/%		定向度/(°)		分布分形维数	
		颗粒	孔隙	颗粒	孔隙	颗粒	孔隙
0	0.92	95.92	4.08	0.969	0.076	1.549	0.471
3.0	1.01	95.42	4.58	0.958	0.120	1.545	0.708
6.0	1.04	93.45	6.55	0.939	0.184	1.540	0.879
9.0	4.76	84.33	15.67	0.898	0.294	1.526	1.079
10.4	3.98	76.09	23.91	0.883	0.327	1.520	1.095

表 5.4　观察点 2 细观结构特征参数演化表($\omega = 0$)

应变/10^{-3}	熵	面积比/%		定向度/(°)		分布分形维数	
		颗粒	孔隙	颗粒	孔隙	颗粒	孔隙
0	0.91	95.16	4.84	0.962	0.105	1.546	0.672
3.0	1.04	95.23	4.77	0.960	0.115	1.545	0.674
6.0	1.07	94.19	5.81	0.954	0.133	1.543	0.799
9.0	4.24	85.85	14.15	0.925	0.225	1.535	0.915
10.4	3.84	80.41	19.59	0.882	0.331	1.521	1.105

表 5.5　观察点 3 细观结构特征参数演化表($\omega = 0$)

应变/10^{-3}	熵	面积比/%		定向度/(°)		分布分形维数	
		颗粒	孔隙	颗粒	孔隙	颗粒	孔隙
0	0.98	95.18	4.82	0.964	0.101	1.547	0.493
3.0	1.08	95.01	4.99	0.959	0.118	1.544	0.677
6.0	1.34	93.02	6.98	0.929	0.218	1.534	0.943
9.0	4.51	81.59	18.41	0.886	0.325	1.519	1.106
10.4	3.68	75.51	24.49	0.841	0.413	1.501	1.224

表 5.6　观察点 4 细观结构特征参数演化表($\omega=0$)

应变/10^{-3}	熵	面积比/%		定向度/(°)		分布分形维数	
		颗粒	孔隙	颗粒	孔隙	颗粒	孔隙
0	0.90	94.91	5.09	0.963	0.103	1.546	0.602
3.0	1.24	93.61	6.39	0.950	0.147	1.543	0.696
6.0	1.55	91.50	8.50	0.933	0.201	1.537	0.816
9.0	4.98	82.85	17.15	0.857	0.378	1.510	1.172
10.4	3.49	77.77	22.23	0.837	0.415	1.501	1.197

表 5.7　观察点 5 细观结构特征参数演化表($\omega=0$)

应变/10^{-3}	熵	面积比/%		定向度/(°)		分布分形维数	
		颗粒	孔隙	颗粒	孔隙	颗粒	孔隙
0	1.05	95.26	4.74	0.962	0.104	1.546	0.527
3.0	1.15	95.14	4.86	0.948	0.149	1.543	0.785
6.0	1.57	92.30	7.70	0.931	0.203	1.538	0.965
9.0	4.70	84.66	15.34	0.874	0.344	1.517	1.137
10.4	3.65	77.83	22.17	0.857	0.379	1.511	1.180

表 5.8　观察点 6 细观结构特征参数演化表($\omega=0$)

应变/10^{-3}	熵	面积比/%		定向度/(°)		分布分形维数	
		颗粒	孔隙	颗粒	孔隙	颗粒	孔隙
0	1.12	94.33	5.67	0.958	0.121	1.546	0.754
3.0	1.44	93.72	6.28	0.950	0.150	1.543	0.805
6.0	1.71	91.55	8.45	0.934	0.200	1.538	0.908
9.0	4.62	82.71	17.29	0.889	0.315	1.524	1.124
10.4	3.96	76.32	23.68	0.850	0.396	1.510	1.219

表 5.9　观察点 7 细观结构特征参数演化表($\omega=0$)

应变/10^{-3}	熵	面积比/%		定向度/(°)		分布分形维数	
		颗粒	孔隙	颗粒	孔隙	颗粒	孔隙
0	0.92	95.50	4.50	0.966	0.091	1.547	0.421
3.0	1.19	94.92	5.08	0.956	0.127	1.544	0.618
6.0	4.08	93.03	6.97	0.907	0.270	1.529	1.044
9.0	3.96	83.77	16.23	0.822	0.440	1.496	1.249
10.4	4.00	77.00	23.00	0.819	0.449	1.495	1.262

表 5.10　观察点 8 细观结构特征参数演化表($\omega=0$)

应变/10^{-3}	熵	面积比/%		定向度/(°)		分布分形维数	
		颗粒	孔隙	颗粒	孔隙	颗粒	孔隙
0	1.06	94.14	5.86	0.959	0.116	1.546	0.709
3.0	1.24	93.78	6.22	0.952	0.143	1.543	0.764
6.0	1.52	92.21	7.79	0.896	0.300	1.526	1.081
9.0	4.93	81.63	18.37	0.829	0.435	1.499	1.246
10.4	3.95	74.92	25.08	0.801	0.480	1.487	1.286

表 5.11　观察点 9 细观结构特征参数演化表($\omega=0$)

应变/10^{-3}	熵	面积比/%		定向度/(°)		分布分形维数	
		颗粒	孔隙	颗粒	孔隙	颗粒	孔隙
0	0.95	95.83	4.17	0.963	0.099	1.547	0.665
3.0	1.31	95.82	4.18	0.952	0.139	1.543	0.755
6.0	4.09	93.42	6.58	0.935	0.196	1.537	0.932
9.0	4.61	83.54	16.46	0.888	0.318	1.523	1.113
10.4	3.48	77.97	22.03	0.833	0.425	1.503	1.224

从表 5.3～表 5.5 可以发现，随着荷载的施加，孔隙的面积比、定向度、分布分形维数不断增大，颗粒的面积比、定向度、分布分形维数不断减小，而图像熵值不断增大，其反映了微裂纹、孔洞的萌生、扩展，使得图像微观结构越来越杂乱无序。下面分别对各个观察点的孔隙面积比与应变的关系进行拟合，如图 5.10 所示。

依据从局部到整体的思路，通过前面的分析，初步得到了红砂岩试样($\omega=0$)单轴压缩状态下微裂纹萌生、扩展及贯通的演化规律，而图 5.10 中对此演化规律做出了曲线拟合，拟合方程为

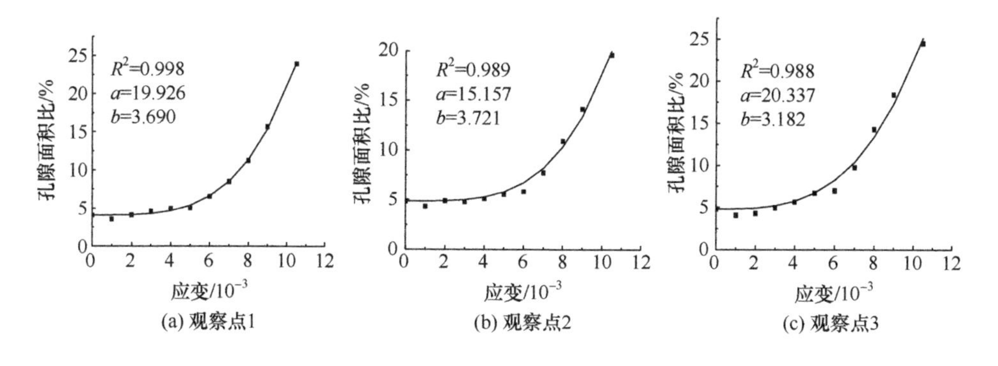

(a) 观察点1　(b) 观察点2　(c) 观察点3

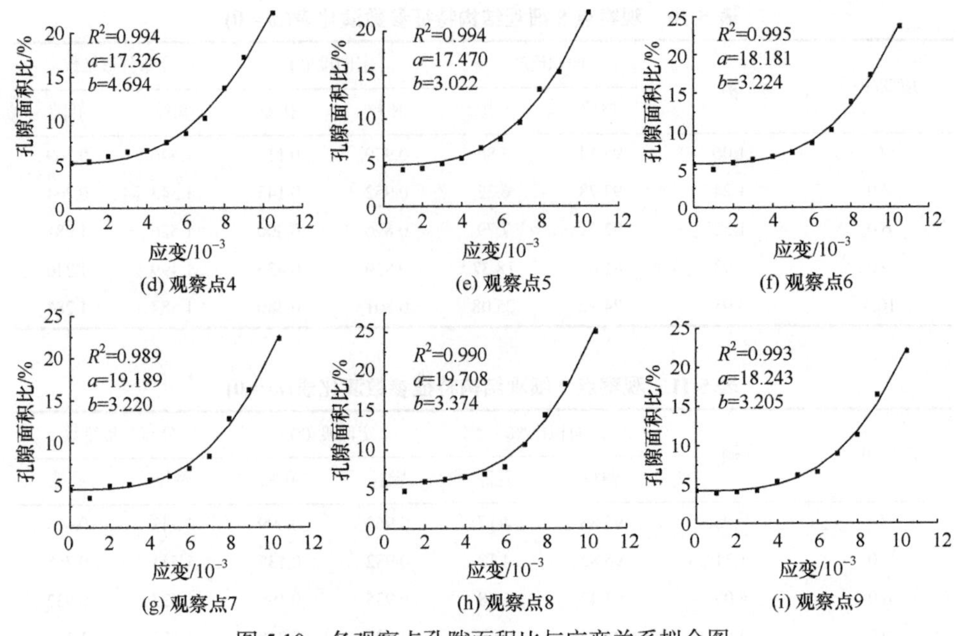

图 5.10　各观察点孔隙面积比与应变关系拟合图

$$S(\varepsilon)=S_0+a\left(\frac{\varepsilon}{\varepsilon_{\mathrm{f}}}\right)^b \tag{5.3}$$

式中，S_0为红砂岩试样未加载时初始孔隙面积比；S为红砂岩试样加载时孔隙面积比；a、b为拟合系数；ε、ε_{f}分别为红砂岩应变和峰值应变。

通过以上分析得到试样1、试样2、试样3微观结构特征参数值，见表5.12，通过均匀化的思想，最终得到红砂岩试样($\omega=0$)单轴压缩状态下微裂纹演化规律，如图5.11所示。同样，含水率为3%、6%、9%、12%及饱和红砂岩试样单轴压缩状态下微裂纹演化规律如图5.12～图5.16所示。

表 5.12　试样微观结构特征参数($\omega=0$)

试样	初始孔隙面积比 S_0/%	拟合系数		峰值应变/10^{-3}
		a	b	
1	4.64	18.282	3.259	10.4
2	4.24	18.518	3.216	10.1
3	4.85	18.054	3.137	10.6
平均值	4.58	18.285	3.204	10.4

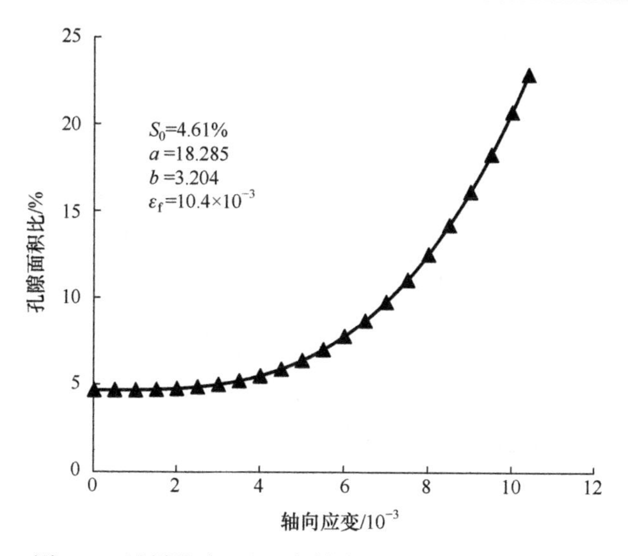

图 5.11　试样孔隙面积比与轴向应变的关系曲线($\omega = 0$)

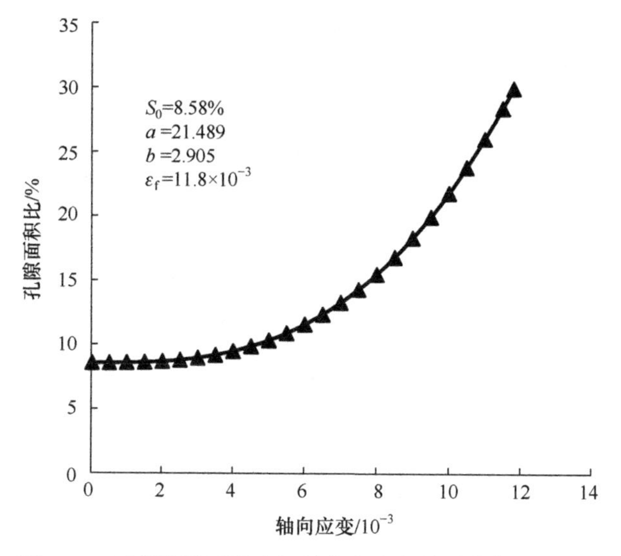

图 5.12　试样孔隙面积比与轴向应变的关系曲线($\omega = 3\%$)

图 5.11～图 5.16 清楚地反映了在不同含水率情况下，红砂岩孔隙面积比随轴向应变的变化情况，总体上，两者符合式(5.3)的函数关系，只是拟合系数 a、b 及初始孔隙面积比 S_0、峰值应变 ε_f 有所变化。随着试样含水率的增加，初始孔隙面积比 S_0 不断增大，这是由于红砂岩是特殊的膨胀岩，遇水后发生一系列物理化学反应，产生了膨胀应力，致使未受外荷载的试样内部微裂隙、孔洞有所发展；而拟合系数 a 主要体现峰值应变时试样的孔隙面积比大小，拟合系数 b 则体

现了随着应变的增大，孔隙面积比增大速率的快慢，显然随着含水率的增大，a 增大，b 减小。

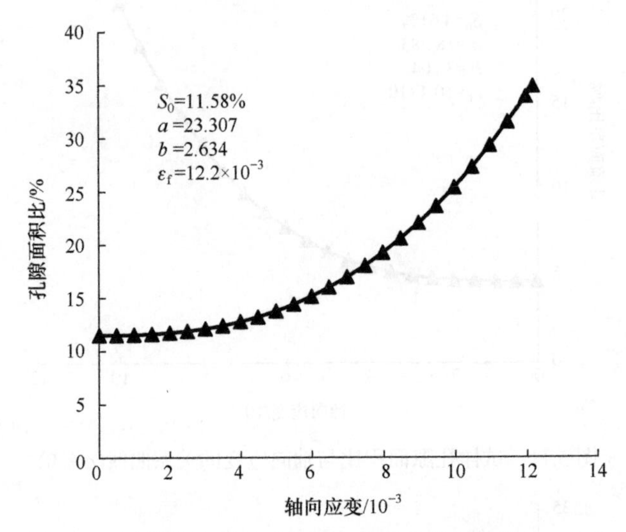

图 5.13　试样孔隙面积比与轴向应变的关系曲线(ω = 6%)

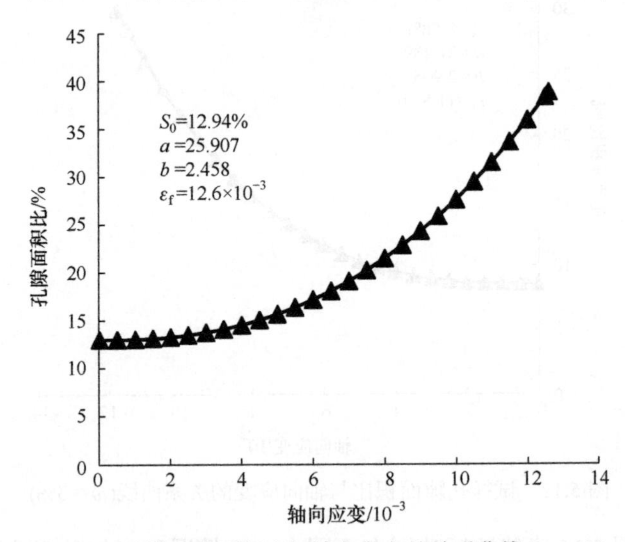

图 5.14　试样孔隙面积比与轴向应变的关系曲线(ω = 9%)

为了进一步定量分析拟合系数 a、b 及初始孔隙面积比 S_0、峰值应变 ε_f 与含水率 ω 的关系，以方便后面推导公式时引用，下面运用 Origin 数学拟合程序对以上各参数与含水率的关系进行高精度拟合，各拟合曲线如图 5.17～图 5.20 所示。

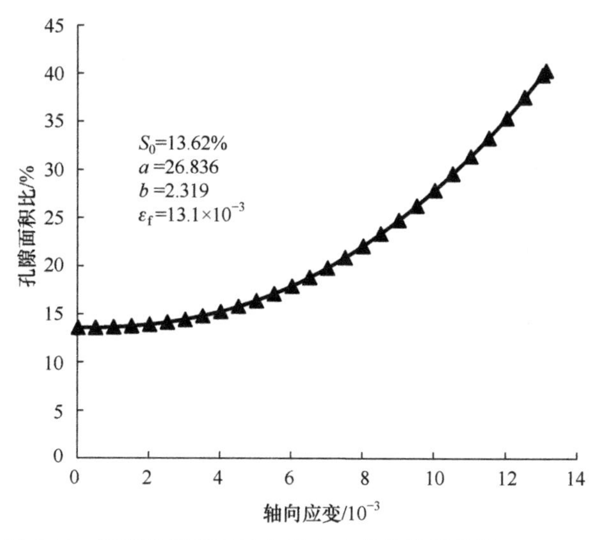

图 5.15　试样孔隙面积比与轴向应变的关系曲线($\omega=12\%$)

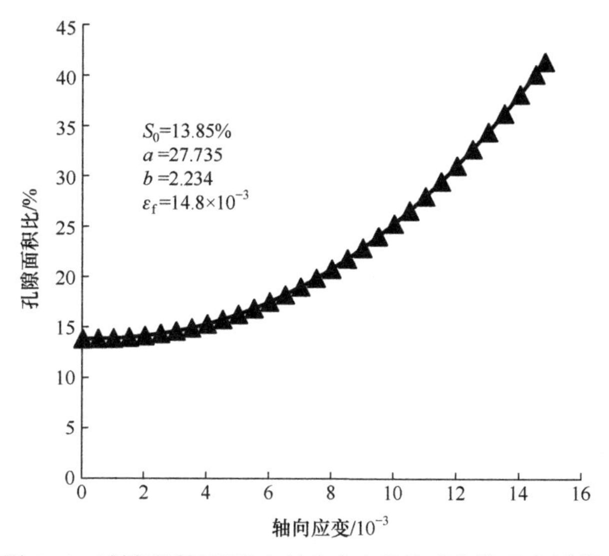

图 5.16　试样孔隙面积比与轴向应变的关系曲线(饱和试样)

最终得到单轴压缩状态下不同含水率红砂岩微裂纹、孔隙的演变规律，其演变方程为

$$S(\varepsilon,\omega)=S_0(\omega)+a(\omega)\left(\frac{\varepsilon}{\varepsilon_f(\omega)}\right)^{b(\omega)} \tag{5.4}$$

式中

$$S_0(\omega)=A\ln(\omega-B) \tag{5.5}$$

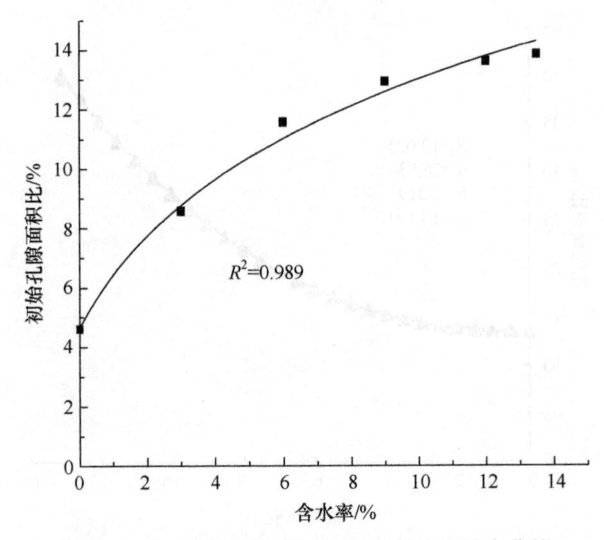

图 5.17　初始孔隙面积比与含水率关系拟合曲线

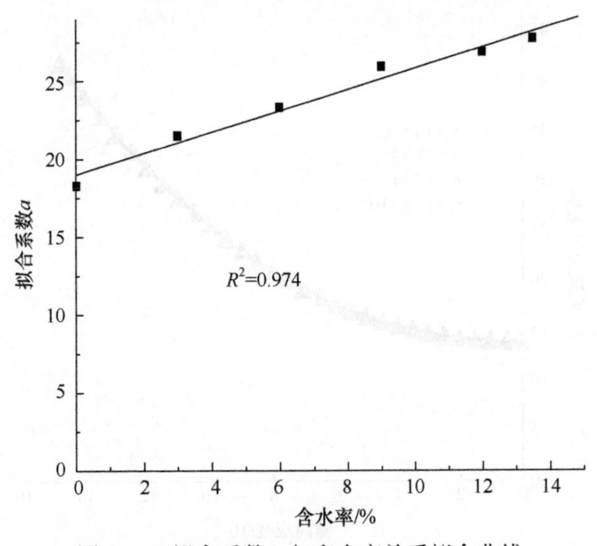

图 5.18　拟合系数 a 与含水率关系拟合曲线

$$a(\omega) = C + D\omega \tag{5.6}$$

$$b(\omega) = E + F\omega \tag{5.7}$$

$$\varepsilon_{\mathrm{f}}(\omega) = G + H\omega \tag{5.8}$$

式中，S、S_0、a、b、ε、ε_{f} 在前面已详细介绍过，这里只是增加了一个变量含水率 ω（$0 \leqslant \omega \leqslant 13.5\%$）；而拟合系数 A、B、C、D、E、F、G、H 的值分别为 5.159、−4.470、18.994、0.680、3.134、−0.070、10.578、0.263。

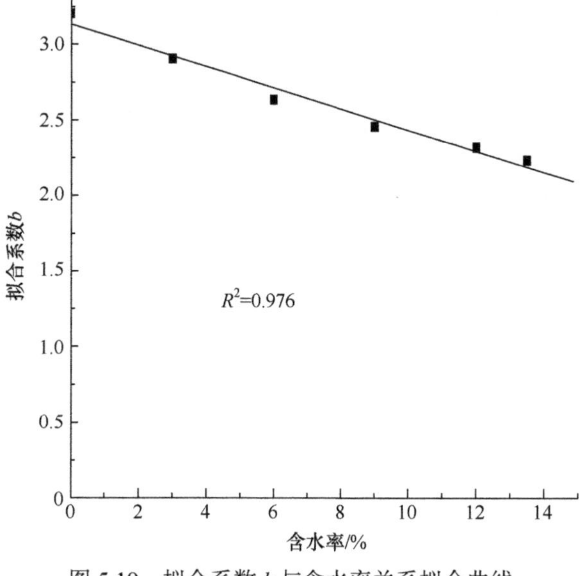

图 5.19　拟合系数 b 与含水率关系拟合曲线

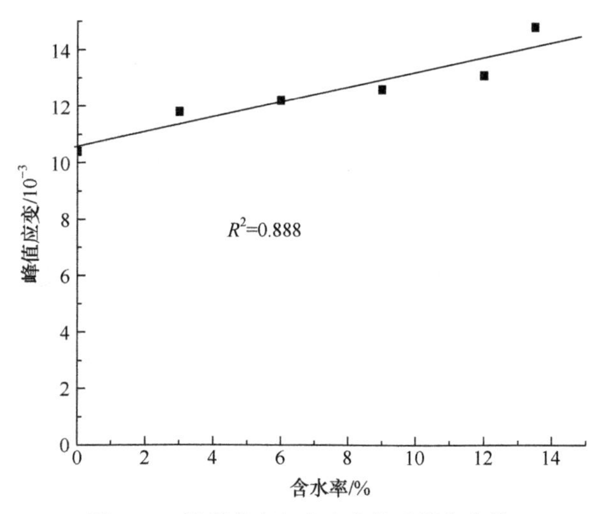

图 5.20　峰值应变与含水率关系拟合曲线

5.5　微裂纹损伤演化规律分析

5.5.1　微裂纹损伤演化与宏观力学响应的关系

损伤规律研究从早期的人为假定损伤演化模式到现在通过细观试验的结果来定量分析损伤的演化规律，在研究方法方面取得了长足的进步。本节通过借鉴前人的研究分析方法[7-15]，并依据前面红砂岩的宏观和细观试验结果，对红砂岩进行单轴受压损伤演化规律分析。

为了便于分析说明，结合微观孔隙面积演变示意图(图 5.21)，把典型的红砂岩全应力-应变曲线划分为以下几个阶段。

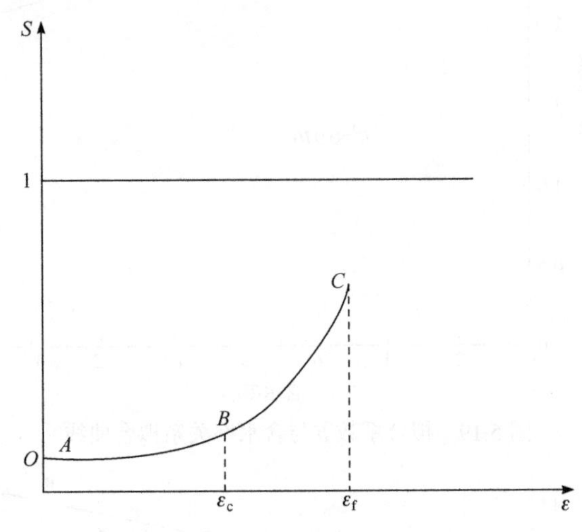

图 5.21　微观孔隙面积演变示意图

(1) 损伤弱化阶段 *OA*。仔细分析图 5.21 中的各点可以发现，在试样刚承受荷载时孔隙面积比有一个小幅下降，这是由于岩样不可避免地存在许多微裂纹、孔隙等缺陷，即初始孔隙面积；当岩样承受荷载时，初始孔隙面积逐渐减小，这反映在微观上便是微观孔隙面积比逐渐减小，反映在宏观上便是单轴抗压弹性模量逐渐增大，即曲线 *OA* 段形状。

(2) 弹性阶段 *AB*。这一阶段是人们认识最早也最透彻的一个损伤演化阶段。该阶段应力与应变的变化关系是线性的，即弹性模量是个定值；从微观的角度来解释则是由于微裂纹、孔隙闭合到一定程度后不再减小，而外荷载增大不足以产生新的裂纹，那么这个阶段的微观孔隙面积保持不变，或者是增长非常缓慢。

(3) 非线性强化阶段 *BC*。这个阶段微裂纹迅速增长，且不断联合贯通，增长速率越来越快，到峰值应变时，增长速率达到最大值；试样表面能观测到不同形态与不同长度的不连贯的表面宏观裂纹萌生与扩展，伴有微弱的岩样局部破裂声音。

(4) 峰后软化阶段 *CD*。这个阶段的微观孔隙面积曲线没有给出，这是由于微细观试验加载系统是柔性加载，无法得到峰值后的微观孔隙面积随应变的变化；而即使加载装置是刚性加载，由于峰值后损伤扩展有局部化的特性，也无法用峰值前的 9 点平均分析方法，所以峰值后的损伤扩展模式将采用宏观损伤力学研究方法，这将在后面的章节中进一步阐述。

5.5.2　损伤破坏临界值和裂纹扩展模式分析

作为一种无序介质，红砂岩在外荷载作用下的破坏过程是其内部结构逐渐劣化的结果。为进一步研究其破坏及损伤发展的特点，用式(5.9)计算应变比与损伤发展的相关关系。可以看出，随应变比的增加，损伤累积速度加快并在某一临界点(约为 55% 峰值应变)处呈突发性变化趋势，表明红砂岩的破坏具有明显的逾渗行为。根据逾渗理论，损伤的变化可表示为[16]

$$D \propto (1-\varepsilon/\varepsilon_c)^{\beta}, \quad \varepsilon<\varepsilon_c \tag{5.9}$$

式中，ε_c 为临界应变；β 为临界指数。

损伤可认为是岩石内部微裂纹状态的表征，由式(5.9)及图 5.22 可以看出，低应力阶段损伤发展缓慢，此时岩石中微裂纹弥散分布且相互独立；随着荷载增加，损伤发展逐渐加快，微裂纹不断扩展、连通，连通的损伤区域不断出现使裂纹群不断扩大。在临界损伤状态下，裂纹间产生长程关联而跨越裂纹群，使裂纹群全部连通并最终导致岩石破坏。还注意到，红砂岩的初始损伤最小值约为 0.04，而破坏时的损伤最小值为 0.25，表明其损伤耗能水平较高，不易积蓄较多能量而使破坏突发性增强，表现出半脆性特征。

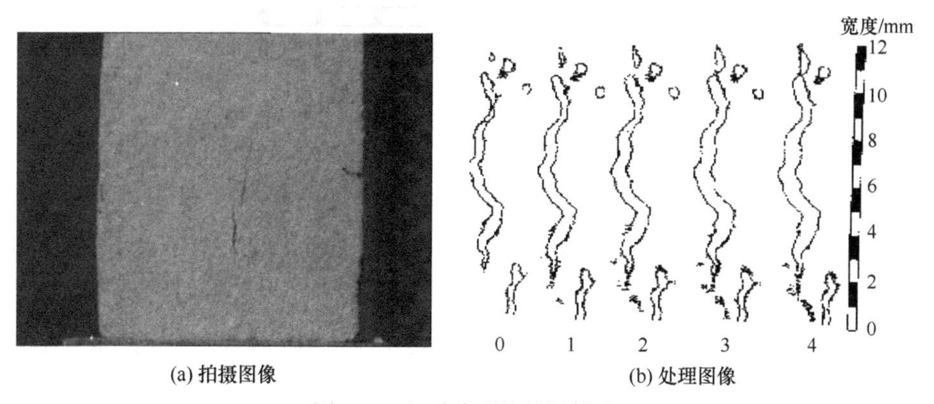

(a) 拍摄图像　　(b) 处理图像

图 5.22　红砂岩裂纹扩展模式

重整化群理论是处理各种突变和临界现象的有力方法，其基本思想是对体系的一个连续变换族，利用临界点处标度不变性的性质进行重标度变换后，将小尺度的涨落平滑掉，即进行粗粒平均，而在较大尺度的有效作用上通过变换处理临界现象，可以定量获得物理量的变化，若以 P 表示岩石破坏的概率，而 P_c 表示临界破坏概率，则裂纹间的关联长度 $\xi(P)$ 可表示为

$$\xi(P)=(P-P_c)^{-v} \tag{5.10}$$

式中，v 为临界指数。

由于在临界点 P_c 关联长度趋于无穷，P_c 就是重整化变换的不动点。不动点的数目可能大于 1 个，重整化的目的就是求出与临界点有关的不稳定不动点，进而研究临界点附近的异常行为。

岩石的破坏存在明显的层次结构，较大破裂是由小破裂串通连接的结果，在一定荷载下又会引发新的更大破裂，直到临界点发生最终破坏。因此，岩石的破坏过程可以抽象为一维 Kadanoff 集团结构，得到可能的破裂构形如图 5.23 所示。由于对岩石破坏机理缺乏深入的认识，难以找出符合岩石破裂的可用于重整化群分析的实际元胞个数，所以按照 Turcotte 的建议[17]，作为一种指示性分析，取元胞个数为 8 并规定其中 4 个元胞破裂就可以引发岩石破坏。

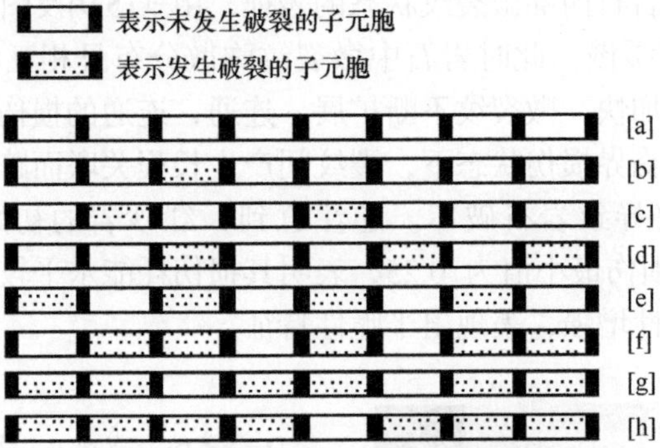

表示未发生破裂的子元胞

表示发生破裂的子元胞

[a] [b] [c] [d] [e] [f] [g] [h]

图 5.23　红砂岩子元胞的破裂构形

根据图 5.23 中 e、f、g、h、n、i 计算得到子元胞破裂的可能情形分别有 140 种、56 种、28 种、8 种和 1 种。利用标度变换得到上下级破裂概率的关系为

$$P_{n+1} = 140P_n^4(1-P_n)^4 + 56P_n^5(1-P_n)^3 + 28P_n^6(1-P_n)^2 + 8P_n^7(1-P_n) + P_n^8 \tag{5.11}$$

由式(5.11)得到不动点方程为

$$P_c = 140P_c^4(1-P_c)^4 + 56P_c^5(1-P_c)^3 + 28P_c^6(1-P_c)^2 + 8P_c^7(1-P_c) + P_c^8 \tag{5.12}$$

求解方程(5.12)，剔除稳定不动点，得到不稳定不动点 $P_c = 0.29$，即临界破坏概率。当 $P < P_c$ 时，随迭代次数的增加，破坏概率趋向于 0，说明岩石发生进一步破坏的可能性逐渐降低，岩石结构趋向稳定；当 $P > P_c$ 时，情况恰好相反，几次迭代后破坏概率收敛于 1，破坏概率的急剧增加最终将导致岩石失稳破坏。因此，由重整化群理论分析得到的临界破坏概率及破坏演化流向图，结合初始条件和受力情况很容易判断岩石稳定性，这对岩石工程失稳预测具有实际意义。

对于岩石裂纹扩展模式的分析，国内外系统研究的成果还比较少，下面依据图 5.22，总结一些关于红砂岩裂纹扩展模式的规律和看法，供同行探讨和参考。图 5.22(a)是用数码相机实时拍下的两条平行扩展裂纹，图 5.22(b)中的 5 幅细观裂纹图像是对 5 个不同时刻的实时裂纹图像用前述图像处理方法处理后得到的，已去除原始图像中的冗余点，只留下主干裂纹和新生细观裂纹的边界轮廓。主干裂纹长约 9.3mm、宽约 0.5mm，裂纹主体大致平行于施力方向。局部观察可见，裂纹并不是直线扩展的，而是曲折发展。从图 5.22(b) 还可以看出，在主干裂纹下部尖端区域，裂纹的扩展、贯穿过程经历了裂纹尖端前新生细观裂纹、细观裂纹成长以及与主干裂纹下部尖端相连三个过程。在主干裂纹下部尖端区域，新生的细观裂纹与主干裂纹之间的夹角约为 25°，这一结果初步验证了 Ashby 的翼裂纹扩展模型。

5.5.3 初始损伤和损伤局部化研究

岩石在单轴压缩条件下的应力-应变包括非线性弹性阶段(*OA*)、线性弹性阶段(*AB*)和强化阶段(*BC*)等阶段(图 5.24)，其中低应力时的非线性弹性阶段可认为是原生微裂纹闭合所致。

从结构角度看，岩石可视为由岩石基体和微裂纹组成的复合材料，荷载作用下岩石的变形源于基体的弹性变形和微裂纹的变形。因此，在闭合点 *A* 处，岩石的体积应变可表示为

$$\varepsilon_{\mathrm{V}}^{A}=\varepsilon_{\mathrm{c}}^{A}+\varepsilon_{\mathrm{e}}^{A} \tag{5.13}$$

式中，$\varepsilon_{\mathrm{V}}^{A}$、$\varepsilon_{\mathrm{c}}^{A}$、$\varepsilon_{\mathrm{e}}^{A}$ 分别为闭合点岩石的总体积应变、裂纹体积应变和弹性体积应变。其中裂纹体积应变 $\varepsilon_{\mathrm{c}}^{A}$ 是侧向裂纹闭合和轴向裂纹膨胀共同作用的结果，即

$$\varepsilon_{\mathrm{c}}^{A}=\varepsilon_{\mathrm{ca}}^{A}+\varepsilon_{\mathrm{cl}}^{A} \tag{5.14}$$

式中，$\varepsilon_{\mathrm{ca}}^{A}$ 为 *A* 点侧向裂纹闭合造成的体积应变；$\varepsilon_{\mathrm{cl}}^{A}$ 为 *A* 点轴向裂纹膨胀造成的体积应变。

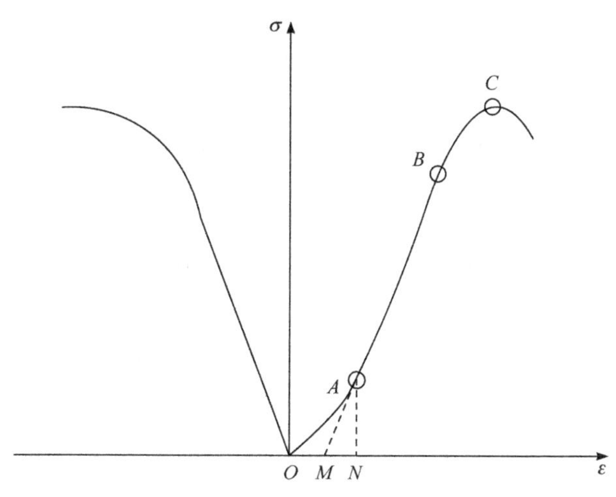

图 5.24　红砂岩初始损伤分析曲线

裂纹在低应力下的闭合涉及除取向与荷载平行或近似平行外的所有微裂纹，而且这些微裂纹的闭合并不影响侧向应变的大小，因此可以近似认为闭合裂纹体积等于原生裂纹体积，并且可以由轴向应变的分析得出。在图 5.24 中，过 A 点作 AB 的反向延长线与横轴交于 M 点，作垂线与横轴交于 N 点，则 ON 段长度代表轴向应变的大小，而 OM 段长度代表裂纹体积变化的程度，即 ε_{ca}^{A} 的大小，于是原生裂纹体积表示为

$$V_{0c} = V_0 \varepsilon_{ca}^{A} \tag{5.15}$$

体积裂纹密度 s_V 的定义为微裂纹体积与岩石总体积之比，则岩石在初始条件下，体积裂纹密度为

$$s_V = V_{0c} / V_0 = \varepsilon_{ca}^{A} \tag{5.16}$$

损伤可表示为岩石有效承载面积与岩石总面积之比，实质上就是平面裂纹密度 s_P 的大小。根据平面裂纹密度与体积裂纹密度的关系 $s_P = s_V^{2/3}$ ，结合式(5.16)，得到确定岩石初始损伤的简单表达式，即

$$D_0 = (\varepsilon_{ca}^{A})^{2/3} \tag{5.17}$$

采用式(5.17)确定初始损伤的特点是可以在测定岩石力学性能参数的同时得到初始损伤因子。

在应变软化阶段，伴随着损伤局部化现象，到目前为止，人们对这一过程的认识尚不够深入，也存在一些不同的看法：一些研究者用连续损伤力学的方法考虑了脆性材料的软化行为[18,19]，其中最简单的是 Bui 等[20]的弹性突然损伤模型，假设当外应力达到断裂应力时材料立即发生损伤断裂，损伤因子 D 从 0 突变到 1，应力突降至 0；Mazars[21]也采用了标量损伤因子 D ，假设在达到承载极限之前，$D=0$ ，而在应变软化阶段，D 是应变的函数。上述这些损伤本构模型多运用了唯象的方法来模拟脆性材料的软化行为，而一些学者运用损伤细观机理来研究脆性材料的软化行为。Basista 等[22,23]通过引入含一个或多个微裂纹的体积单元，对单向拉伸和双向拉伸情况下弹脆性损伤材料的强化和软化行为进行了定性模拟；Karihaloo 等[24]假设材料中只含与拉伸方向垂直的周期分布的微裂纹，对准脆性材料的单拉应力-应变曲线进行了细观力学模拟。Ortiz[25]认为在宏观裂纹前缘有一排微裂纹，微裂纹的扩展和汇合引起材料软化、宏观裂纹扩展和材料失效。

上述对脆性材料软化的研究，无论是唯象模拟还是细观力学分析，对材料软化细观机理的处理均过于简单。实际上，在材料出现软化以前，内部已经发生了分布的连续损伤，不同方向上的损伤程度与加载历史有关，损伤到一定程度，伴随着某些方向上微裂纹尺寸的增长和失稳扩展，材料承载能力减小。材料的软化

是从连续损伤到损伤局部化过渡的结果，软化模型的建立应考虑这一过渡过程。

当应力达到最大承载应力 σ_{cf} 后，某些取向上的微裂纹将穿越晶界的束缚发生二次扩展。微裂纹二次扩展的准则表示为

$$\left(\frac{K_{\mathrm{I}}'}{K_{\mathrm{Icc}}}\right)^2+\left(\frac{K_{\mathrm{II}}'}{K_{\mathrm{IIcc}}}\right)^2=1 \tag{5.18}$$

式中，K_{Icc}和 K_{IIcc}分别为基质材料的Ⅰ型和Ⅱ型临界应力强度因子。

如果准则(5.18)在某取向上得到满足，该取向上的裂纹将穿越晶界在基质材料中继续扩展，并发生从连续损伤到损伤局部化的过渡，材料的承载力开始下降。为方便起见，记

$$\bar{G}=\left(\frac{K_{\mathrm{I}}'}{K_{\mathrm{Icc}}}\right)^2+\left(\frac{K_{\mathrm{II}}'}{K_{\mathrm{IIcc}}}\right)^2 \tag{5.19}$$

并把 $\bar{G}$ 称为无量纲的能量释放率，而 $\bar{G}$ 正比于应力 σ 的平方和微裂纹半径 a，即 $\bar{G}\propto\sigma^2 a$。在不增加应变的情况下，随着微裂纹的二次扩展，一方面微裂纹尺寸增大，$\bar{G}$ 也随之增大，导致这些微裂纹继续扩展；另一方面，应力水平的下降导致 $\bar{G}$ 下降。对于没有发生二次扩展的微裂纹，$a=a_0$ 或者 $a=a_{\mathrm{u}}$ 保持不变，但应力的下降使得这些微裂纹发生弹性卸载变形。因此，在应力跌落的过程中，只有个别取向上的微裂纹发生二次扩展，而其他大多数微裂纹只经历了弹性卸载变形，这意味着损伤局部化的发生。同时，由于应力跌落时应变基本保持不变，原来由所有微裂纹共同承担的非弹性应变逐渐集中到由发生二次扩展的少数微裂纹承担。因此，应力跌落是由连续损伤和均匀应变向损伤局部化和应变局部化过渡的宏观表现，而其本质原因是微裂纹的二次失稳扩展。

继续增大宏观应变时，已发生二次扩展的部分微裂纹继续扩展，而其他微裂纹继续发生弹性卸载，即损伤和应变局部化进一步加剧，应力水平随之下降。在应变软化阶段上的每一点状态都应满足两方面条件：一是微裂纹二次扩展的等式(5.18)成立，二是基体与所有微裂纹(包括未扩展的、发生一次扩展和二次扩展的)对应变的贡献之和等于外加宏观应变。

要深入了解岩石类损伤材料的本构行为，应从细观力学的角度对以上各阶段进行分析，并将细观损伤机制的变化引入损伤本构模型中。以往的一些模型虽然也定性得到了材料的软化现象，但其细观损伤机制过于简单，没有抓住材料从非线性强化阶段到应变软化阶段对应的内部细观机理的变化，即从连续损伤到损伤局部化的过渡。

5.6 红砂岩本构模型探讨

5.6.1 损伤变量的定义

损伤力学研究的关键问题是选择恰当的表征损伤的状态变量，即损伤变量，它属于本构理论中的内部状态变量，能反映物质结构的不可逆变化过程。1958年，Kachanov 基于“在外部因素作用下，材料劣化的主要机制是由损伤导致有效承载面积减小”这一基本认识，首次提出了描述材料性质逐渐衰变的连续度概念，并以损伤后的有效承载面积与无损状态的横截面面积之比定义连续度。之后的研究者大都沿用这一思路，并在此基础上发展了许多新的损伤变量定义方法，而其中一些仍与损伤面积有关(如以密度、声波波速等定义的损伤变量)。本节在5.4节利用 GeoImage 程序对红砂岩试件9个观察点微观结构图像分析的基础上，沿用 Kachanov 的这一基本思路，定义红砂岩的损伤变量。

依据 Sidoroff 的方法[26]，定义损伤变量为

$$D=\frac{A'}{A}=\frac{A-\tilde{A}}{A} \tag{5.20}$$

式中，A 为初始横截面积；A' 为受损后的损伤面积；$\tilde{A}$ 为有效承载面积。

$D=0$，处于无损状态；$D=1$，处于完全损伤状态；$0<D<1$，处于不同程度的损伤状态。

5.4 节已经得到了单轴压缩状态下红砂岩细观孔隙面积比随轴向应变、含水率变化的演化关系式，见式(5.3)和式(5.4)。正是由于在外荷载和含水率的影响下，内部细观结构的变化导致红砂岩细观孔隙面积的产生和演变，所以选择孔隙面积作为损伤的表征，一方面能够反映内部状态变量的不可逆变化，另一方面容易与宏观力学物理量建立联系。

所以联合式(5.3)和式(5.4)，即可得到红砂岩的损伤演化方程为

$$D_{\mathrm{I}}(\varepsilon,\omega)=S(\varepsilon,\omega)=D_0(\omega)+a(\omega)\left(\frac{\varepsilon}{\varepsilon_{\mathrm{f}}(\omega)}\right)^{b(\omega)},\quad \varepsilon\leqslant\varepsilon_{\mathrm{f}},\quad 0\leqslant\omega\leqslant13.5\% \tag{5.21}$$

式中，$D_0(\omega)$ 为某一含水率下红砂岩试样未加载时的初始损伤；$D_{\mathrm{I}}(\varepsilon,\omega)$ 为某一含水率下红砂岩试样加载时的损伤；$a(\omega)$、$b(\omega)$ 为材料系数，与含水率的大小有关；ε、$\varepsilon_{\mathrm{f}}(\omega)$ 分别为某一含水率下红砂岩的应变和峰值应变；ω 为红砂岩含水率，$0\leqslant\omega\leqslant13.5\%$。

由于是在单轴压缩条件下且红砂岩材料结构趋于各向同性，定义的损伤变量为标量。依据式(5.21)绘出损伤演化示意图，如图 5.25 所示，两者基本上呈幂函

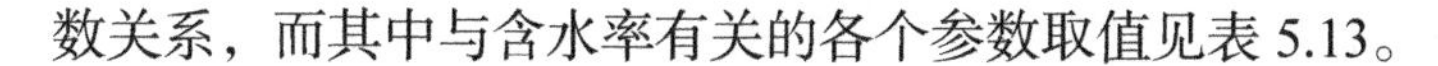
数关系，而其中与含水率有关的各个参数取值见表 5.13。

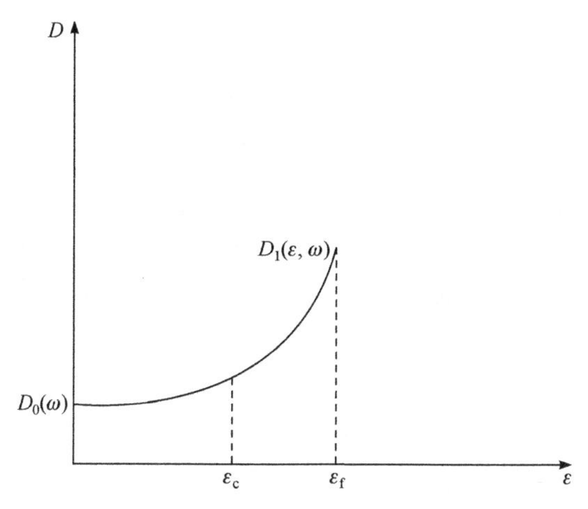

图 5.25　红砂岩峰值应变前损伤演化示意图

表 5.13　不同含水率的参数取值

含水率/%	D_0	a	b	ε_f
干燥状态(0)	4.61	18.285	3.204	10.4
3	8.85	21.487	4.905	11.8
6	11.58	23.307	4.634	14.2
9	14.94	25.907	4.548	14.6
12	13.62	26.836	4.219	13.1
饱和状态(13.5)	13.85	27.735	4.234	14.8

5.6.2　红砂岩峰值应变前损伤本构方程

本节依据应变等价原理，假设红砂岩基体为各向同性的弹性介质，且裂隙损伤扩展也是各向同性的，那么受损材料的本构关系可通过无损材料中的名义应力得到：

$$\tilde{\sigma} = \frac{\sigma}{1-D} \tag{5.22}$$

$$\varepsilon = \frac{\sigma}{\tilde{E}} = \frac{\tilde{\sigma}}{E} = \frac{\sigma}{(1-D)E} \tag{5.23}$$

或

$$\sigma = E(1-D)\varepsilon \tag{5.24}$$

式中，σ、$\tilde{\sigma}$ 分别为红砂岩所受的名义应力和有效应力；E、$\tilde{E}$ 分别为红砂岩的弹性模量和有效弹性模量；D 为红砂岩的损伤变量。

联立式(5.21)、式(5.24)即可得到红砂岩峰值应变前的损伤本构方程为

$$
\begin{aligned}
\sigma(\varepsilon,\omega) &= E\left[1-D_1(\varepsilon,\omega)\right]\varepsilon \\
&= E\varepsilon\left\{1-\left[D_0(\omega)+a(\omega)\left(\frac{\varepsilon}{\varepsilon_{\mathrm{f}}(\omega)}\right)^{b(\omega)}\right]\right\},\quad \varepsilon\leqslant\varepsilon_{\mathrm{f}},\quad 0\leqslant\omega\leqslant 13.5\%
\end{aligned}
\tag{5.25}
$$

式中，$D_0(\omega)$、$a(\omega)$、$b(\omega)$、$\varepsilon_{\mathrm{f}}(\omega)$ 在式(5.21)中已作详细说明；对于红砂岩弹性模量 E 的取值，从理论上讲，应该取无初始损伤岩石的弹性模量，但这在实际中是不可能得到的，所以取损伤弱化带比较小的岩石弹性模量近似作为初始弹性模量。

损伤本构方程(5.25)的提出，把力学因素和水化学因素对岩石强度的劣化作用同时反映在本构方程中，只要知道红砂岩的含水率和应变，就能方便地得到红砂岩峰值应变前应力-应变曲线上每一点的应力，在一定程度上改变了现在损伤研究中力学损伤、水化学损伤、温度损伤三者单独考虑的局面；虽然该本构关系是针对红砂岩这一特殊岩石建立的，但从某种意义上讲，对其他岩石遇水时强度下降的研究也提供了一种借鉴和比较。

5.6.3　红砂岩峰值应变后损伤本构方程

由于试验条件的限制，岩土微细结构光学测试系统加载装置是柔性加载，无法得到峰值应变后的应力-应变曲线，就无法从细观的角度建立起峰值应变后的细观特征参数和宏观响应之间的一一对应关系。为了弥补细观损伤力学研究的不足，建立一个完整的红砂岩损伤本构方程，下面将从宏观损伤力学的角度来探讨峰值应变后损伤演化的局部化现象。

本节依据典型的红砂岩全应力-应变曲线(图 5.26)，并结合前人研究的众多宏观损伤力学模量[27-35]，提出了适合红砂岩峰值应变后应变软化的损伤演化方程，即

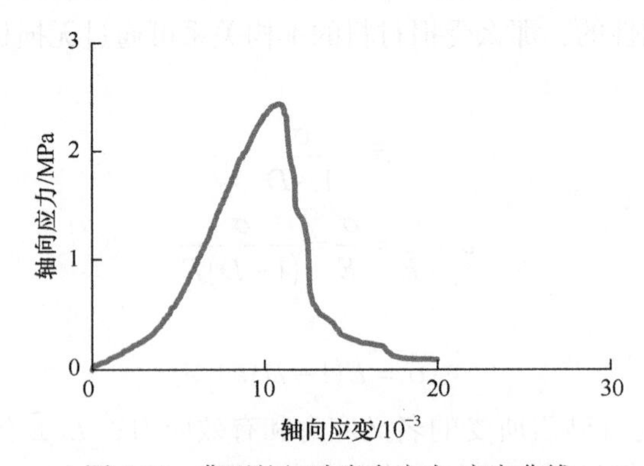

图 5.26　典型的红砂岩全应力-应变曲线

$$D_{\mathrm{II}}=1-\frac{\varepsilon_{\mathrm{f}}(1-A)}{\varepsilon}-\frac{A}{\exp\left[B(\varepsilon-\varepsilon_{\mathrm{f}})\right]}+D_{\mathrm{I}}(\varepsilon_{\mathrm{f}},\omega),\quad \varepsilon>\varepsilon_{\mathrm{f}} \tag{5.26}$$

而为了与峰值应变前的损伤演化方程保持一致，式(5.26)改写为

$$D_{\mathrm{II}}(\varepsilon,\omega)=1-\frac{\varepsilon_{\mathrm{f}}(\omega)(1-A)}{\varepsilon}-\frac{A}{\exp\left\{B\left[\varepsilon-\varepsilon_{\mathrm{f}}(\omega)\right]\right\}}+D_{\mathrm{I}}(\varepsilon_{\mathrm{f}},\omega),\quad \varepsilon>\varepsilon_{\mathrm{f}} \tag{5.27}$$

联立式(5.23)、式(5.26)即可得到红砂岩峰值应变后的损伤本构方程为

$$\begin{aligned}\sigma(\varepsilon,\omega)&=E\left[1-D_{\mathrm{II}}(\varepsilon,\omega)\right]\varepsilon\\&=E\left\{\varepsilon_{\mathrm{f}}(\omega)(1-A)+\frac{A\varepsilon}{\exp\left\{B\left[\varepsilon-\varepsilon_{\mathrm{f}}(\omega)\right]\right\}}-\left[D_0(\omega)+a(\omega)\right]\varepsilon\right\},\quad \varepsilon>\varepsilon_{\mathrm{f}}\end{aligned} \tag{5.28}$$

式中，A、B 为曲线系数，一般取值为 $0.7<A<1.0$ 、$10^2<B<10^3$，其取值大小对应力-应变曲线的影响可参考图 5.27 和图 5.28；$\varepsilon_{\mathrm{f}}(\omega)$、$a(\omega)$、$D_0(\omega)$ 在含水率一定时，一般可通过事先计算得到。

以峰值应变前后两部分损伤本构方程的推导为基础，对两部分的损伤演化方程和本构方程进行组合，对其中的参数进行统一说明，使其成为一个完善的整体。

联立式(5.21)和式(5.27)可得到一个完整的红砂岩损伤演化方程，其完整的损伤演化曲线如图 5.29 所示。

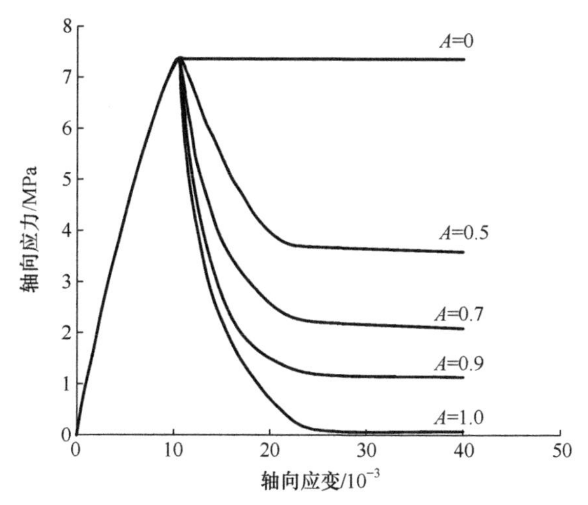

图 5.27　A 对应力-应变曲线的影响($E=972\mathrm{MPa}$，$B=200$，$\varepsilon_{\mathrm{f}}=10.4$)

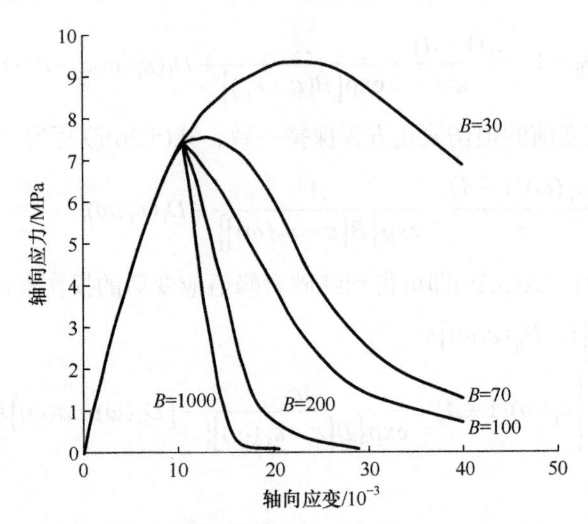

图 5.28　B 对应力-应变曲线的影响($E=972\mathrm{MPa}$，$A=0.8$，$\varepsilon_{\mathrm{f}}=10.4$)

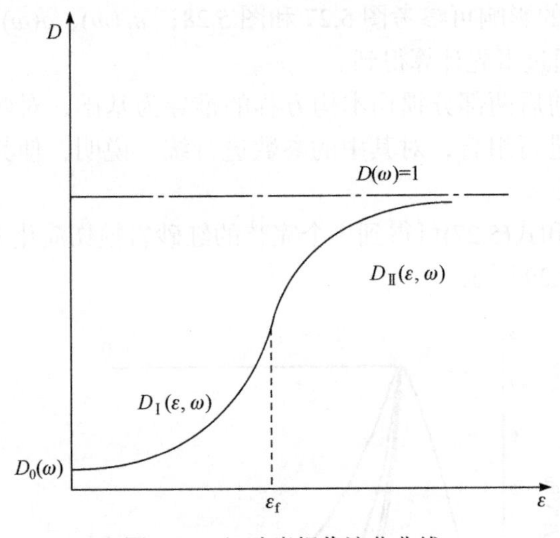

图 5.29　红砂岩损伤演化曲线

$$\begin{cases} D_{\mathrm{I}}(\varepsilon,\omega)=D_0(\omega)+a(\omega)\left(\dfrac{\varepsilon}{\varepsilon_{\mathrm{f}}(\omega)}\right)^{b(\omega)}, & \varepsilon\leqslant\varepsilon_{\mathrm{f}},\quad 0\leqslant\omega\leqslant 13.5\% \\ D_{\mathrm{II}}(\varepsilon,\omega)=1-\dfrac{\varepsilon_{\mathrm{f}}(\omega)(1-A)}{\varepsilon}-\dfrac{A}{\exp\{B[\varepsilon-\varepsilon_{\mathrm{f}}(\omega)]\}}+D_{\mathrm{I}}(\varepsilon_{\mathrm{f}},\omega), & \varepsilon>\varepsilon_{\mathrm{f}},\quad 0\leqslant\omega\leqslant 13.5\% \end{cases}$$

(5.29)

联立式(5.25)、式(5.28)得到了一个完整的红砂岩损伤本构方程，其完整的应力-应变曲线如图 5.30 所示。

$$
\begin{cases}
\sigma(\varepsilon,\omega)=E\varepsilon\left(1-\left\{D_0(\omega)+a(\omega)\left[\dfrac{\varepsilon}{\varepsilon_{\mathrm{f}}(\omega)}\right]^{b(\omega)}\right\}\right), & \varepsilon\leqslant\varepsilon_{\mathrm{f}},\quad 0\leqslant\omega\leqslant 13.5\% \\
\sigma(\varepsilon,\omega)=E\left\{\varepsilon_{\mathrm{f}}(\omega)(1-A)+\dfrac{A\varepsilon}{\exp\left\{B\left[\varepsilon-\varepsilon_{\mathrm{f}}(\omega)\right]\right\}}-\left[D_0(\omega)+a(\omega)\right]\varepsilon\right\}, & \varepsilon>\varepsilon_{\mathrm{f}},\quad 0\leqslant\omega\leqslant 13.5\%
\end{cases}
\tag{5.30}
$$

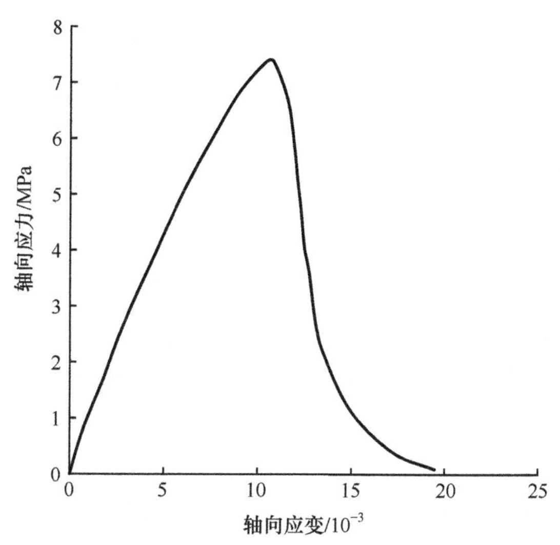

图 5.30　服从红砂岩损伤演化模型的应力-应变曲线($A=0.8$，$B=500$，$\omega=0$)

观察图 5.29，由式(5.29)计算可知，当$\varepsilon/\varepsilon_{\mathrm{f}}\leqslant 0.4$时，材料几乎没有新的损伤形成；当$0.4<\varepsilon/\varepsilon_{\mathrm{f}}<0.7$时，新损伤发展较小(不大于 6%)，表明试样内部裂缝开始扩展；当$0.7\leqslant\varepsilon/\varepsilon_{\mathrm{f}}\leqslant 1.0$时，损伤扩展较大，表明试样内部有若干裂缝连通直至破坏。比较图 5.26 和图 5.30 可知，两者应力-应变变化趋势高度吻合。

5.7　本构模型的验证

通过本章的试验数据分析，采用宏观和细观相结合的损伤力学研究方法，分析和推导了红砂岩损伤演化方程和损伤本构方程，对方程中各参数的影响也进行了分析比较。本节将重点通过与前人的本构方程、试验应力-应变曲线的分析对比，探讨该本构方程的合理性和优越性。

5.7.1　概述

1958 年，Kachanov 在研究金属的蠕变破坏时，为反映材料的内部损伤，第一次提出了连续因子和有效应力的概念。后来，Rabotnov又引入了损伤因子的概念，他们为损伤力学的建立和发展做了开创性的工作。经过国内外学者几十年的研究，损伤力学取得了巨大的进展：损伤变量定义不断扩充、宏观唯象方法成熟发展及细观和宏观损伤方法相互结合。而一直以来把损伤变量引入本构关系，建立能真实反映岩石在受外部因素作用下应力-应变之间变化关系的损伤本构方程才是损伤力学研究的重要部分和最终目标。由于岩石的不均匀性、复杂性和多样性，人们针对不同的岩石，采用不同的研究方法，定义不同的损伤变量，建立一系列形式各异的损伤本构方程，按岩石变形性质大致可分为弹脆性损伤本构方程、弹塑性损伤本构方程、黏弹塑性损伤本构方程；按损伤研究的角度可分为细观损伤本构方程和宏观损伤本构方程，下面针对后两类有代表性的宏观损伤本构方程加以介绍。

宏观损伤本构方程的建立一般应用连续介质损伤力学理论，从岩体内部微裂纹产生和扩展的损伤机理出发，推导出应变空间表示的岩体黏弹塑性-损伤耦合的各向异性损伤本构模型，并给出相应的损伤变量演化方程。为了便于后面对比分析，这里介绍一个各向异性的三维弹脆性损伤本构模型[36]。

首先，微裂隙损伤扩展是由张应变引起的，并沿主压应力方向扩展。因此，可以假定损伤主轴与应力主轴和应变主轴重合，称这一主轴为材料主轴，则材料显示出正交异性性质。在此假定下，损伤张量 $\tilde{D}$ 和应力张量 σ 均为二阶张量，设其三个主损伤分量为 D_1、D_2、D_3。此时，自由能可表示为

$$\Phi = \frac{1}{2\rho}\varepsilon_i E_{ij}\varepsilon_j, \quad i=1,2,3, \quad j=1,2,3 \tag{5.31}$$

式中，$\varepsilon_i (i=1,2,3)$ 为主应变分量；E_{ij} 为主轴坐标下的弹性张量，是二阶对称矩阵，在无损伤情况下为

$$E_0 = \begin{bmatrix} \lambda+2\mu & \lambda & \lambda \\ & \lambda+2\mu & \lambda \\ \text{对称} & & \lambda+2\mu \end{bmatrix} \tag{5.32}$$

式中，λ、μ 为拉梅系数，$\lambda=\dfrac{E\nu}{(1+\nu)(1-2\nu)}$，$\mu=\dfrac{E}{2(1+\nu)}$。

根据 Sidoroff 提出的能量等价原理，对于损伤材料，弹性张量 E_{ij} 表示为

$$E_{ij} = (1-D_i)^{1/2} E_{ij} (1-D_j)^{1/2} \tag{5.33}$$

即

$$E_{ij} = (\lambda + 2\mu\delta_{ij})(1-D_i)^{1/2}(1-D_j)^{1/2}$$

弹脆性损伤的本构关系为

$$\sigma_i = \tilde{E}_{ij} \cdot \varepsilon_j \tag{5.34}$$

损伤张量 $\tilde{D}$ 可表示为

$$\begin{cases} D_1 = \dfrac{1}{2}\left(\left\langle \dfrac{\varepsilon_2}{\nu\varepsilon_{\mathrm{s}}} \right\rangle^n + \left\langle \dfrac{\varepsilon_3}{\nu\varepsilon_{\mathrm{s}}} \right\rangle^n\right) \\ D_2 = \dfrac{1}{2}\left(\left\langle \dfrac{\varepsilon_1}{\nu\varepsilon_{\mathrm{s}}} \right\rangle^n + \left\langle \dfrac{\varepsilon_3}{\nu\varepsilon_{\mathrm{s}}} \right\rangle^n\right), \quad D_1 \neq D_2 \neq D_3 \\ D_3 = \dfrac{1}{2}\left(\left\langle \dfrac{\varepsilon_1}{\nu\varepsilon_{\mathrm{s}}} \right\rangle^n + \left\langle \dfrac{\varepsilon_2}{\nu\varepsilon_{\mathrm{s}}} \right\rangle^n\right) \end{cases} \tag{5.35}$$

式中，ε_{s} 为最终应变，是常量；n 为表示材料脆性的参数；$\langle x \rangle = \begin{cases} 0, & x < 0 \\ x, & x \geqslant 0 \end{cases}$。

细观损伤本构方程的建立一般从颗粒、晶体、孔洞等细观结构层次研究各类损伤的形态、分布及其演化特征，从而预测物体的宏观力学特征。细观损伤力学一方面主要是研究细观损伤结构与力学之间的定量关系，另一方面研究细观损伤结构的演化和发展，其中比较热门的是用统计物理数学理论研究细观损伤的演化和发展，称统计细观损伤力学。为了便于后面对比分析，这里介绍一个各向同性的三维统计损伤本构模型[37]。

岩石是一种非均质材料，内含大量随机分布的微裂隙、孔洞、界面等缺陷，因此在压力作用下，岩石微元的破坏也是随机的。某一岩石微元破坏的概率和应力、应变状态有关，其为发生破坏的微元占微元总数的比例，范围为 0～1，定义为损伤变量。假设岩石的破坏准则为

$$f^{\mathrm{F}}(\sigma^*) = c_0 \tag{5.36}$$

式中，σ^* 表示有效应力；c_0 为常数。

假设岩石微元破坏 $f^{\mathrm{F}}(\sigma^*)$ 的概率分布密度为 $P(f^{\mathrm{F}}(\sigma^*))$，则定义损伤变量为破坏概率，即

$$D = D_0 + (1 - D_0)\int_0^{f^{\mathrm{F}}(\sigma^*)} P(f^{\mathrm{F}}(\sigma^*))\mathrm{d}f^{\mathrm{F}}(\sigma^*) \tag{5.37}$$

式中，D_0 为材料的初始损伤变量，由岩石的初始条件决定，由于测量很困难，一般取为 0。

因为所有破坏微元在空间三个主方向的投影面积和总面积比率都一样大，所以各个方向的损伤都用标量 D 表示。

鉴于 Drucker-Prager 破坏准则有参数形式简单、适用于岩土介质等优点，

式(5.36)可表示为

$$f^{\mathrm{F}}(\sigma^*) = A_0 I_1^* + \sqrt{J_2^*} = \frac{\sqrt{3} c \cos\varphi}{\sqrt{3+\sin^2\varphi}} \tag{5.38}$$

$$A_0 = \frac{\sqrt{3}\sin\varphi}{3\sqrt{3+\sin^2\varphi}} \tag{5.39}$$

式中，c、φ 分别为无损岩石的黏聚力和内摩擦角；I_1^* 为有效应力张量的第一不变量；J_2^* 为有效应力偏量的第二不变量。

由于 Weibull 概率分布容易积分、均值大于 0 和取值范围大于 0 等特点满足岩石受压破坏统计特征，可假设岩石微元破坏服从 Weibull 分布，则由式(5.37)可得

$$\begin{aligned} D &= D_0 + (1-D_0)\int_0^{f(\sigma^*)} \frac{m}{F_0}\left[\frac{f(\sigma^*)}{F_0}\right]^{m-1} \exp\left[-\frac{f(\sigma^*)}{F_0}\right] \mathrm{d}f(\sigma^*) \\ &= D_0 + (1-D_0)1\left\{-\exp-\left[\left(\frac{A_0 I_1^* + \sqrt{J_2^*}}{F_0}\right)^m\right]\right\} \end{aligned} \tag{5.40}$$

式中，m、F_0 为 Weibull 分布参数。一般 $D_0 = 0$，则 $D = 1 - \exp\left[-\left(\frac{A_0 I_1^* + \sqrt{J_2^*}}{F_0}\right)^m\right]$。

在岩石三轴试验中能够测得名义应力 σ_1、σ_2、$\sigma_3(\sigma_2 = \sigma_3)$，有效应力 σ_1^*、σ_2^*、$\sigma_3^*(\sigma_2^* = \sigma_3^*)$ 和应变 ε_1 可采用式(5.41)计算：

$$\begin{cases} \varepsilon_1 = \dfrac{1}{E_0}(\sigma_1^* - 2\mu_0 \sigma_2^*) \\ \sigma_1^* = \dfrac{\sigma_1}{1 - c_{\mathrm{n}} D} \\ \sigma_2^* = \sigma_3^* = \dfrac{\sigma_2}{1 - c_{\mathrm{n}} D} \end{cases} \tag{5.41}$$

式中，E_0、μ_0 为无损岩石的弹性模量和泊松比；c_{n} 为有效面积修正系数，一般取 $0 < c_{\mathrm{n}} < 1$。

求解式(5.41)得到 σ_1^*、σ_2^*、σ_3^*，从而得到

$$I_1^* = \frac{(\sigma_1 + 2\sigma_2) E_0 \varepsilon_1}{\sigma_1 - 2\mu_0 \sigma_2} \tag{5.42}$$

$$\sqrt{J_2^*} = \frac{(\sigma_1 - \sigma_2)E_0\varepsilon_1}{\sqrt{3}(\sigma_1 - 2\mu_0\sigma_2)} \tag{5.43}$$

由式(5.40)结合式(5.44)：

$$\sigma_1 = E_0\varepsilon_1(1 - c_n D) + \mu_0(\sigma_2 + \sigma_3) \tag{5.44}$$

可得三轴试验全应力-应变关系曲线表达式：

$$\sigma_1 = E_0\varepsilon_1\left\{c_n\exp\left[-\left(\frac{A_0 I_1^* + \sqrt{J_2^*}}{F_0}\right)^m\right] + 1 - c_n\right\} + \mu_0(\sigma_2 + \sigma_3) \tag{5.45}$$

式中，μ_0、E_0 都由试验提前测得；c_n 是按经验选取的，这样应用三轴试验数据资料进行拟合，便可得到 m 和 F_0，从而得到所需的本构方程。

5.7.2　本构模型的验证与分析

本节提出的是一个红砂岩单轴弹性损伤本构模型，如果要对比分析验证，需把介绍的本构模型从三维降到一维，把各向异性改为各向同性，然后再把红砂岩的力学特性参数引入方程进行比较。由三维弹脆性损伤本构关系式(5.35)加上各向同性的单轴压缩条件，得到简化的单轴脆性损伤本构模型：

$$D = \left(\frac{\varepsilon}{\varepsilon_s}\right)^n \tag{5.46}$$

$$\sigma = E\left[1 - \left(\frac{\varepsilon}{\varepsilon_s}\right)^n\right]\varepsilon \tag{5.47}$$

同样把三维统计损伤本构模型(5.45)加上单轴压缩的条件，得到简化的单轴统计损伤本构模型：

$$\sigma = E\varepsilon\left\{c_n\exp\left[-\left(\frac{A_0 E_0\varepsilon + \frac{\sqrt{3}}{3}E_0\varepsilon}{F_0}\right)^m\right] + 1 - c_n\right\} \tag{5.48}$$

根据红砂岩单轴和三轴压缩试验结果，初始弹性模量 E_0=972MPa，峰值应变 $\varepsilon_f = 10.4\times10^{-3}$，极限应变 $\varepsilon_s = 25\times10^{-3}$，内摩擦角 $\varphi = 36.5°$，黏聚力 $c = 138.8$kPa，有效面积修正系数 $c_n = 1.0$。结合以上力学特性参数，并对红砂岩($\omega = 0$)单轴压缩试验曲线进行拟合，得到 $n = 1.618$，F_0=61.418，$m = 2.519$。

现在把单轴脆性损伤本构模型(5.47)、单轴统计损伤本构模型(5.48)、本章提出的红砂岩单轴损伤本构模型(5.30)与红砂岩($\omega=0$)单轴压缩试验全应力-应变曲线进行比较，如图 5.31 所示。

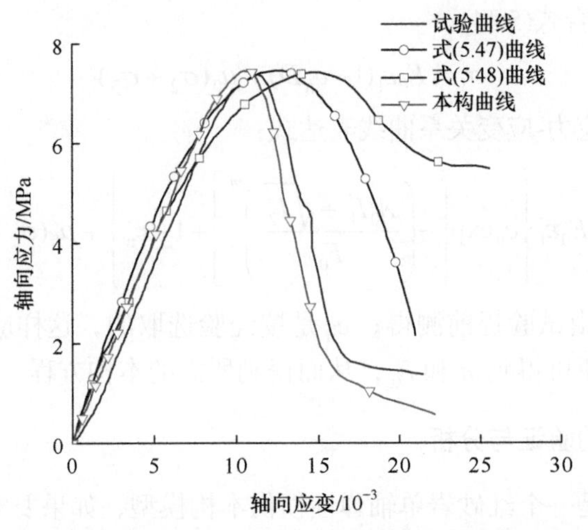

图 5.31　红砂岩试验曲线和损伤本构方程曲线比较

同时本章提出的损伤本构方程还受含水率的影响，这是该本构方程与其他本构方程的最大区别，为了验证该含水率变量引入的合理性和正确性，分别把红砂岩(ω=6%、9%、12%)典型单轴压缩试验全应力-应变曲线与本章提出的单轴损伤本构模型也进行比较，如图 5.32～图 5.34 所示。

通过图 5.31 中四条应力-应变曲线比较可以发现，本构方程(5.47)、(5.48)、(5.30)对试验曲线峰值应变前部分的拟合与试验曲线还是非常吻合的。由于没有考虑压密阶段损伤负增长的特性，三个不同的损伤本构演化曲线没有下凹阶段，

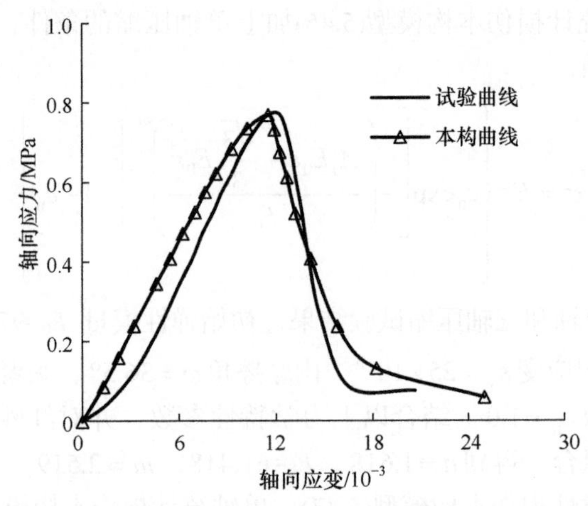

图 5.32　红砂岩试验曲线和损伤本构方程曲线对比($\omega=6\%$)

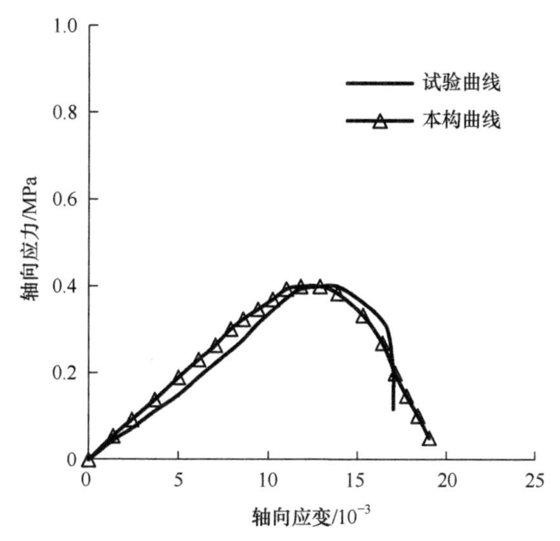

图 5.33　红砂岩试验曲线和损伤本构方程曲线对比($\omega = 9\%$)

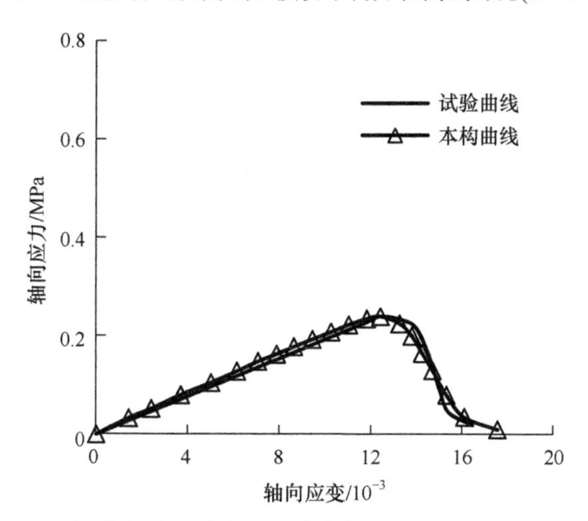

图 5.34　红砂岩试验曲线和损伤本构方程曲线对比($\omega = 12\%$)

而相应的峰值应变前的曲线相对于试验曲线整体有个上浮的变化，幅度从大到小依次为单轴脆性损伤本构模型、单轴统计损伤本构模型、红砂岩单轴损伤本构模型。而真正地反映三个本构方程不同之处的是峰值应变后对应变软化阶段曲线的拟合，很显然，红砂岩单轴损伤本构模型的拟合是最好的。由于红砂岩是一种介于软土和坚硬岩石之间的多孔隙软岩，损伤演化特性不完全等同于脆性坚硬岩石，尤其在峰值应变后的演化；而本节针对红砂岩通过具体试验分析得到的损伤本构方程对试验曲线的拟合自然要比另外两个更加合理，并且对于应变软化阶段的曲线拟合，可以通过 A、B 两个参数的调整使得拟合曲线更加接近典型的压缩曲线，从而达到最佳的拟合效果。

图 5.32～图 5.34 中两条曲线的比较主要是为了说明在本构方程中引入一个化学损伤变量后，该损伤本构方程能够更加全面地反映不同含水率的红砂岩在单轴压缩下的应力-应变关系。分析可知，虽然本构曲线与试验曲线存在一定的误差，但基本上能达到一定的准确度，在实际工程中如果缺少试验依据，可以把此损伤本构方程作为一个参考性指标。

总的说来，该损伤本构模型有以下优点：

(1) 采用了系数 A、B，充分反映了红砂岩应变软化阶段的特点。

(2) 考虑了含水率对红砂岩强度的影响，使得该损伤本构方程可以更加全面地反映单轴压缩下红砂岩的力学特性。

(3) 采用了宏观和细观相结合的损伤力学研究方法，丰富和发展了损伤力学。

参考文献

[1] 朱珍德, 陈勇. 南京红山窑水利枢纽工程风化砂岩膨胀特性试验[R]. 南京: 河海大学, 2003.

[2] 朱珍德, 邢福东, 王军, 等. 基于灰色理论的脆性岩石抗压强度尺寸效应试验研究[J]. 岩土力学, 2004, 25(8): 1234-1238.

[3] 刘敬辉. 岩土体微细结构定量分析及试验方法研究[D]. 南京: 河海大学, 2003.

[4] 张爱军. 红山窑红砂岩膨胀变形特性试验及本构模型研究[D]. 南京: 河海大学, 2003.

[5] 吴义祥. 离散点扫描法及其在土工试验数据处理上的应用[J]. 工程勘察, 1988, (1): 13-14.

[6] 胡瑞林. 分区或分类图制图软件的研制及其应用[J]. 水文地质工程地质, 1991, 18(1): 53-55.

[7] Mazars J. Application de la mecanique de l'endommagement au comportement non lineaire et a la rupture du beton de structure[D]. Paris: Universite de Paris, 1984.

[8] Loland K E. Continuous damage model for load-response estimation of concrete[J]. Cement and Concrete Research, 1980, 10(3): 395-402.

[9] 余天庆. 混凝土的分段损伤模型[J]. 岩石、混凝土断裂与强度, 1985, (2): 14-16.

[10] 钱济成，周建方. 混凝土的两种损伤模型及其应用[J]. 河海大学学报, 1989, (3): 40-47.

[11] Cheng Q J, Zhou N Y, Yu T G. Coupled Elastic-Plastic Damage Analysis in Concrete, Advances in Constitutive Laws for Engineering Materials[M]. London: Academic Press, 1989.

[12] 李兆霞，黄跃平. 脆性固体变形响应与裂纹扩展的同步试验观测及其定量分析[J]. 实验力学, 1998, 13(2): 232-235.

[13] 黄跃平, 廖东斌, 李兆霞, 等. 砂浆试样受压时力学响应与裂纹扩展同步分析[J]. 东南大学学报, 1999, 29(5): 147-150.

[14] 任建喜, 葛修润, 蒲毅彬. 岩石破坏全过程的细观损伤演化机理动态分析[J]. 西安公路交通大学学报, 2000, 20(2): 12-15.

[15] 任建喜, 葛修润, 杨更社. 单轴压缩岩石损伤扩展细观机理 CT 实时试验[J]. 岩土力学, 2001, 22(2): 130-133.

[16] 张全胜, 杨更社, 任建喜. 岩石损伤变量及本构方程的新探讨[J]. 岩石力学与工程学报, 2003, 22(1): 30-34.

[17] Turcotte D L. Fracture and fragmentation[J]. Journal of Geophysical Research, 1986, 91(B2): 1921-1926.

[18] Nobile L. Anisotropic damage mechanics of concrete[J]. Engineering Fracture Mechanics, 1993, 39: 1011-1014.

[19] Matlosm H C, Fremond M, Mamiya E N. A simple model of the mechanical behavior of ceramic-like material[J]. International Journal of Solids and Structures, 1993, 29(24): 3185-3200.

[20] Bui H D, Ehrlacher A. Propagation of damage in elastic and plastic solids[C]//Proceedings of ICF5, Oxford, 1981: 533-551.

[21] Mazars J. Mechanical damage and fracture of concrete structures[C]//Proceedings of ICF5, Oxford, 1981: 1949-1506.

[22] Basista M, Gross D. A note on brittle damage description[J]. Mechanics Research Communications, 1989, 16(3): 147-154.

[23] Basista M, Gross D. One-dimensional constitutive model of micro cracked elastic solid[J]. Archives of Mechanics, 1985, 37(37): 587-601.

[24] Karihaloo B L, Fu D, Huang X. Modelling of tension softening in quasi-brittle materials by an array of circular holes with edge cracks[J]. Mechanics of Materials, 1991, 11(2): 123-134.

[25] Ortiz M. Microcrack coalescence and macroscopic crack growth initiation in brittle solids[J]. International Journal of Solids and Structures, 1988, 24(3): 231-250.

[26] Cordebois J P, Sidoroff F. Endommagement anisotrope en élasticité et plasticite[J]. Theorique et Appliquee. Numero Special, 1982: 45-60.

[27] 郑永来, 周澄, 夏颂佑. 岩土材料粘弹性连续损伤本构模型探讨[J]. 河海大学学报, 1997, 25(2): 114-116.

[28] 邱玲, 徐道远, 朱为玄, 等. 混凝土压缩时初始损伤及损伤演变的试验研究[J]. 合肥工业大学学报, 2001, 24(6): 1061-1065.

[29] 白晨光, 魏一鸣, 朱建明. 岩石材料初始缺陷的分维数与损伤演化的关系[J]. 矿冶, 1996, 5(4): 17-21.

[30] 刘立, 邱贤德, 黄木坤, 等. 复合岩石损伤本构方程与实验[J]. 重庆大学学报, 2000, 23(3): 57-62.

[31] 秦跃平. 岩石损伤力学模型及其本构方程的探讨[J]. 岩石力学与工程学报, 2001, 20(4): 560-562.

[32] 郑永来, 夏颂佑. 岩石粘弹性连续损伤本构模型[J]. 岩石力学与工程学报, 1996, 15(增刊): 428-433.

[33] 杨松岩, 俞茂宏. 多相孔隙介质的本构描述[J]. 力学学报, 2000, 32(1): 11-24.

[34] 曹文贵, 方祖烈, 唐学军. 岩石损伤软化统计本构模型之研究[J]. 岩石力学与工程学报, 1998, 17(6): 628-633.

[35] 黄国明, 黄润秋. 岩石弹塑性损伤耦合本构模型[J]. 西安科技大学学报, 1996, 16(4): 328-333.

[36] 周维垣, 剡公瑞, 杨若琼. 岩体弹脆性损伤本构模型及工程应用[J]. 岩土工程学报, 1998, 20(5): 57-60.

[37] 于骁中. 岩石和混凝土断裂力学[M]. 长沙: 中南工业大学出版社, 1989.

第6章　大理岩高温细观试验及本构研究

由于岩石中矿物成分及结构不同，即内部微裂纹的发育程度、分布形式和产状要素存在差异，岩石的强度及变形特性受温度的响应极其复杂。不同岩石的强度、变形表现出不同的温度特性，即使同一种岩石在不同的地质及赋存条件下，其温度响应特性也会存在巨大差异。

本章将通过单轴压缩试验来研究大理岩在20～600℃各温度段的强度及变形特性，探讨高温对大理岩的刚度、峰值强度、峰值应变、弹性模量等的影响，并从岩石内部的微观结构变化讨论大理岩在高温作用下强度及变形特性的演化机理。

6.1　大理岩断口细观结构SEM试验研究

6.1.1　试样岩性特征

试验所用大理岩试样采自雅砻江锦屏水电站，由碳酸盐矿物成分组成，细粒变晶结构为主(图3.2(a))，部分为粗粒变晶结构，硬度为3.5～4.0，致密块状构造(图3.2(b))。利用美国NORAN公司的能谱仪对样品进行定量微区成分分析，结果如图6.1所示。图6.1中Pt并非大理岩所含成分，是为了试验能获得清晰的

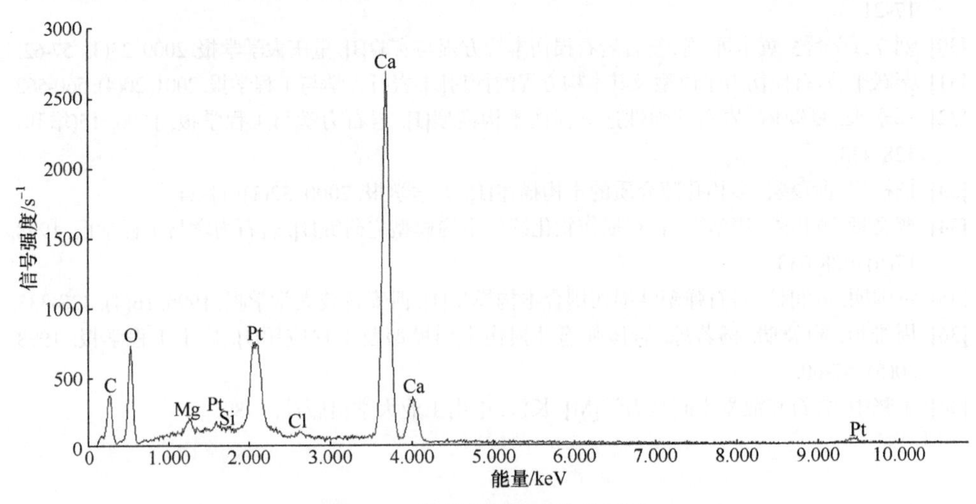

图6.1　大理岩微区成分分析图

SEM 图像而在试样表面镀了一层 Pt。

6.1.2　试验设备

试验 SEM 型号为 JSM-5610LV/NORAN-VANTAGE，试验在南京师范大学分析测试中心进行，JSM-5610LV 钨灯丝扫描电子显微镜是由日本电子株式会社(JEOL)制造的新型数字化扫描电子显微镜，配有美国 NORAN 公司的能谱仪。试验设备如图 6.2 所示。

扫描电子显微镜配有高灵敏度的二次电子探头和背散射探头，用于各种材料的组织形貌观察、金属材料断口分析和失效分析，以及样品的成分衬度观察。该 SEM 可从高真空模式切换到低真空模式，直接对不导电或含水分的样品进行观察，从而对样品进行定性、定量微区成分分析。

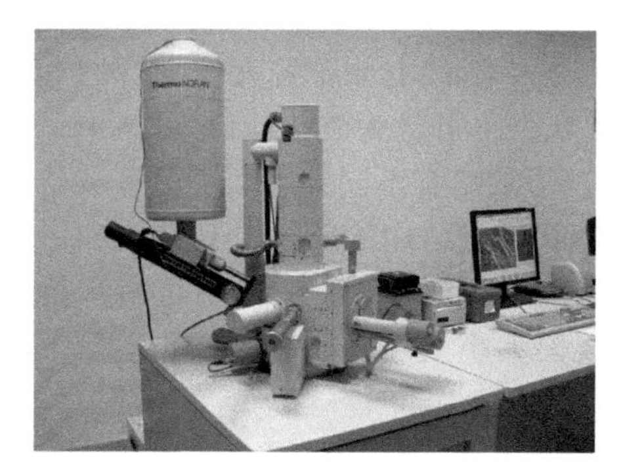

(a) SEM

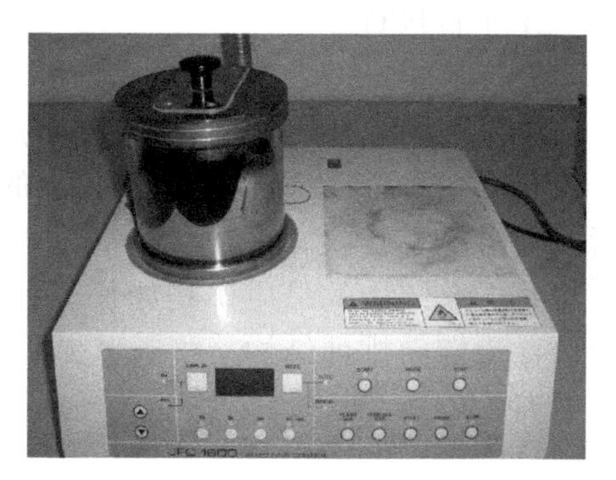

(b) 镀金设备

图 6.2　试验设备

6.1.3　微观结构和断裂分析

1. 大理岩断口微观形貌特征

固体材料在外力作用下发生断裂，产生各种各样的断口，断口微观形态一方面取决于外力的大小和作用方式，另一方面取决于材料内部构造。经过高温后，由于岩体中含有的少量水分蒸发，岩体出现大量气孔，在扫描电子显微镜下可以清晰地看出，岩样在断开过程中出现多种形态的断口，宏观上描述为贝壳状、粗糙状或参差不齐状，扫描电子显微镜下常见的有贝壳状、平行状(波状)阶梯状等。

1) 贝壳状断口

大理岩的贝壳状断口上等间距弧线呈发散状、帚状，条纹的粗细、长短、多少不等(图 6.3)。贝壳状断口的规模有大有小，数百倍至数千倍下均可见到。

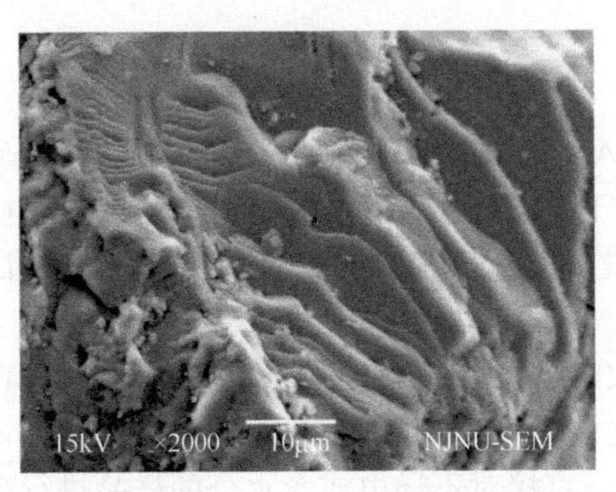

图 6.3　大理岩贝壳状断口形貌

2) 平行状断口

平行状断口是大理岩中常见的断口形态，断口上分布着大体平行的等间距条纹。条纹线有的呈直线状，有的呈波状，也可称为波状断口(图 6.4)。平行状断口在层面和断面(垂直层理)上的表现形式略有不同，层面上多呈波状，断面上多呈直线状。平行状断口是岩石内部层状结构的反映，其性质和形态与某些层状结构的晶质矿物如长石、云母的平行解理相似，有时也将平行状断口称为定向排列结构。平行状断口的规模大小不等，数百倍至数千倍下均可见到。

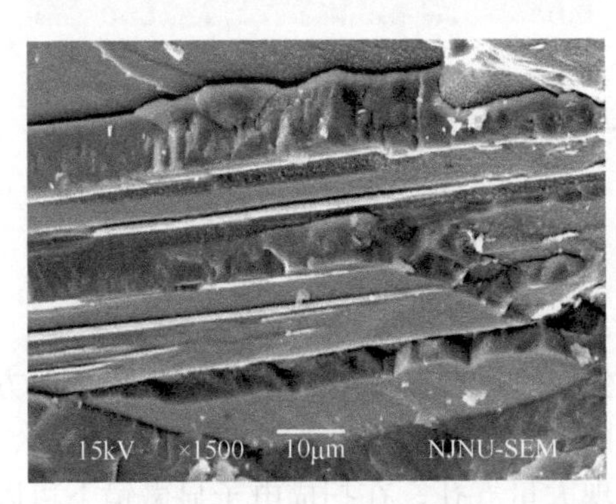

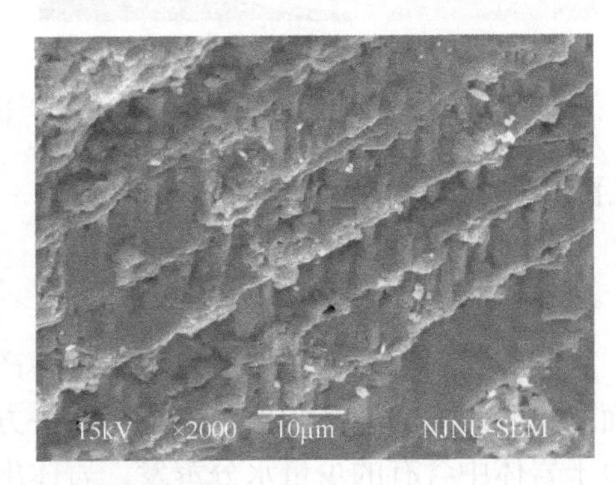

图 6.4　大理岩平行状断口形貌

3) 阶梯状断口

形似阶梯的断口在大理岩中也常见到，阶梯的形状有直线状、弧线状、平行状。与贝壳状断口、平行状断口一样，阶梯状断口常见于斜交层理的断面上，断面与层理斜交角度不同，阶梯的陡缓程度就不同，有时与微孔洞伴生(图 6.5)。

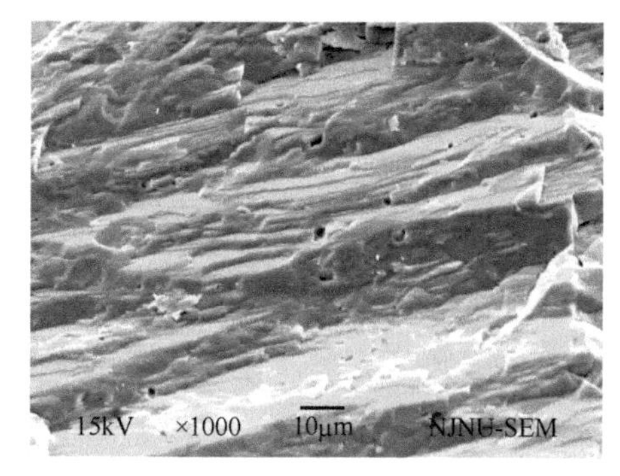

图 6.5　大理岩阶梯状断口形貌

2. 微裂纹类型

根据扫描电子显微镜对裂隙的大量观测结果，将大理岩的微裂纹划分为缩聚微裂纹(图 6.6)、张性微裂纹(图 6.7)、压性微裂纹(图 6.8)和剪性微裂纹(图 6.9)，各类裂纹成因及形态特征描述见表 6.1。从大量的试验图片可以看出，当温度达到 600℃时，缩聚微裂纹和剪性微裂纹明显增多，而当温度低于 300℃时，张性微裂纹占大多数。

图 6.6　大理岩缩聚微裂纹形态

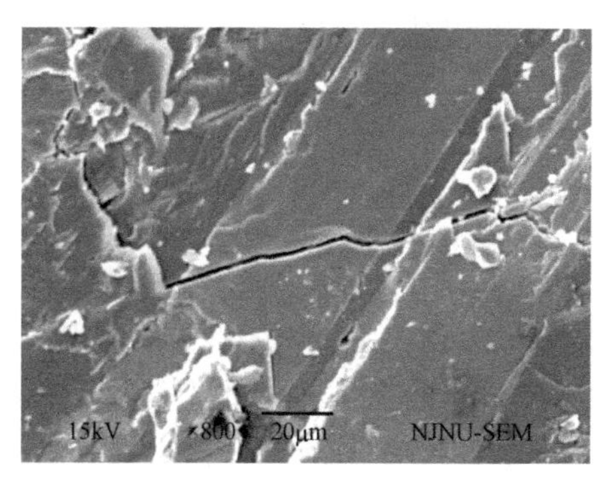

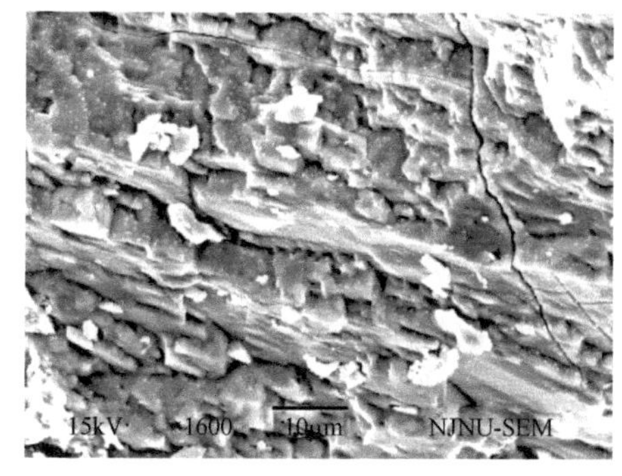

图 6.7　大理岩张性微裂纹形态

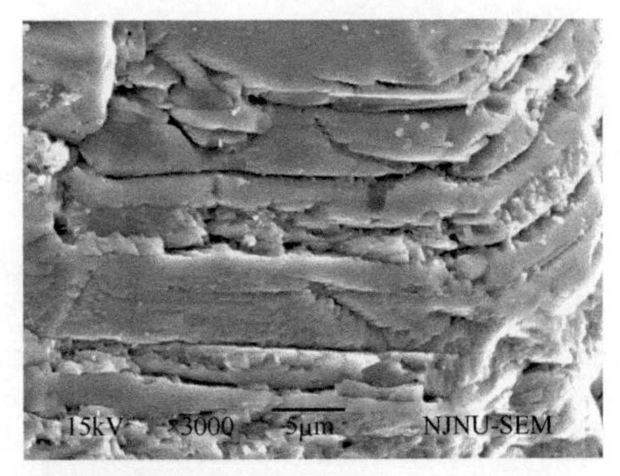

图 6.8　大理岩压性微裂纹形态

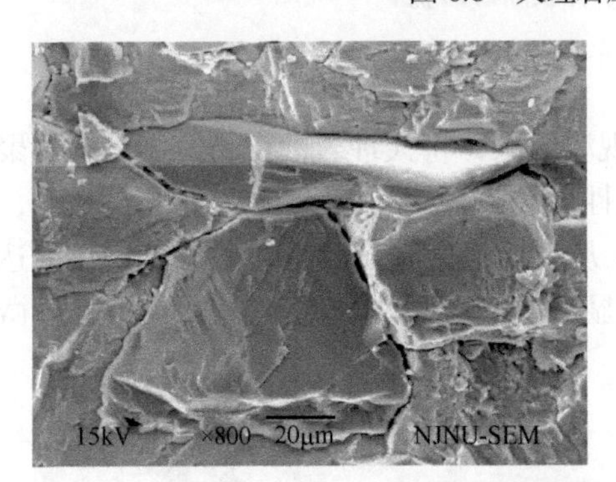

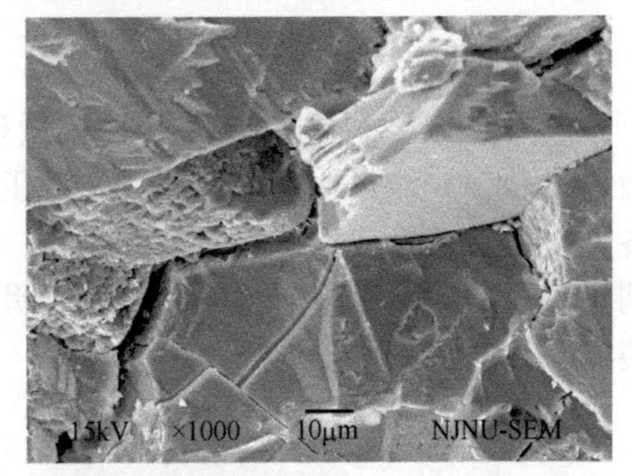

图 6.9　大理岩剪性微裂纹形态

表 6.1　大理岩各类裂纹成因及形态特征描述

分类	成因	基本形态特征
缩聚微裂纹	由高温脱水、脱气而缩聚形成的裂纹	短浅、弯曲、无序，网络呈不规则状
张性微裂纹	由张应力作用产生的启开状裂纹	直线状或弯曲状，垂直或斜交层理，网络有 S 形、雁行状，以不规则状网络为主
压性微裂纹	由压应力作用产生的闭合状裂纹	裂纹长、直，方向性强，多平行分布
剪性微裂纹	由剪应力作用产生的两组或多组共轭裂纹	以直线性为主，派生裂隙多，网络呈 X 形、菱形、羽状等

3. 微观断裂模型

材料断裂是一个很复杂的过程，若要想探讨材料的断裂机理，就必须从微观角度来研究其断裂过程。从大量的断口分析可以看出，大理岩的微观断裂形式主要是穿晶(解理)断裂、沿晶断裂及它们相互的耦合形式，同时也有微裂纹的成核、扩展和贯通。按微观断口的形貌分类，可以分为穿晶断裂、沿晶断裂、微孔聚合断裂及其任意两者的组合形式。

穿晶断裂是发生在结晶材料中最脆的一种断裂形式，从宏观上说，它没有明显的塑性变形，但微观上存在局部性变形。穿晶断裂或解理断裂是因原子键的简单破裂而沿结晶面直接拉开，通常发生在某个特定的结晶面上。在断裂表面中，解理断裂经常出现阶梯状，如图 6.5 所示。一般的解理台阶平行于裂纹扩展方向并垂直于裂纹面，因为这样形成的额外自由表面最小，所以需要的能量最少。阶梯状起着降低裂纹扩展速度甚至阻止裂纹扩展的作用，它的密度和台阶的高度均受应力状态的影响，一个晶粒上的断口如果没有或有很少阶梯状，说明解理面可能接近垂直于主拉应力，当应力的方向和断裂面法向矢量的夹角较大时，阶梯数量会比较多。从加温后试样的微观图片可以看出，温度低于 300℃的试样中，穿晶断裂占主要形式。

沿晶断裂主要表现为两种类型：一类是存在微孔隙的沿晶断裂；另一类是不存在微孔隙的沿晶断裂，如图 6.10 所示。对于岩石类材料，晶粒间的黏结强度要低于晶粒本身的强度，在材料组织内部沿晶界富集的脆性相或杂质原子使晶界呈脆性，以及材料本身独立的滑移系数目不足，材料内多晶体在变形中未能保证微观连续性的条件，所有这些因素均能导致发生沿晶断裂。当温度超过 300℃时，沿晶断裂形式比较显著。

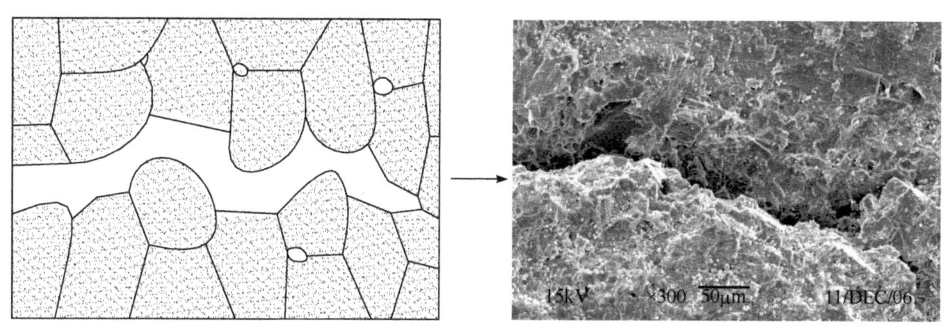

(a) 存在微孔隙的沿晶断裂

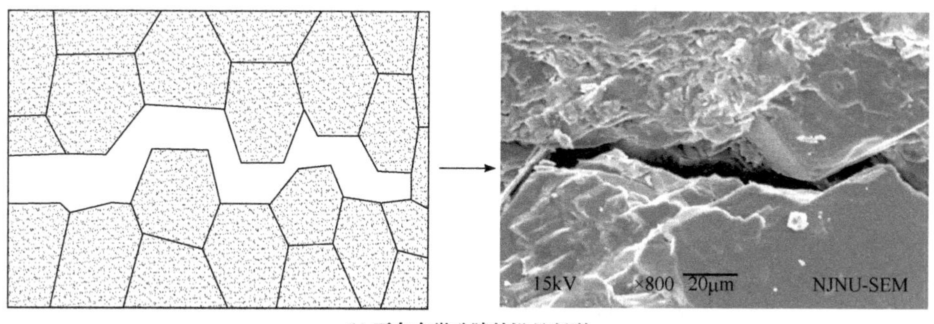

(b) 不存在微孔隙的沿晶断裂

图 6.10　沿晶断裂模式

事实上，在任何一个材料断口上总能找到穿晶断裂和沿晶断裂两种断裂方式。因为材料内部晶粒中的微孔隙、微裂纹、夹杂物等引起局部应力集中，导致穿晶断裂，而正常情况下会根据能量耗散最小原则产生沿晶断裂。因此，一个断口一般是穿晶断裂和沿晶断裂的耦合体，如图 6.11 所示。在通常的分析中，具有 86%以上沿晶断裂机理的断口称为沿晶断裂断口，而具有 80%以上穿晶断裂机理的断口称为穿晶断裂断口，否则为沿晶和穿晶耦合断裂断口。

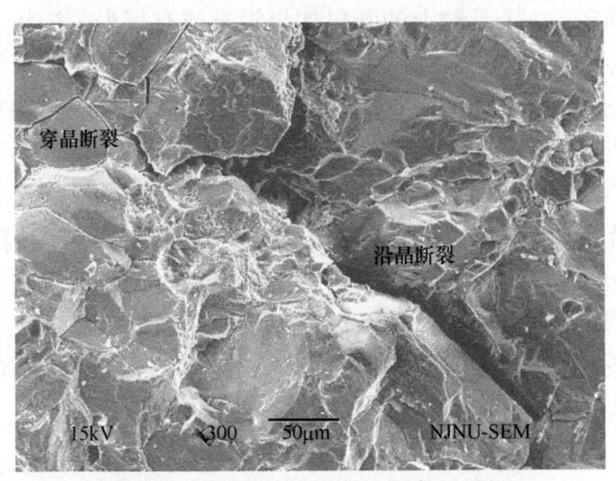

图 6.11　大理岩沿晶和穿晶耦合断裂断口

6.2　岩石热开裂机理

岩石内含各种矿物结晶成分。如果将矿物结晶方向看成随机分布，则岩石性质仍可认为是各向同性的多相体，材料在热作用下，因为组成岩石的各种矿物结晶颗粒各自具有不同的热膨胀系数，岩石受热后，各种矿物颗粒的变形也不同。但是岩石是一种固体结构性连续体，在温度作用下，为了保持其变形连续性，其内部各种矿物颗粒不能按各自固有的热膨胀系数随温度自由变形，从而导致矿物颗粒之间产生约束，变形大的受压缩，变形小的受拉伸，这就是热应力。由于它们热膨胀或冷收缩的相互牵制就会产生热应力，同时由于热膨胀失配机制，热膨胀系数不同而导致样品内部变形不协调，使原生微裂纹变得更大。

假设有一种理想的两类矿物颗粒组成的岩石，则这种热应力可表达为

$$\sigma_{\mathrm{r}} = \frac{(\alpha_1 - \alpha_2)\Delta T E_1 E_2}{E_1 + E_2} \tag{6.1}$$

式中，α_1、α_2 分别为相邻两种不同矿物的热膨胀系数；ΔT 为由常温(20℃)加热至某一温度的温差；E_1、E_2 分别为相邻两种不同矿物的弹性模量。

假设受到热作用的岩石试样开始处于平衡状态，然后开始冷却，在冷却过程

中产生总应变，但组成这一岩石块体的各矿物颗粒的热膨胀系数互不相同，依次为α_1、α_2、α_3、…、α_i，相应地，其弹性模量分别为E_1、E_2、E_3、…、E_i，并设$\alpha_1>\alpha_2>\alpha_3>\cdots>\alpha_i$，$E_1>E_2>E_3>\cdots>E_i$。假设岩石材料是线弹性的，岩石各矿物颗粒在这一冷却过程中的应力分别为$E_1(\alpha_1\Delta T-\varepsilon)$、$E_2(\alpha_2\Delta T-\varepsilon)$、$E_3(\alpha_3\Delta T-\varepsilon)$、…、$E_i(\alpha_i\Delta T-\varepsilon)$，因为只有温度作用，并无其他外力作用，根据力的平衡条件，有下列方程：

$$\sum_{i=1}^{n}E_i(\alpha_i\Delta T-\varepsilon)=0 \tag{6.2}$$

$$\varepsilon=\alpha\Delta T \tag{6.3}$$

式中，ε为冷却过程中产生的总应变；α为岩块平均热膨胀系数。

由式(6.2)求得岩块平均热膨胀系数为

$$\alpha=\frac{\sum_{i=1}^{n}(E_i\alpha_i)}{\sum_{i=1}^{n}E_i} \tag{6.4}$$

当岩石材料在温度作用下的响应(应变)为一个二阶张量ε_{ij}时，与之相关的性能也是一个二阶张量，称为线膨胀系数，用α_{ij}表示，如岩块材料均匀加热使温度升高ΔT，则有

$$\varepsilon_{ij}=\alpha_{ij}\Delta T \tag{6.5}$$

$$\varepsilon_{ij}=\begin{bmatrix}\varepsilon_{11} & \varepsilon_{12} & \varepsilon_{13}\\ \varepsilon_{21} & \varepsilon_{22} & \varepsilon_{23}\\ \varepsilon_{31} & \varepsilon_{32} & \varepsilon_{33}\end{bmatrix} \tag{6.6}$$

由式(6.5)可知，热膨胀系数的每一个分量乘以ΔT即为相应的应变分量，ε_{ij}、α_{ij}均为对称的，这里仅考虑位于对角线组元的 3 个热膨胀系数分量α_{11}、α_{22}、α_{33}。对单晶体而言，热膨胀系数的主轴与它的结晶学主轴方向一致。一个理想均匀的晶体单元中一球形区域受热而使温度提高了ΔT，从而使球形变为椭球形，3 个轴方向的长度变为$1+\alpha_{11}\Delta T$、$1+\alpha_{22}\Delta T$、$1+\alpha_{33}\Delta T$；立方晶体具有各向同性的热膨胀，如果假设晶体材料是理想均匀的，沿各主轴方向的热膨胀就应该一样，即有$\alpha_{11}=\alpha_{22}=\alpha_{33}$；球形区域将像气球一样均匀膨胀或收缩(但仍为球形)，表现出各向异性的热膨胀性质。岩石的矿物颗粒是由随机分布的这种单晶体组成的，这些既含有立方相又含有非立方相的单晶体的集合体，在温度作用下，每一个单晶体会在各个方向产生与其周围其他单晶体不同的应变，这将导致相邻晶体颗粒的相互作用，产生拉(压)应力和相应的拉(压)应变。需要强调的是，即使在没有外力作用下，它们的作用随着温度提高也是十分可观的。对于脆

性的岩石材料，能使原生微裂纹开裂、扩展。

式(6.4)有两个意义：①对于随机分布的多晶体岩石，其热膨胀系数可近似地取为单晶体热膨胀系数的平均值；②热膨胀的各向异性引起的岩石热开裂会对岩块总体平均热膨胀性状产生影响，从而使热膨胀系数随温度的变化而变化。

6.3　试验图像信息及数据提取

对于得到的 SEM 图像，必须进行相关信息的提取，才能进行更深入的分析。SEM 图像信息的提取是一个专门和复杂的课题，在岩土试样中，一般可以提取孔隙的面积、周长、长度、粒径或孔径、宽度、方位角等。

6.3.1　图像识别程序简介

本次试验提取 SEM 图像信息采用的是图像识别程序[1]，其界面如图 6.12 所示。图像识别程序采用区域生长算法来进行图像分割，得到分割后的二值化微裂隙图像，并基于体视学理论，从识别出的微裂隙图像(图 6.12 中白色部分)中获取细观结构的长度、方位角(倾角)、宽度、周长和面积等参数，然后将这些参数数据直接导入 Excel 中(图 6.13)，便于进一步进行数据分析。

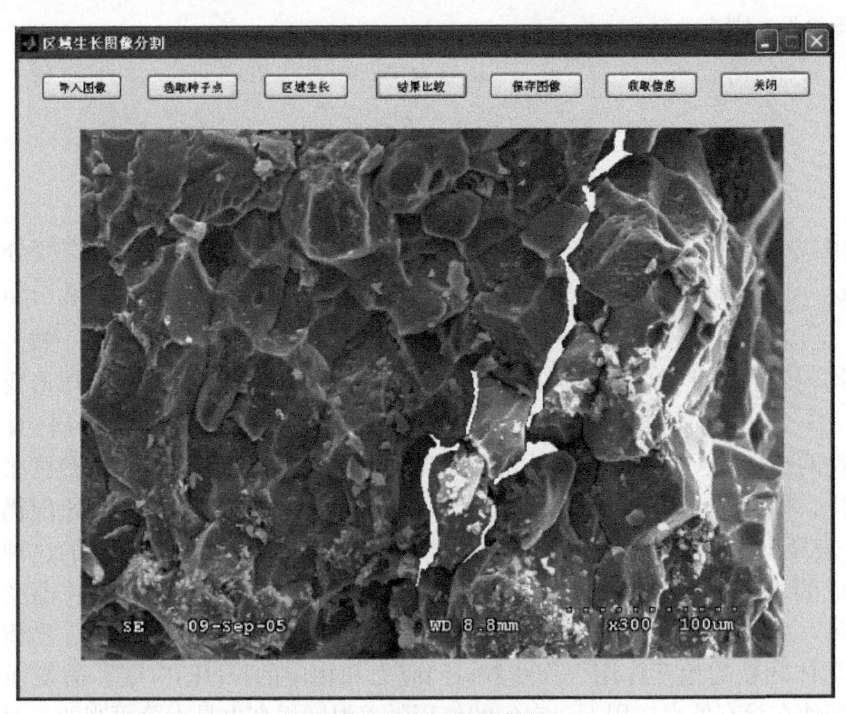

图 6.12　图像识别程序界面

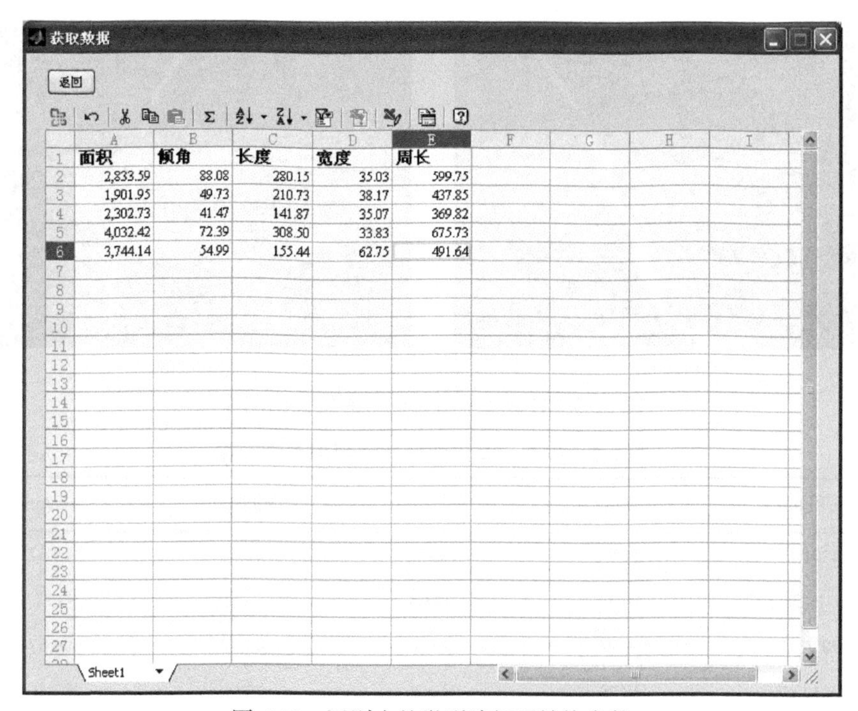

获取数据

返回

	A	B	C	D	E	F	G	H	I
1	面积	倾角	长度	宽度	周长				
2	2,833.59	88.08	280.15	35.03	599.75				
3	1,901.95	49.73	210.73	38.17	437.85				
4	2,302.73	41.47	141.87	35.07	369.82				
5	4,032.42	72.39	308.50	33.83	675.73				
6	3,744.14	54.99	155.44	62.75	491.64				

Sheet1

图 6.13 识别出的微裂隙细观结构参数

6.3.2 微裂纹图像信息提取

利用图像识别程序，对各温度下的断面微裂纹 SEM 图像进行处理识别，得到了大量微裂纹细观结构信息数据，包括面积、方位角、周长、长度、宽度等。由于图像数量太多，选取其中两幅放大倍数分别为 300 倍、500 倍的图像进行数据提取演示。图 6.14 为微裂纹的 SEM 图像，图 6.15 为各图像中识别出的微裂纹，从而得到各微裂纹的细观结构参数数据(表 6.2 和表 6.3)。

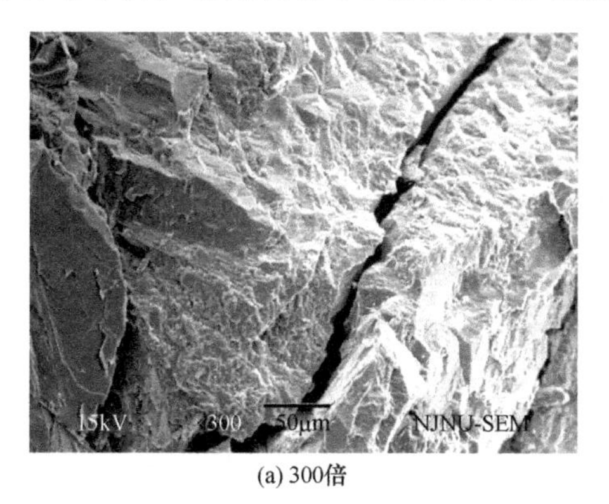

(a) 300倍

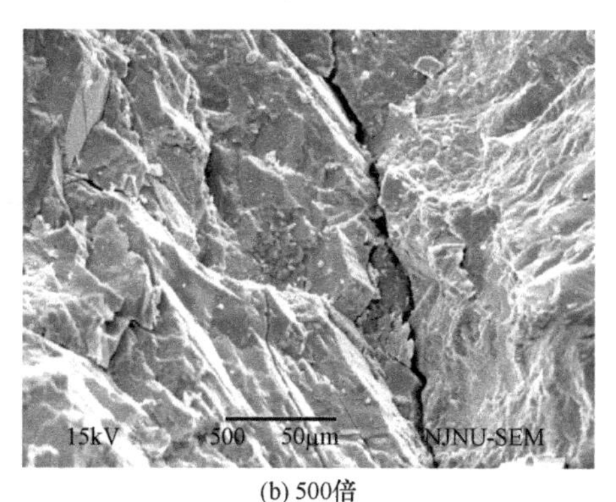

(b) 500倍

图 6.14 各放大倍数下的微裂纹 SEM 图像

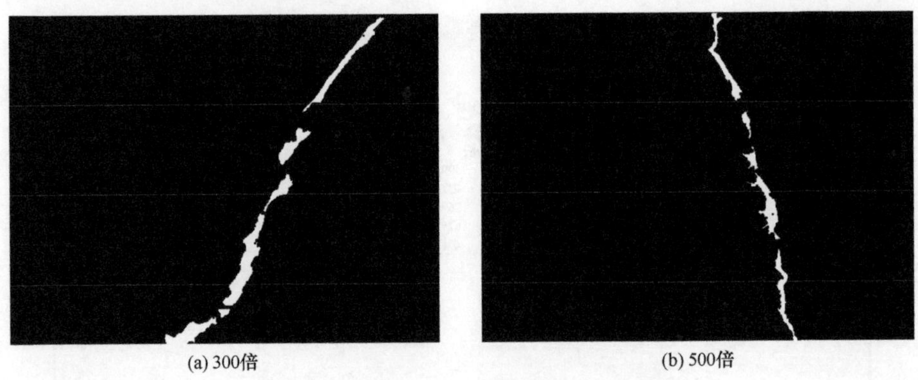

图 6.15　各放大倍数下的微裂纹识别图像

表 6.2　放大 300 倍图像的微裂隙二维数据

面积/μm²	方位角/(°)	长度/μm	宽度/μm	周长/μm
4201.17	24.75	153.54	41.42	418.57
513.28	10.32	32.66	23.05	93.37
7836.33	69.94	281.69	42.22	696.57
2017.97	48.79	110.70	29.98	293.46
2812.50	49.78	130.20	34.13	318.61
5009.77	50.96	361.52	22.91	747.19

表 6.3　放大 500 倍图像的微裂隙二维数据

面积/μm²	方位角/(°)	长度/μm	宽度/μm	周长/μm
3666.80	−72.77	294.14	48.45	639.41
769.92	−75.54	72.75	17.73	183.55
963.28	−73.75	56.41	30.35	207.50
3891.80	−74.68	183.55	42.80	607.14
3164.06	−81.84	262.56	31.08	624.98

6.4　二维裂隙网络模拟

众所周知，岩体的复杂性在于其包含大量随机分布的裂隙。这些不连续裂隙在岩体中的发育程度、产出状态及其在空间的组合形态限定了岩体的结构，使岩体呈现出明显的结构性。不连续裂隙在空间相互交切形成的复杂网络系统使岩体不同于完整的岩块，从而成为非连续、非均质、各向异性的断续介质，使得岩体的力学性质出现某种统计规律性[2,3]。岩体结构的复杂性和不规则性使得传统的研究方法难以奏效，因此必须找出一种实用、可行的方法来反映这种随机性。实践证明，裂隙网络的计算机模拟是岩体结构定量研究的最佳途径，当前主要采用Monte Carlo 法来模拟岩体裂隙网络。

6.4.1 Monte Carlo 模拟的基本原理

Monte Carlo 法是指根据统计过程所确定的物理状况在计算机上用随机数进行模拟，主要用于解决分析方法难以解决的问题，如在理论研究方面，常用于估计方法和线性拟合的研究，在实际计算方面，常用于岩体裂隙网络的随机模拟，其关键是如何产生[0, 1]内均匀分布的随机数。随机数的产生方法有很多，应用计算机生成符合要求的[0, 1]内的均匀随机数是最为简单易行的。

裂隙网络的 Monte Carlo 模拟是根据拟合出的裂隙方位角、长度、间距的概率密度函数分布形式及其特征参数，利用计算机成图原理形成裂隙网络。对每一组裂隙，分别拟合出方位角、长度、间距的分布形式及分布参数，由此分别产生各几何参数的随机变量，计算出微裂隙的起点和终点坐标；判断生成的微裂隙中点是否在取样区内，如果在，则存放该微裂隙，否则，放弃该微裂隙。接着生成下一个微裂隙。当取样区内该组微裂隙生成完毕，再生成第二组微裂隙，直至所有的微裂隙组都生成完毕。读取存放的微裂隙数据，显示微裂隙网络图形，最后输出图形。

6.4.2 各温度岩石断口微裂纹网络模拟

通过 Monte Carlo 法构筑微裂纹在二维断面的组合形态，生成二维网络模型。建模的每一个步骤都是严格建立在断口微裂纹的试验数据基础之上，所以此二维网络模型具有相当的可信度。

由前人研究可知，微裂纹的方位角服从正态分布，长度服从对数正态分布和Weibull 分布，间距服从对数正态分布和指数分布，模拟大理岩不同温度下断口微裂纹是通过计算机产生随机数，进而产生符合上述概率模型的随机变量，来模拟微裂纹各要素及分布，从而产生岩体的裂隙网络系统。网络模拟结果如图 6.16～图 6.20 所示，对于各温度不同循环次数的网络模拟图，此处只给出在 600℃下循环 10 次和 20 次的模拟图，如图 6.21 和图 6.22 所示。

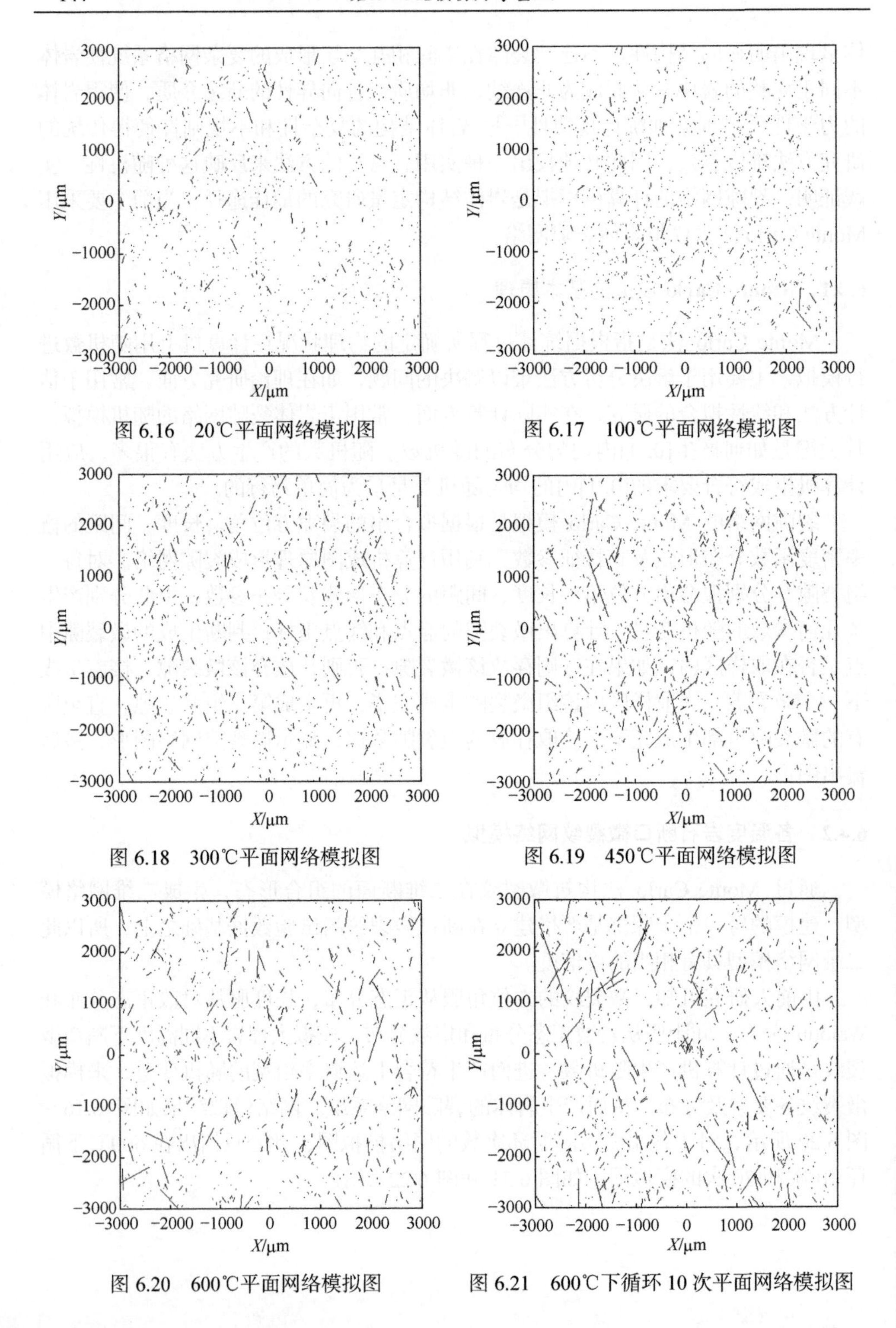

图 6.16　20℃平面网络模拟图

图 6.17　100℃平面网络模拟图

图 6.18　300℃平面网络模拟图

图 6.19　450℃平面网络模拟图

图 6.20　600℃平面网络模拟图

图 6.21　600℃下循环 10 次平面网络模拟图

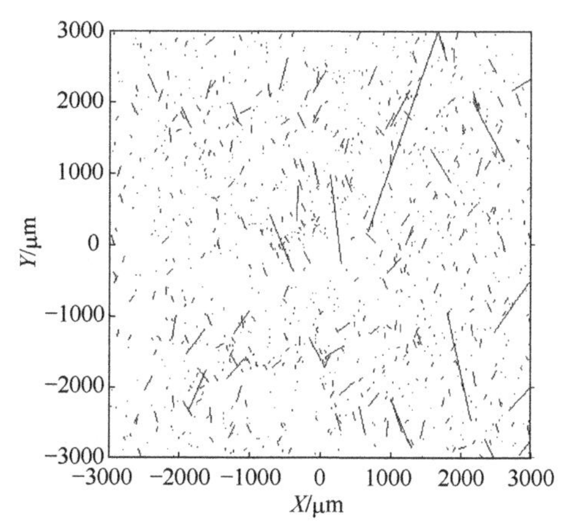

图 6.22　600℃下循环 20 次平面网络模拟图

6.5　高温下岩石损伤演化分形特征分析

6.5.1　分形理论基本概念

“分形”这个词是由美国 IBM(International Business Machine)公司研究中心物理部研究员暨哈佛大学数学系教授 Mandelbrot 在 1975 年首次提出的，其原意是“不规则的、分数的、支离破碎的”物体。1977 年，他出版了第一本著作《分形：形态、偶然性和维数》(*Fractals*：*Form*，*Chance and Dimension*)，标志着分形理论的正式诞生。5 年后，他出版了著名的《自然界的分形几何学》(*The Fractal Geometry of Nature*)，至此，分形理论初步形成。

分形几何学的主要概念是分维，即维数可以是分数。分数维数最早由 Hausdorff 提出，也称为 Hausdorff 维数，后来 Mandelbrot 将其推广。在经典几何学中，点是零维的，任何曲线是一维的，任何曲面和表面是二维的，这种维数只取整数值，是拓扑意义下的维数，称为拓扑维数 C_T，它反映的是为了确定一个点在空间的位置所需的独立坐标数目或独立方向数目。Mandelbrot 定义分形为：如果一个集合的 Hausdorff 维数严格大于它的拓扑维数 C_T，则该集合为分形。这样，分形维数可以是整数，也可以是分数，它是图形不规则性的量度。

6.5.2　裂隙网络损伤分形维数测定方法

通过模拟裂隙网络结构，得到不同温度下岩石试样内部不同部位、不同层次的损伤演化状况，从而有可能对试样内部损伤演化的分形特征进行分析。分形维数的测定采用分形几何的覆盖法，并根据模拟的图像特点做了调整。具体做法如下：

(1) 以边长为 L_0 的正方形网格去覆盖某一温度下的微裂隙结构图。正方形网格中的每一个小正方形的边长为 $L = L_0 / n$，将正方形划分为 n^2 个小正方形。例如，在图 6.23(a)中，用正方形网格覆盖住损伤区，正方形网格中的每一个小正方形边长为 $L = L_0 / 3$。

(2) 计算出每一个小正方形内的微裂纹条数(图 6.23(b))后，给出了表征损伤区微裂纹分布的三维立方图(图 6.23(c))。每一个小正方形内损伤程度的差异也反映出损伤分布的局部化程度。用 *X-Y* 平面的方格表示网络覆盖损伤区的范围，即损伤区的大小，*Z* 坐标的方格数反映损伤密度，它与微裂纹数目成正比。如果 *X-Y* 平面内网络由 9 个小正方形方格组成(3×3 网络)，在垂直方向同样离散成 3 个方格(或 3 部分，对应 3 个单位的 *Z* 坐标值)。每一 *Z* 方向单位(或方格)代表网络中所有 *X-Y* 平面正方形方格内最大微裂纹数目的 1/3 条裂纹。这样可分别计算出在 *X-Y* 平面覆盖损伤区的网络中每一方格在 *Z* 方向应占的尺度大小(或方格数目)，它反映了该方格内的统计损伤程度。

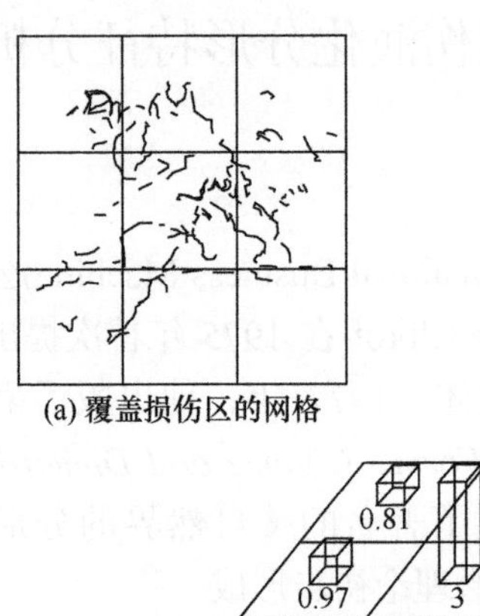

(a) 覆盖损伤区的网格

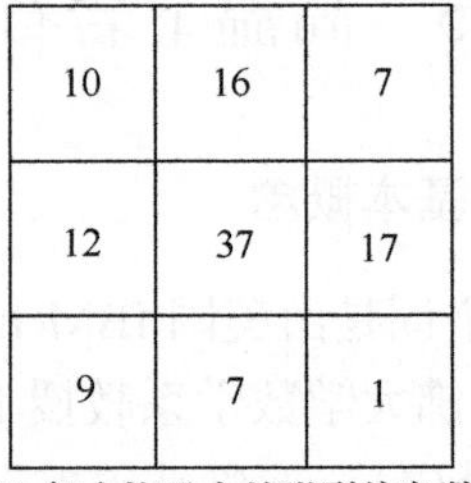

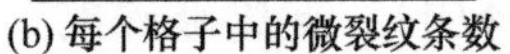

(b) 每个格子中的微裂纹条数

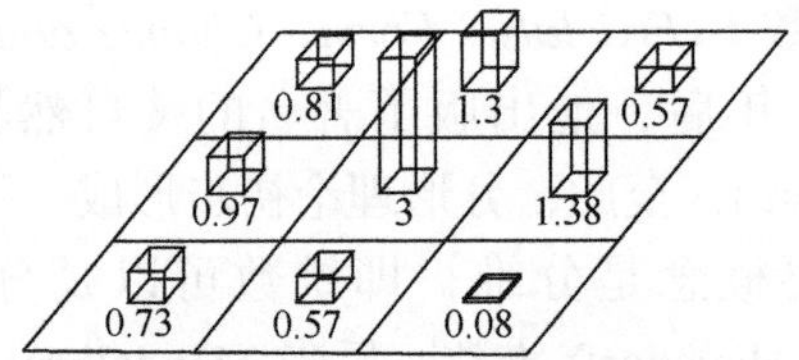

(c) 反映损伤程度的三维立方图

图 6.23　损伤区分形维数的估计

(3) 记录各个网格中 *Z* 方向的立方体数目，累计后可得总数目 $N(L)$。改变小正方形边长 L，分别用边长 $L = L_0 / n^2, L_0 / n^3, \cdots$ 的方格组成相同的网络去覆盖同一损伤区，可得到一组 $N(L)$ 和 L 数据。

(4) 根据盒维数的基本定义，该裂隙结构图像损伤区的分形维数可由式(6.7)计算：

$$C = \lg N(L) / \lg(1/L) \tag{6.7}$$

显然，在岩石高温损伤发展过程中的每一阶段都可以利用该方法获得不同温度下试样损伤区的分形维数，由此便可测得在温度变化过程中整个损伤演化的分形维数变化规律。

6.5.3　分形维数计算过程

要实现分形维数的求解，首先要能够自动生成给定边长大小的正方形网格。正方形网格边长由大到小变化，其变化过程如图 6.24 所示，图中网格的生成是从模拟裂隙网络图的角点出发，分别采用垂直于坐标轴且等间距(间距大小即为方格的边长)的平行直线切割该正方形，就可以生成所需要的网格系统。

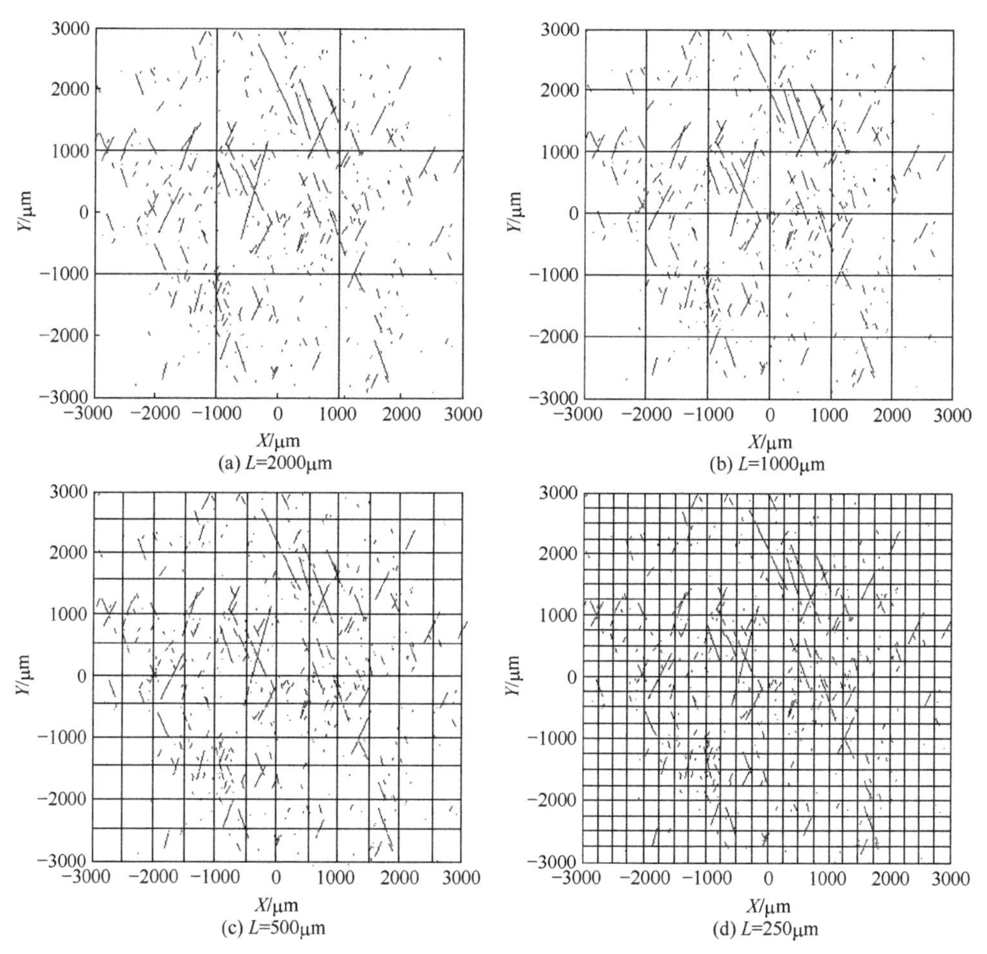

(a) L=2000μm　(b) L=1000μm

(c) L=500μm　(d) L=250μm

图 6.24　网格覆盖变化图

其次是裂隙网络系统占有方格数的计数，方格是否被裂隙网络系统所覆盖是一个几何问题，这里不介绍具体的判断方法。计数原则为：只要裂隙与方格相交，无论裂隙侵入方格部分的大小，均视为该方格被裂隙系统所占有，将被占有的方格数计数器加 1；无论该方格被多少裂隙所占有，只被计数 1 次，不能重复计数。上述思路清晰，易于编程实现，可采用 Visual C++ 6.0 编制计算分形维数的程序，并应用 OpenGL 开放图形库进行图形显示。

6.5.4 分形维数的估测

利用上述分形几何方法，对试样在不同温度及循环次数下的损伤分形维数进行测算，如图 6.25 和图 6.26 所示。结果表明，$\lg L$ 和 $\lg N(L)$ 之间具有很好的线性关系，其斜率为 $-C$，对应于不同温度下损伤区的分形维数。这意味着高温损

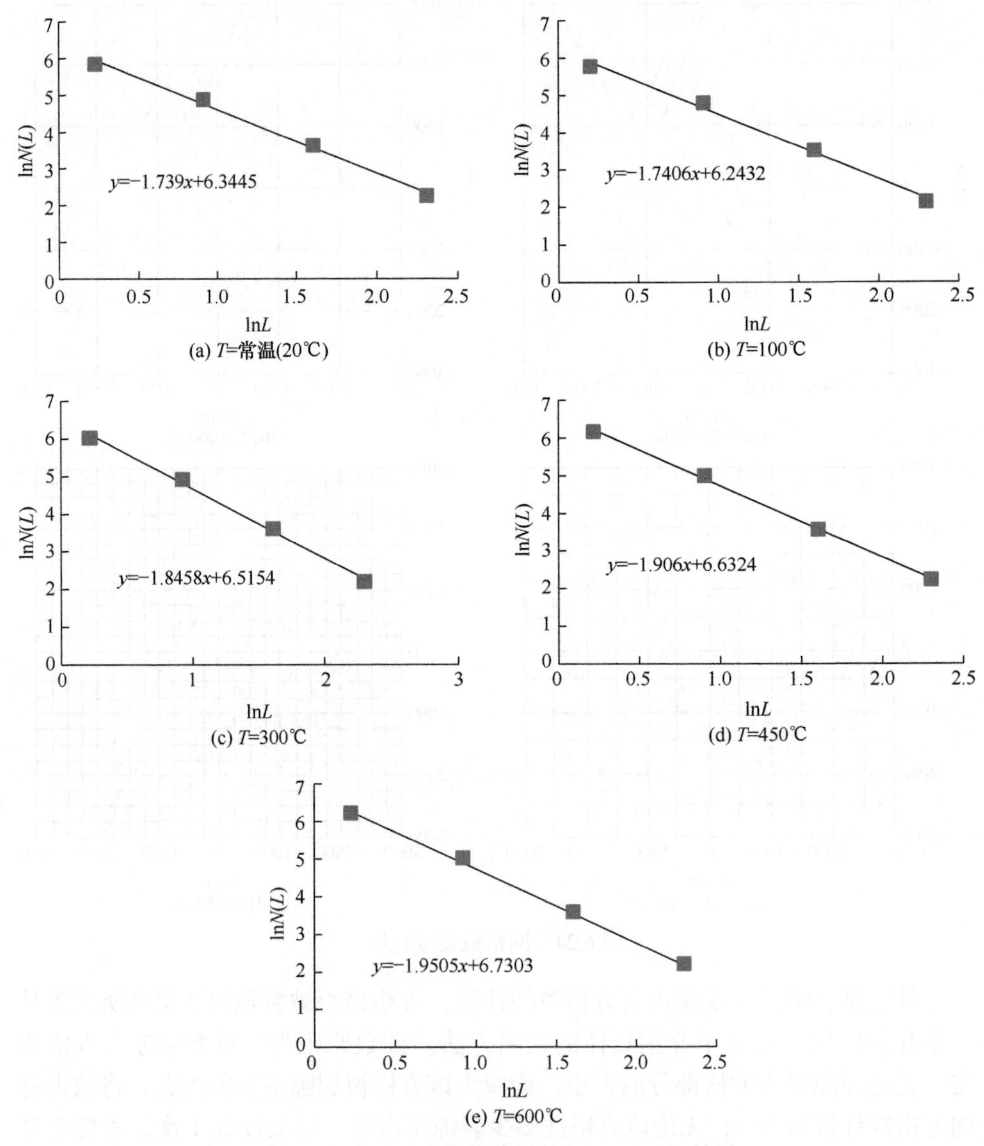

图 6.25　不同温度下损伤区的 $\ln N(L)$-$\ln L$ 关系

伤发展过程确实是一个分形且具有很好的统计自相似性(线性回归的可靠性大约都是 1.0)。这个斜率在一定范围内保持不变，在该尺度范围内所研究的微裂隙具有分形特点，这种特性称为标度不变性。

从图 6.25 和图 6.26 可以得出各直线的斜率，其值即为分形维数。各温度下试样断面损伤分形维数见表 6.4。

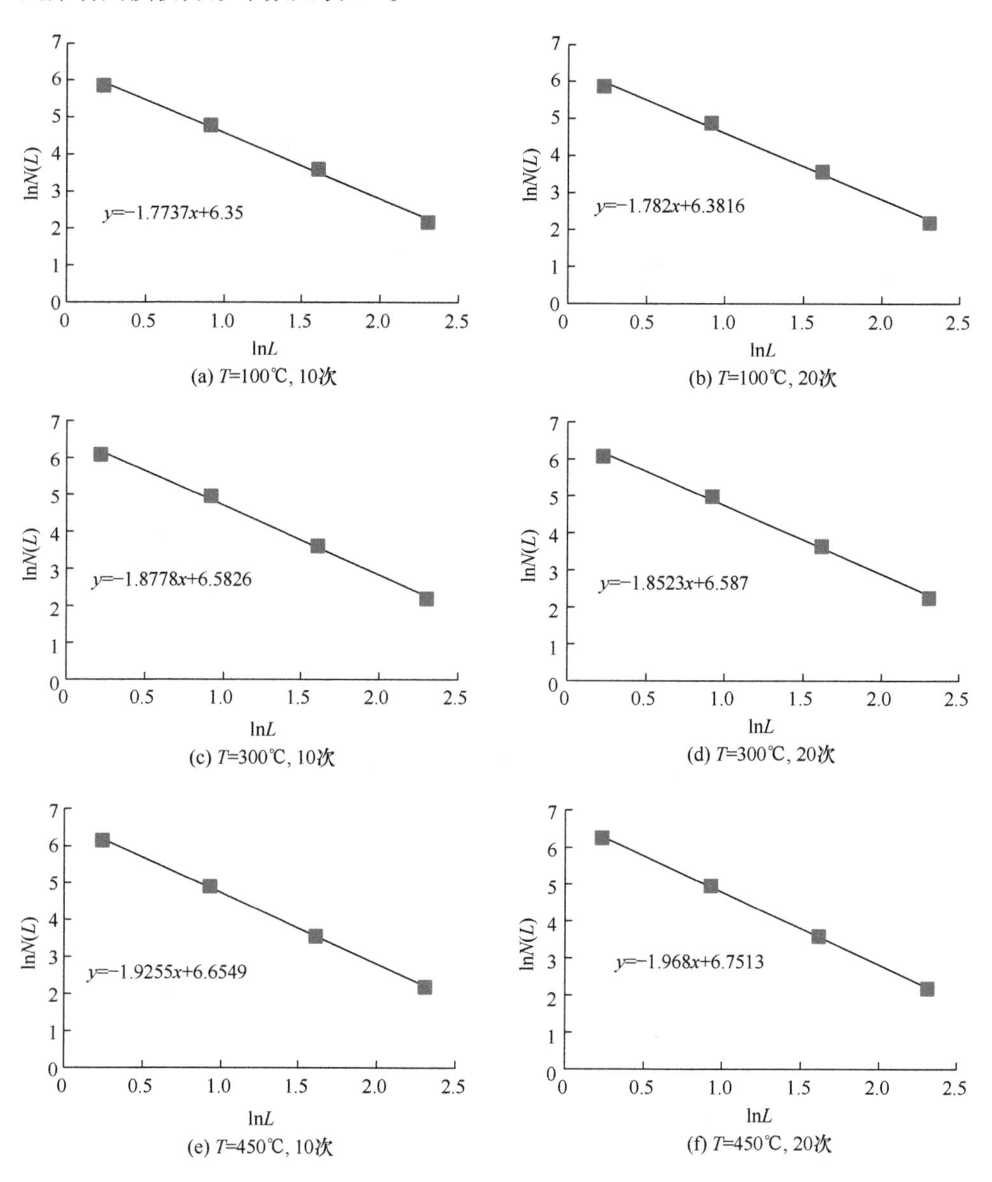

(a) T=100℃, 10次　(b) T=100℃, 20次

(c) T=300℃, 10次　(d) T=300℃, 20次

(e) T=450℃, 10次　(f) T=450℃, 20次

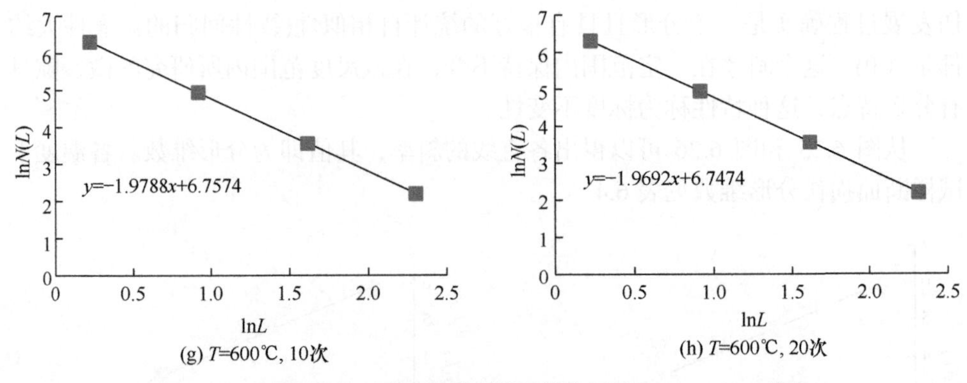

(g) T=600℃, 10次　　(h) T=600℃, 20次

图 6.26　不同温度、不同循环次数下损伤区的 $\ln N(L)$-$\ln L$ 关系

表 6.4　各温度下试样断面损伤分形维数

循环次数	20℃	100℃	300℃	450℃	600℃
1	1.739	1.7406	1.8458	1.9060	1.9505
10	—	1.7737	1.8778	1.9255	1.9788
20	—	1.7820	1.8523	1.9680	1.9692

6.5.5　分形维数与损伤变量

1. 损伤变量的计算

1) 根据弹性模量 E 计算

假设岩石为弹性各向同性，损伤为标量，损伤变量 D 由式(6.8)计算：

$$D = 1 - \frac{\overline{E}}{E} \tag{6.8}$$

式中，$\overline{E}$ 为经温度作用的损伤岩石的有效弹性模量；E 为未经温度作用的无损伤岩石的弹性模量(这里假定岩石的初始损伤为 0)。损伤变量表示热膨胀导致裂纹开裂引起的岩石弹性模量的降低。

忽略岩石初始损伤，并且认为存在无损伤弹性模量，将经受高温处理过的岩石看成受到不同程度的损伤，因而具有损伤弹性模量，由试验结果计算得到的不同温度及不同循环次数下试样损伤变量见表 6.5。

表 6.5　不同温度及不同循环次数下试样损伤变量(根据弹性模量计算)

循环次数	20℃	100℃	300℃	450℃	600℃
1	0	−0.0218	0.4019	0.5320	0.7277
10	—	−0.0573	0.4617	0.5859	0.8437
20	—	−0.0117	0.4825	0.6563	0.8714

从表 6.5 可以看出，损伤变量在 100℃处出现负值，即“负损伤”，这反映了损伤不一定总是增加的。岩石的温度损伤演化存在某种阈值，只有超过这个阈值，损伤才会出现。从本次试验可以看出，很可能在这个阈值到来之前，岩石矿物颗粒的热膨胀作用只是用来充填岩石初始孔隙，出现损伤是在温度作用下岩石初始孔隙完全闭合后，正如前面描述的那样。本次试验资料反映出这个阈值可能在 100℃左右，根据试样数据推测，100℃处的抗压强度、弹性模量等比常温下还高，而超过 100℃温度段，损伤变量随温度的升高而变大，裂纹数量也相应增加，这说明热膨胀确实会导致岩石内部微裂纹的形成、扩展。

2) 根据微裂纹面积 A_ω 计算

按照 Robotnov 的损伤变量概念：损伤变量是表示由于损伤而丧失承载能力的面积与未出现损伤时的原面积之比，即损伤变量 D' 为

$$D' = A_\omega / A \tag{6.9}$$

式中，A_ω 为断面上出现微裂纹的总面积；A 为损伤后的瞬时表观面积。

从大量的微细观图像中可以获得大量的微裂纹面积，由此可统计出经过高温后损伤岩石的断口裂隙面积，从而得出不同温度及不同循环次数下试样损伤变量，见表 6.6。

表 6.6　不同温度及不同循环次数下试样损伤变量(根据微裂纹面积计算)

循环次数	温度/℃	微裂纹数目	面积/$10^6\mu m^2$	损伤变量
1	100	702	2.51	0.060
	300	897	5.59	0.112
	450	996	8.32	0.145
	600	1030	10.19	0.167
10	100	712	2.66	0.062
	300	901	6.10	0.015
	450	1011	8.51	0.147
	600	1053	10.46	0.170
20	100	726	2.76	0.064
	300	915	6.35	0.117
	450	1019	8.84	0.150
	600	1066	10.79	0.172

常温下共统计微裂纹数目为 719 条，总面积为$2.98\times10^6\mu m^2$，由式(6.9)得出其损伤变量为0.069。

从表 6.6 可以看出，岩石损伤变量随温度的升高而增加，但是在数值上却有较大的差异，根据表中的数据可得到二者的拟合图(图 6.27)，并可建立由宏观力学参数(E)和微观结构参数(A)分别得出的损伤变量之间的关系。

$$D = 0.0659 + 0.1267D' \tag{6.10}$$

将式(6.8)和式(6.9)代入式(6.10)得到

$$\frac{\overline{E}}{E} = 0.9341 - 0.1267\frac{A_\omega}{A} \tag{6.11}$$

式(6.11)建立了岩石材料宏观力学量(弹性模量)与微观几何量(裂纹面积)之间的关系，从而能够通过传统的力学方法来探索岩石内部介质的微细观变化。

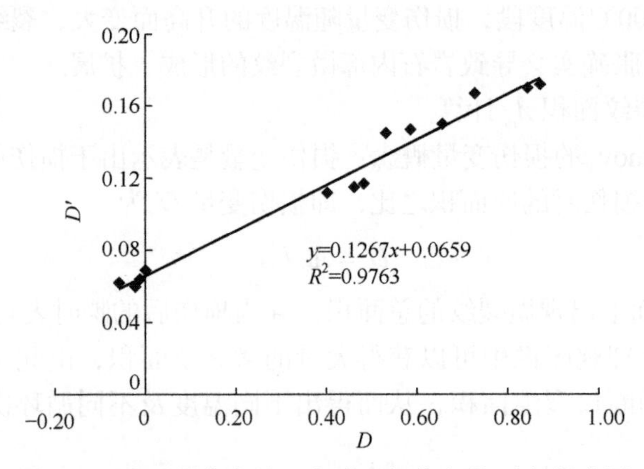

图 6.27　宏观损伤变量 D 与微观损伤变量 D' 的拟合图

2. 分形维数与损伤变量的关系

各温度下分形维数与对应状态的损伤变量之间的关系如图 6.28 和图 6.29 所示，由线性回归方法得到

$$D = -6.4651 + 3.696C \tag{6.12}$$

$$D' = -0.7599 + 0.4719C \tag{6.13}$$

从这个结果可以发现，断面微裂隙分形维数与相应损伤变量之间有较好的线性关系。由式(6.8)和式(6.12)可得

$$\frac{\overline{E}}{E} = 7.4651 - 3.696C \tag{6.14}$$

式(6.14)建立了岩石材料宏观力学量(弹性模量)与分形损伤力学量(分形维数)

之间的关系，从而能够通过传统的力学方法来分析岩石内部微裂纹的分形变化。

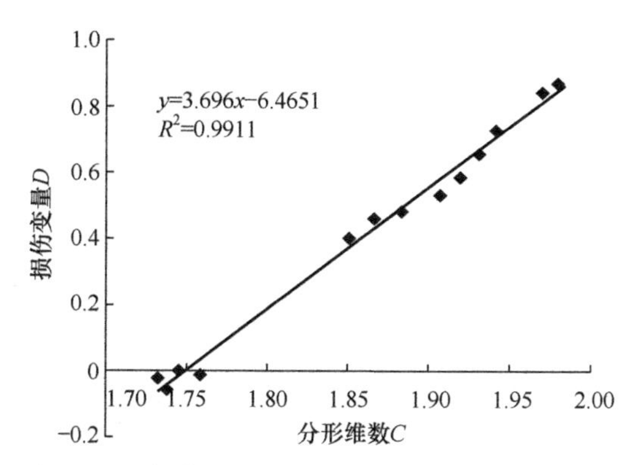

图 6.28　损伤变量 D 与分形维数 C 的相关曲线

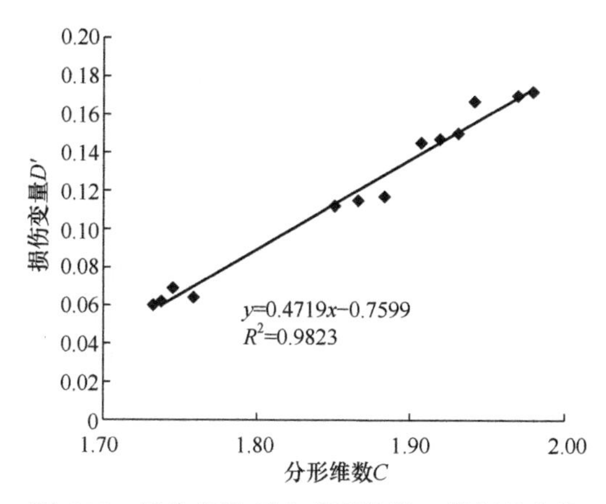

图 6.29　损伤变量 D' 与分形维数 C 的相关曲线

3. 分形维数与岩石强度的关系

根据加温后岩石峰值应力和表 6.4 相对应的分形维数，可以得出岩石单轴抗压强度与分形维数的关系，如图 6.30 所示。从图中可以看出，岩石试样单轴抗压强度随分形维数的增大而减小，但不是简单的线性关系，这与分形维数与损伤变量的关系是一致的。分形维数的增大是材料中温度应力增加引起微孔隙、微裂纹不断扩展演化，材料损伤逐渐加剧所致，其抗压强度也就随之下降。采用最小二乘法拟合岩石单轴抗压强度与分形维数的关系：

$$\sigma_c = aC^2 + bC + c \tag{6.15}$$

式中，a、b、c 为试验参数；σ_c 为岩石单轴抗压强度；C 为分形维数。

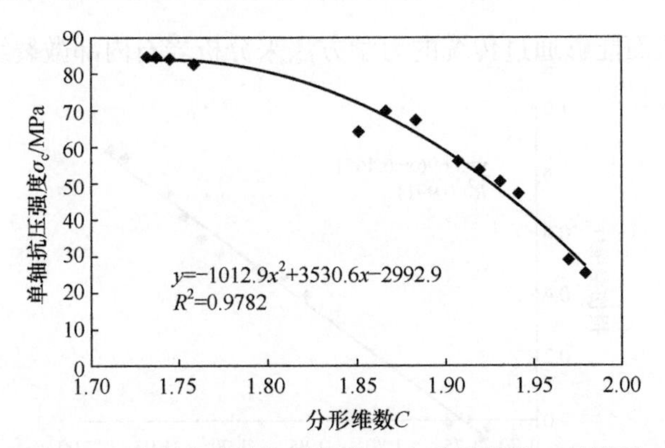

图 6.30　大理岩单轴抗压强度 σ_c 与分形维数 C 的关系

从上面的分析结果可以得出，损伤变量、材料强度与分形维数确实存在一定的对应关系，但这种关系与不同的分形维数定义相关，也就是说，不同的分形维数定义可能有不同的相关关系，关于这方面还有待进行深入的理论探讨和试验研究。

参 考 文 献

[1] 渠文平. 基于数字图像处理技术的岩石细观量化试验研究[D]. 南京: 河海大学, 2006.

[2] 伍法权. 统计岩体力学原理[M]. 北京: 中国地质大学出版社, 1993.

[3] La Point P R. A method to characterize fracture density and connectivity through fractal geometry[J]. International Journal of Rock Mechanics and Mining Sciences & Geomechanics Abstracts, 1988, 25(6): 421-429.

第 7 章　岩石细观损伤仿真模拟

前面已经在热力学和细观损伤力学基础上建立了基于 SEM 试验的大理岩细观损伤本构模型，模型是否合理仍然需要通过数值模拟结果与真实试验结果进行对比验证。本章选用商业有限元软件针对本构模型进行材料模型的二次开发，分析本构模型中参数的特点，对单轴压缩下岩石细观损伤实验进行仿真模拟，对结果进行分析研究。最后利用扩展有限元，对单裂隙的动态扩展过程、多裂隙之间的连接以及相互影响等进行仿真模拟。

7.1　有限元软件简介

随着数学科学和计算机科学的快速发展，有限元软件的发展进入了一个黄金时代。目前国际上广泛使用的通用有限元软件有 ANSYS、MSC、ABAQUS、ADINA 等，同时在一些领域也有部分专业有限元软件，如机械制造领域的 Pro/E 等。

ABAQUS 作为一套功能强大的工程模拟有限元软件，可以处理的问题包括从简单的线性问题到各类复杂的非线性问题。ABAQUS 有一个丰富的、可模拟任意几何形状的单元库；涵盖了大部分类型材料模型，可以用于模拟多种材料的各方面性能，如金属、橡胶、复合材料、钢筋混凝土及岩土体等土木工程材料；不仅能处理各类应力-应变问题，还能模拟诸如温度-应力耦合等工程中复杂的问题。ABAQUS 有两个求解模块，即 ABAQUS/Standard 和 ABAQUS/Explicit，还包含一个用于人机交互进行前后处理的模块 ABAQUS/CAE。由于 ABAQUS 同时具有突出的计算机仿真技术和处理复杂工程问题很高的准确性，因此受到各国工业设计和科学研究领域相关人员的青睐，如今，ABAQUS 在多类工业产品研究中发挥着巨大作用，如汽车设计、土木工程构筑物设计等。

由此可见，利用有限元软件进行计算已是实现科学研究和技术攻关的一个重要方法，可以节约大量人力、物力、财力，但是由于不同的用户有不同的专业背景和使用目的，各类通用有限元软件在具体的专业需求方面难免有所欠缺，针对这些不足，大部分通用有限元软件都以各种方式提供了二次开发功能，如各类程序接口，以协助用户更好、更快、更准确地完成工作，并且使得后期的工作修改、维护等变得更加方便、高效。ABAQUS 同样也提供了若干二次开发程序接口，此类二次开发程序接口具有功能强大、可以适合各类不同工程背景问题的分析工具，同时，二次开发程序的限制少，使得其应用更加方便灵活，这也正是ABAQUS得到广泛应用的重要原因。

ABAQUS 软件进行二次开发的途径有[1]：①三大类子程序接口，可以实现根据用户个体的需求建立模型，控制 ABAQUS 计算过程及结果；②设置环境初始化文件，更改 ABAQUS 的基本设置；③基于 Python 语言的脚本编程，可以实现对 ABAQUS 整个处理过程(包括前处理、模拟及后处理)的控制；④基于脚本的 GUI 接口，可以创建基于不同背景用户特定需求的交互式操作窗口，以方便用户使用，减少重复性工作。

1. 子程序 UMAT

作为通用有限元软件，为了方便各个不同专业的用户，ABAQUS[1]建立了大量便捷的子程序接口。子程序接口包括三大类：ABAQUS/Standard 子程序(ABAQUS/Standard subroutines)、ABAQUS/Explicit 子程序(ABAQUS/Explicit subroutines)和应用程序(Utility Routines)。其中，应用程序又包含多种具体类型，涉及节点内容、边界条件、荷载条件、材料特性以及利用用户子程序接口和其他应用软件进行数值交换等。针对不同的子程序，各自的具体格式可参见 ABAQUS 帮助文献。本书针对细观损伤模型和各类子程序的特点，从应用子程序接口入手，开发相应于本构方程的用户材料子程序(user-defined material mechanical behavior，UMAT)。

2. UMAT 程序设计

根据 UMAT 的编制规则，本节采用 Fortran 语言进行 UMAT 程序的编制，其主体部分包括子程序定义模块、ABAQUS 的参数声明模块、用户定义的局部变量声明模块、基于 SEM 试验的大理岩细观损伤本构模型程序模块，具体语法规则详见 ABAQUS 帮助文献。下面具体说明 UMAT 程序的设计思路及过程。

(1) 根据第 4 章提出的基于 SEM 试验的大理岩细观损伤本构模型，定义 8 个与求解过程相关的材料参数，见表 7.1。

表 7.1　UMAT 程序所需的材料参数

1	2	3	4	5	6	7	8
E	ν	χ	k_t	η	k_c	c	f
岩石基质的弹性模量	岩石基质的泊松比	修正宽长比	张拉状态材料表面能	材料表面能参数	压剪状态材料表面能	摩擦准则参数	微裂纹表面的粗糙度

(2) 编写相应的 UMAT 程序，其相应的流程图如图 7.1 所示。

(3) 明确在 ABAQUS 分析模拟过程中，UMAT 子程序的被调用过程。

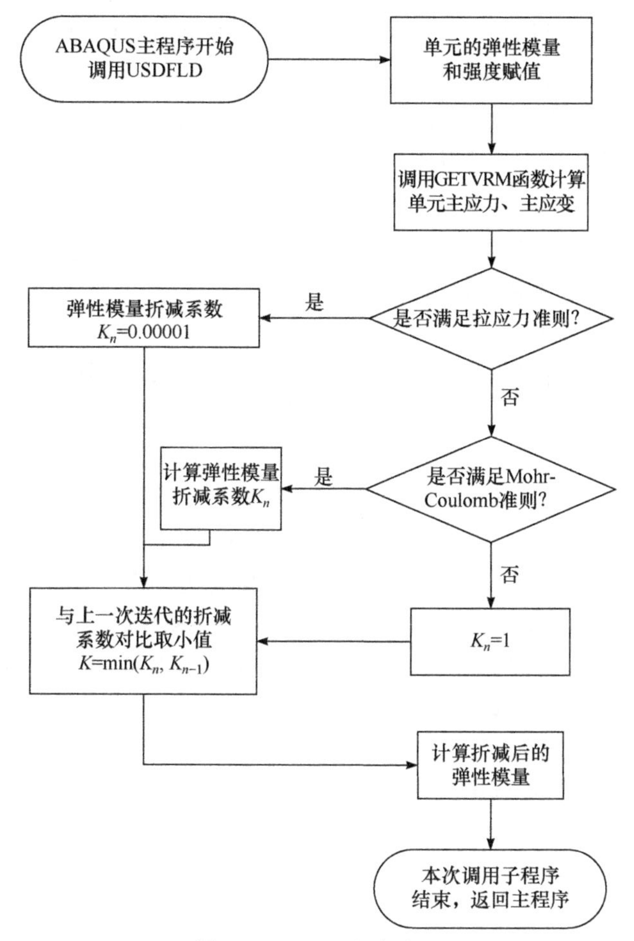

图 7.1　UMAT 程序流程

3. 实现数值模拟的程序编制过程

1) 单元力学性质的赋值

本节采用 Monte Carlo 法和统计描述相结合，通过编制程序实现对单元力学性质(弹性模量和强度)的初始化赋值。下面以弹性模量的赋值进行说明，设所有单元弹性模量的平均值为 E_0，弹性模量 Weibull 分布函数的积分为

$$F(E)=\int_0^e f(u)\mathrm{d}u=\int_0^e\left[\frac{m}{u_0}\left(\frac{u}{u_0}\right)^{m-1}\exp\left(-\frac{u}{u_0}\right)^m\right]\mathrm{d}u=1-\mathrm{e}^{-\left(\frac{E}{E_0}\right)^m} \tag{7.1}$$

其反函数为

$$E=[-\lg(1-F(E))]^{\frac{1}{m}}\cdot E_0 \tag{7.2}$$

一般物理空间随机分布的无序性可以通过 Monte Carlo 法来实现，其产生方法是：基于式(7.1)，用 Fortran 语言内置函数 random_number()产生一组在(0, 1)区间上均匀分布的随机数序列 γ_i ($i=1,2,\cdots,n$, n 为单元的总数目)。利用反函数式(7.2)，对于任何 γ_i，都可得到对应的 E_i。那么由随机数序列 $\{\gamma_i\}$ 映射一组弹性模量参数序列 $\{E_i\}$，将这组弹性模量参数随机序列逐一赋值给每一个单元，强度或其他力学参数同样可采用此方法赋值。这种方法满足了细观单元力学参数非均匀性、统计性和随机性的要求。

2) INP 文件的操作

对所有单元的弹性模量和强度进行赋值，弹性模量和强度的随机赋值是独立的，通过编制程序，生成符合 INP 文件规范的 .txt 格式的文本文件，分别包括单元信息、单元集合信息、材料参数信息，对 CAE 建模的初始模型根据需要在一些地方进行修改，将上面的文件用参数嵌入 INP 文件中。在文件输出方面，为了得到中间截面的合力，添加关键词 *Section print，Name = force1，Surface = half_height，数据行 Sof、Som 表示中间截面的合力与合力矩。为了能得到每个位移增量步下模型试样的损伤破坏情况，需将在 USDFLD 中定义的解相关的状态变量输出到 .dat 文件和 .odb 文件，在 INP 文件的输出段关键词 *Element output 的数据行添加 SDV 变量即可实现，这样可以通过 ABAQUS 后处理显示数值试样单元的损伤情况。

3) 子程序的编制及调用过程

用户子程序体系结构应至少包括六部分，分别是 ABAQUS 约定的子程序题名说明、ABAQUS 定义的参数说明表、用户定义的局部变量说明表、用户编写的程序代码段及子程序返回与结束语句等。USDFLD 用户子程序主要是为了定义场变量来控制单元的损伤情况。在 ABAQUS 运行的每个增量步中，每次迭代都要调用该子程序模块，子程序调用过程如图 7.2 所示，其与主程序的接口如下：

```
SUBROUTINE USDFLD(FIELD, STATEV, PNEWDT, DIRECT, T, CELENT,
 1 TIME, DTIME, CMNAME, ORNAME, NFIELD, NSTATV, NOEL, NPT, LAYER,
 2 KSPT, KSTEP, KINC, NDI, NSHR, COORD, JMAC, JMATYP, MATLAYO, LACCFLA)
C
   INCLUDE 'ABA_PARAM.INC'
C
   CHARACTER*80 CMNAME, ORNAME
   CHARACTER*3  FLGRAY(15)
   DIMENSION FIELD(NFIELD), STATEV(NSTATV), DIRECT(3, 3),
  1 T(3, 3), TIME(2)
   DIMENSION ARRAY(15), JARRAY(15), JMAC(*), JMATYP(*), COORD(*)
```

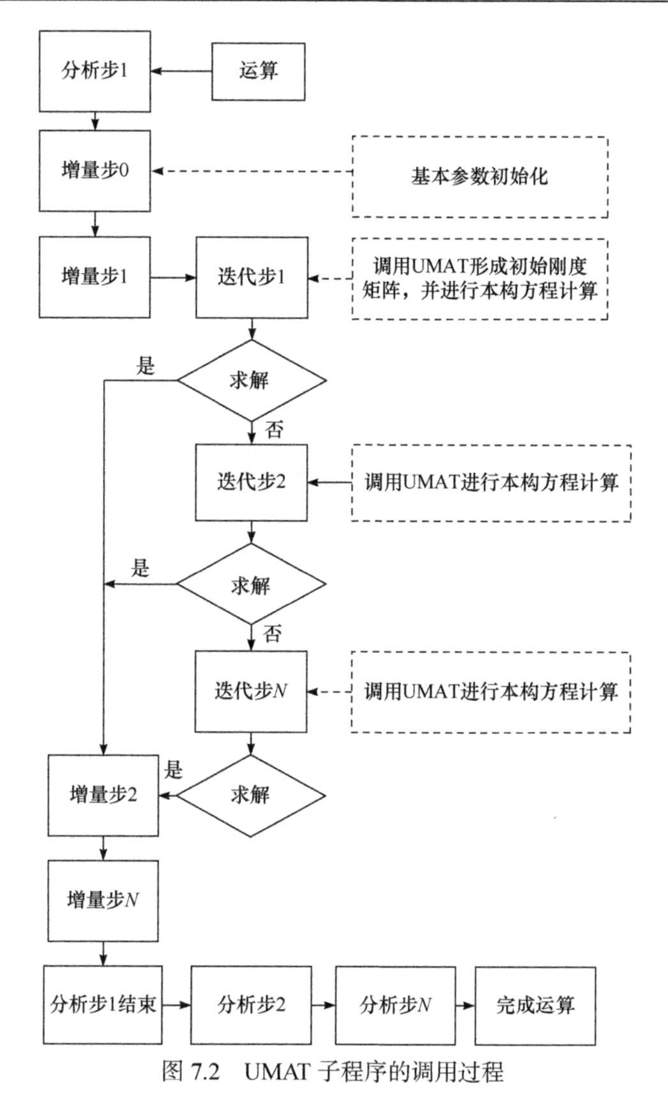

图 7.2　UMAT 子程序的调用过程

子程序编制的流程如下：在需要获取单元的应力或应变状态时，调用 Utility Routines 中 GETVRM 函数，就可以利用强度准则进行判断，对单元的弹性模量进行折减，最后反馈到下一迭代步或下一增量步的计算中。

7.2　参 数 分 析

本书所建立的本构模型共有 8 个参数(表 7.1)，可以分为三类：基本参数(E、ν、χ)、描述张开微裂纹状态的参数(k_t、η)、描述闭合微裂纹状态的参数(k_c、

c、f)。基于这一特点，本节建立单轴拉伸数值试验和三轴压缩数值试验，对模型中的关键参数进行分析研究。

7.2.1　单轴拉伸数值试验

设计单轴拉伸数值试验，分别对模型中关于岩石表面能大小的参数 k_t 和 η 进行参数分析。

1) 参数 k_t 分析

大理岩单轴拉伸数值模型中使用的参数取值见表 7.2，不同参数值对应的应力-应变曲线如图 7.3 所示。

表 7.2　单轴拉伸数值试验中各参数取值(k_t 的敏感性分析)

$E/10^{10}$Pa	ν	χ	$k_t/(\mathrm{J/m^2})$	η
4	0.2	0.2	200、400、600	30

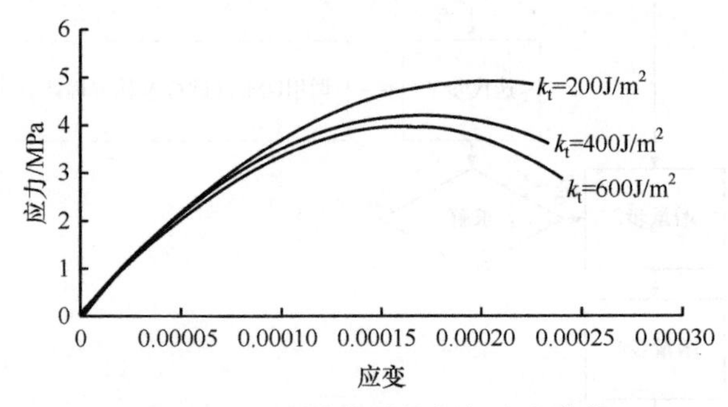

图 7.3　k_t 不同取值时的应力-应变曲线

随着 k_t 值不断增大，大理岩抵抗张开微裂纹扩展的能力不断增强，在应力-应变曲线上表现为极限拉应力随着 k_t 的增大而逐渐下降，同时，图中近似线性阶段反映出大理岩表面能的大小对试样在近似弹性阶段的刚度影响很小，仅对极限应力的影响较大。

2) 参数 η 分析

大理岩单轴拉伸数值模型中使用的参数取值见表 7.3，不同参数值对应的应力-应变曲线如图 7.4 所示。随着 η 取值的不断增大，大理岩试样抵抗张开微裂纹扩展的能力也不断增强，在应力-应变曲线上表现为极限拉应力随着 η 的增大而逐渐增大，同时，图中近似线性阶段反映出大理岩表面能的大小对试样在近似弹性阶段的刚度影响很小，仅对极限应力的影响较大。

表 7.3　单轴拉伸试验中各参数取值(η 的敏感性分析)

$E/10^{10}$ Pa	ν	χ	$k_t/(J/m^2)$	η
4	0.2	0.2	200	25、30、45

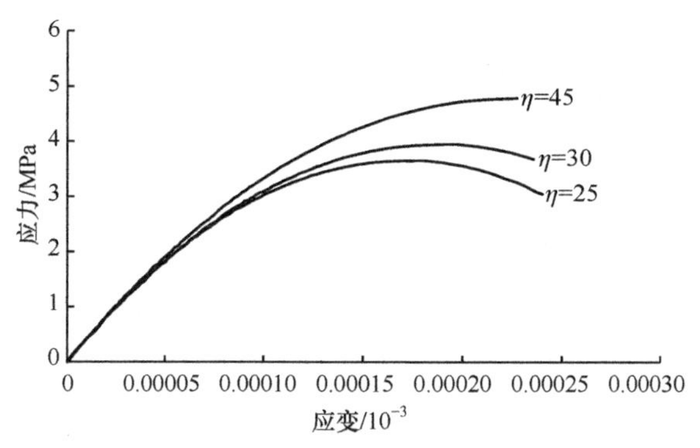

图 7.4　η 不同取值时的应力-应变曲线

7.2.2　三轴压缩数值试验

设计三轴压缩数值试验，虽然模型中涉及的参数有 E、ν、χ、k_c、η、c 和 f，但是由于参数 k_c 也是用于表征大理岩表面能的参数，而此类参数在单轴拉伸数值试验分析中已经讨论过，此处虽为三轴压缩试验，但是在参数特征方面与单轴拉伸试验基本相同，仅具体数值不同，基于此，这里仅对参数 f 进行分析讨论。

大理岩三轴压缩数值模型中使用的参数取值见表 7.4，不同参数值对应的应力-应变曲线如图 7.5 所示。参数 f 表征大理岩细观结构微裂纹的表面粗糙度，其取值越大，说明微裂纹表面越粗糙，即可以积聚更多的能量，致使闭合微裂纹发生扩展的可能性增加，从而随着参数 f 取值的增大，极限应力不断减小。

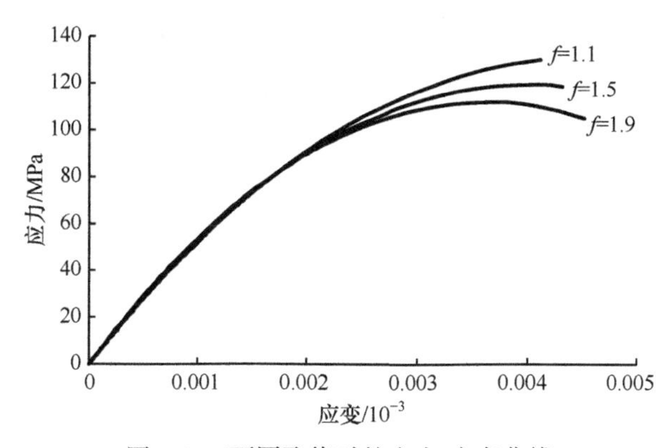

图 7.5　f 不同取值时的应力-应变曲线

表 7.4　三轴压缩试验中各参数取值(f的敏感性分析)

$E/10^{10}$Pa	ν	χ	$k_c/(10^5 J/m^2)$	η	c/MPa	f
4	0.2	0.2	1	20	2	1.1、1.5、1.9

7.3　大理岩单轴压缩细观损伤试验的数值模拟

7.3.1　数值试验模型

细观损伤试验数值模型是在基于 SEM 的大理岩在位单轴压缩细观损伤试验的基础上经过合理的简化而建立的。大理岩单轴压缩细观损伤试验数值模型的建立所涉及的主要内容如图 7.6 所示。

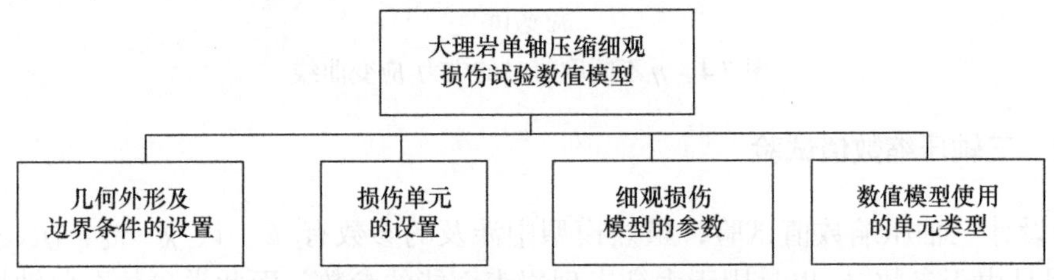

图 7.6　大理岩单轴压缩细观损伤试验数值模型的建立

(1) 几何外形及边界条件的设置。如图 7.7 所示，在试样两端放置 2 个刚性远大于大理岩试样的垫块，以达到使用位移加载更加真实有效的目的。大理岩单轴压缩细观损伤试验数值模型如图 7.8 所示。

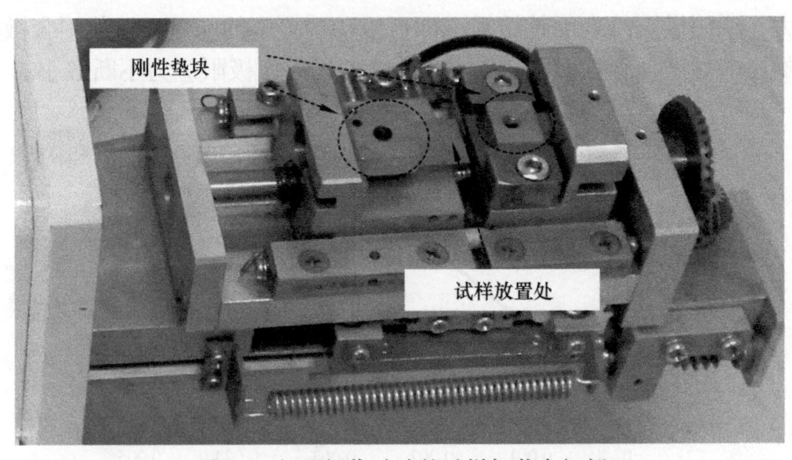

图 7.7　细观损伤试验的试样加载台细部

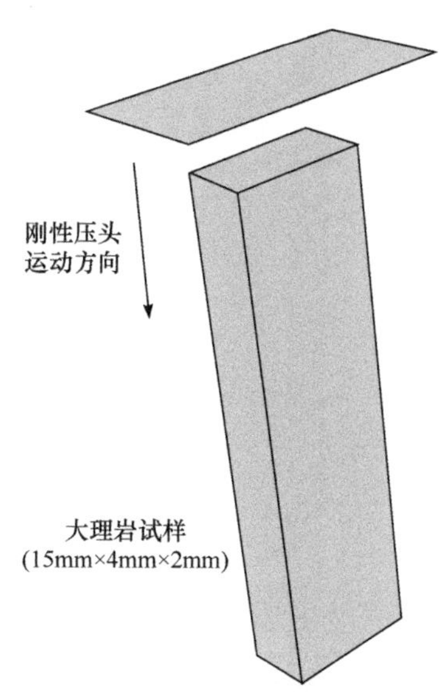

图 7.8　大理岩单轴压缩细观损伤试验数值模型

(2) 损伤单元的设置。在数值模型中考虑损伤单元的方法有多种，如单元的生死等，本节对损伤单元的考虑是将损伤单元的弹性模量设置为一个小若干数量级的数(×10Pa)，以区别于未损伤单元。

(3) 细观损伤模型的参数。根据同一地区相同工况大理岩试样的试验数据[2]，模型中参数取值见表 7.5。

表 7.5　试验数值模型相关参数取值

$E/10^{10}$Pa	ν	χ	$k_t/(\mathrm{J/m^2})$	$k_c/(10^5\mathrm{J/m^2})$	η	c/MPa	f
3.8	0.195	0.1316	213	0.32	28	1.71	1.12

(4) 数值模型使用的单元类型。考虑到计算精度及计算资源协调问题，本节数值模型选用三维实体缩减积分单元 C3D8R 进行计算。

7.3.2　试验结果及分析

经过计算，大理岩单轴压缩细观损伤数值试验结果如图 7.9 所示。破坏时试样中的最大压应力为 122.1MPa，出现在微裂纹损伤较严重的区域，此类区域的微裂纹已经发生较大规模的交汇、合并、贯通，而大部分未出现严重损伤区域的压应力仅为 60～70MPa，正是由于此类大理岩试样局部区域的损伤弱化，整个大理岩试样内部应力状况复杂，在进一步承受荷载时大理岩将发生如图 7.9(a)所示的劈裂破坏。由图 7.9(b)可知，数值模型在试样内部细观尺度的压密过程和最终破坏过程都可以较好地模拟试样的力学性质，而在损伤发展阶段，即微裂纹以

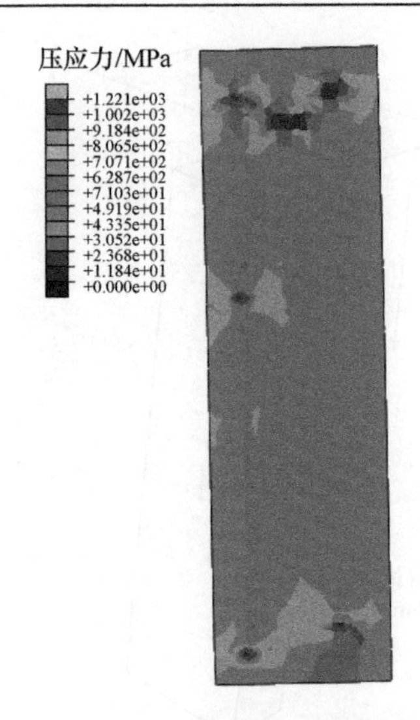

(a) 大理岩试样最终破坏状态

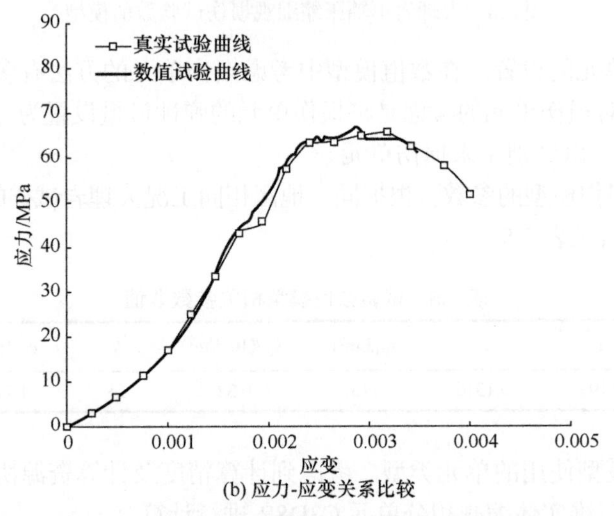

(b) 应力-应变关系比较

图 7.9　大理岩单轴压缩细观损伤数值试验结果

较快的速度萌生、交汇过程中，可能未考虑真实试验过程中各种因素的影响，致使存在一定的误差。因此，对大理岩试样单轴受压至破坏的整个过程而言，数值试验获得的应力-应变关系与真实试验获取的应力-应变关系基本一致。

结合真实试验的SEM图像、统计模型和数值试验结果(图 7.10)，对大理岩单轴压缩破坏过程的细观结构损伤过程进行定量描述。在加载初期(平均应力 0～20MPa)，大理岩试样细观尺度上颗粒之间、颗粒与胶结物之间及胶结物之间的微孔隙在压荷载作用下绝大部分被压密，颗粒与其周围物质接触面增加(统计结果见 3.4 节)，即颗粒的承载面逐渐增加，进而颗粒对大理岩刚度的贡献增大，从而产生宏观尺度大理岩试样刚度增加的效果。当平均应力达到 20MPa 后，随外荷载增加，细观尺度部分应力较大处的大理岩颗粒出现局部非线性变形，同时颗粒之间及颗粒与胶结物之间萌生微裂纹，但此类微裂纹是弥散的且尺寸小(图 7.10(a))，对宏观刚度影响微弱，大理岩刚度递增梯度明显增加。当外荷载增加使平均应力达 40MPa 后，试样细观尺度上颗粒与胶结物之间萌生大量尺寸较小的微裂纹，也出现为数不多的小尺度穿颗粒断裂(其中主要为沿晶断裂)，同时在微裂纹较多区域出现小范围的应力集中，在此过程中，由于小尺度微裂纹数量显著增加(图 7.10(b))，大理岩刚度递增梯度开始减小。当平均应力接近 50MPa 时，试样细观尺度中穿颗粒断裂产生的裂纹(其中沿晶断裂、穿晶断裂及其耦合断裂均较多)比例开始明显增加(图 7.10(c))，总裂纹数量增加较快，同时出现小范围微裂纹的交连、贯通，试样宏观刚度开始出现减小情况。当外荷载致使平均应力达到 60MPa 左右时，细观尺度小范围微裂纹数量、尺度均迅速增加，会聚贯通产生较大尺度的微裂纹，其中部分已经是宏观尺度裂纹(图 7.10(d))，最终试样已不能继续承载，迅速发生轴向劈裂。

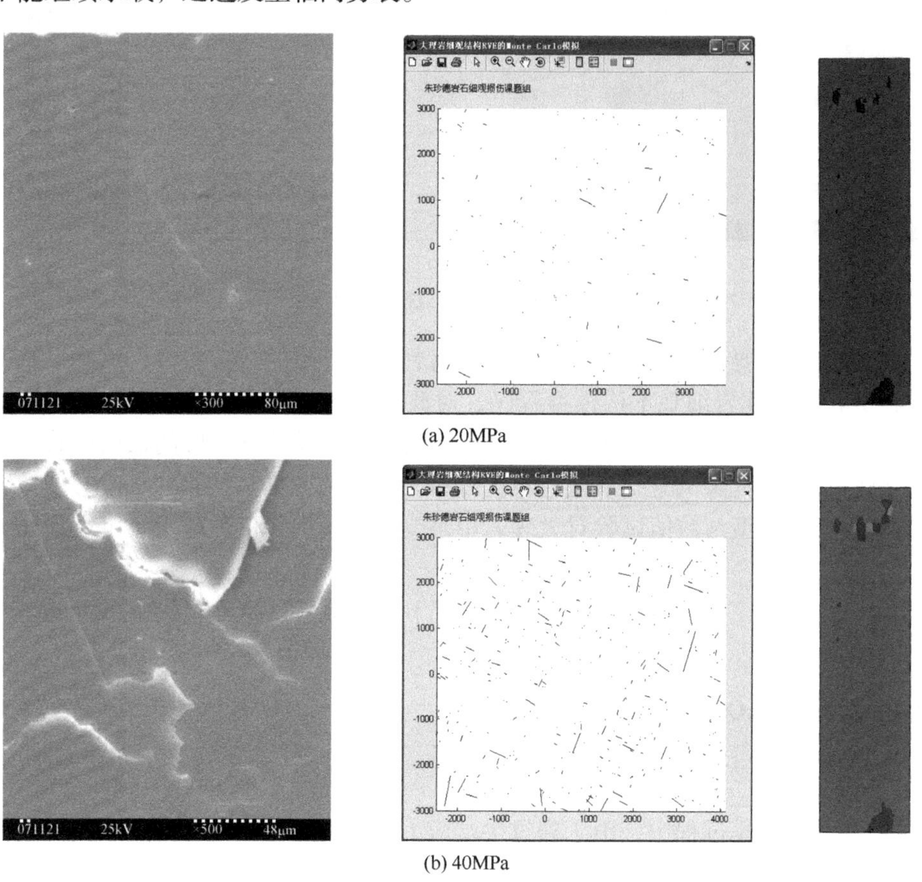

(a) 20MPa

(b) 40MPa

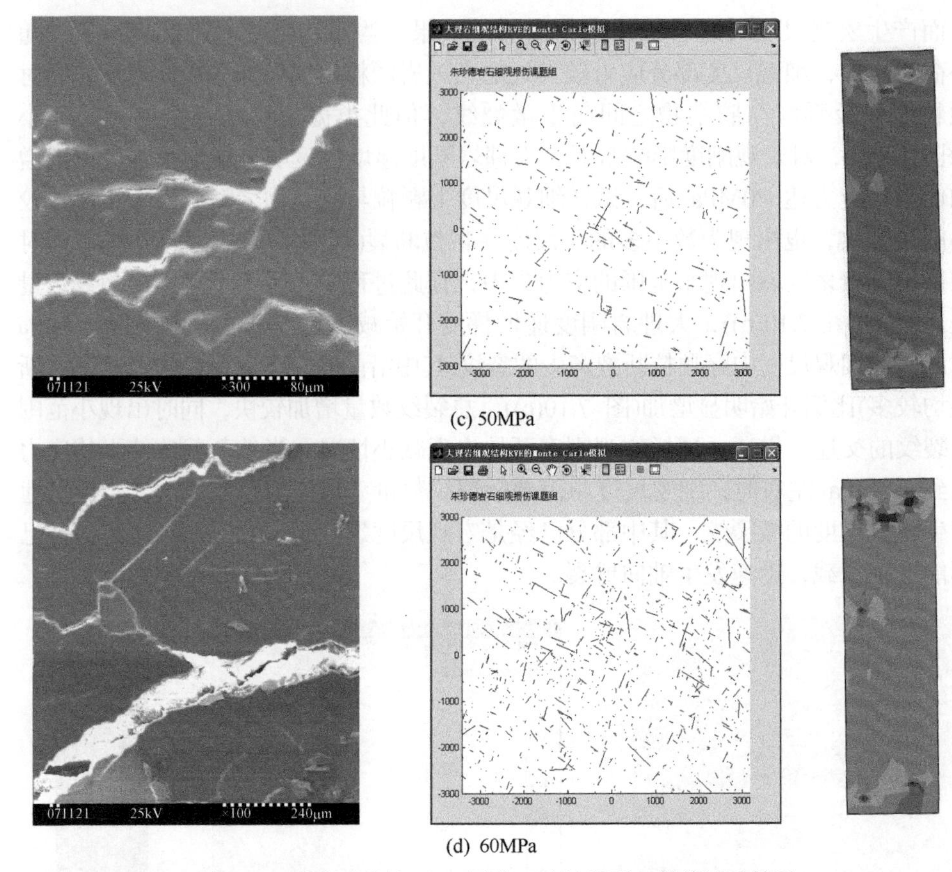

(c) 50MPa

(d) 60MPa

图 7.10　真实试验的 SEM 图像、统计模型与数值试验结果

本节模拟主要是采用商业有限元软件材料程序开发的二次接口，编制了基于 SEM 试验的大理岩细观本构模型程序，对此模型的重要参数特点进行了分析研究，接着应用这一程序，基于真实试样的细观损伤试验建立相应的数值试验，将数值试验结果与真实试验结果进行对比分析，最后结合真实试验的 SEM 图像、真实试验统计模型与数值试验对大理岩单轴受压细观损伤机理进行了定量描述。

7.4　岩石三维裂纹扩展过程再现仿真研究

7.4.1　基于 ABAQUS 的扩展有限元法

1. 裂纹建模方法

在裂纹的建模过程中，由于裂纹尖端应力场的奇异性，需要对裂纹尖端的位置进行实时追踪。对于静态裂纹，ABAQUS 可以直接得到裂纹尖端的应力强度因子，从而得到裂纹尖端的具体情况，而对于裂纹扩展的动态过程，此时裂纹尖端一直处于变化状态，要精确定位裂纹尖端的位置则需要采用新的建模方式。目前广泛应用的两种方法分别是黏性片段方法和基于线弹性断裂力学准则的方法。

基于扩展有限元法的上述两种方法由于裂纹并没有绑定于单元的边界，可以表示结构中沿任意路径的裂纹初始化及扩展过程，这两种方法不考虑裂纹尖端附近应力场的奇异性，只考虑裂纹单元的位移跳跃问题，所以裂纹的每一次扩展都需要穿过一个完整单元，从而避免应力奇异性对模型计算产生影响。同时两种方法也都运用了虚拟节点法，如图 7.11 所示。设定虚拟节点，以表示裂纹单元的间断性，初始状态时虚拟节点与真实节点重合，当单元被裂纹分隔成两部分时，每一部分都由虚拟节点和真实节点一起构成，但是此时每一个虚拟节点和真实节点一样可以独立移动，不受真实节点的控制。两种方法的虚拟节点和真实节点分离准则不同，第一种方法是基于单元的黏性强度，第二种方法则是基于等效应变能释放率的大小，相同的是两者都不依赖于网格的划分。

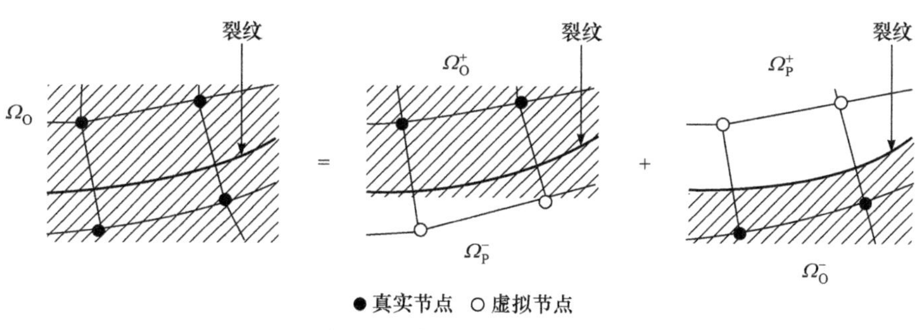

图 7.11　虚拟节点法示意图

2. 裂纹动态追踪法

在采用扩展有限元法研究裂纹扩展问题时，由于允许裂纹穿过计算单元，即网格是独立于间断面的，需要对裂纹进行几何描述，常用的方法是水平集法。水平集法由 Osher 和 Sethian 首次提出，是一种用于追踪裂纹和分析界面运动的强大的数值计算方法，它采用零水平集函数来刻画结构裂纹面的几何特征，在扩展有限元法计算裂纹问题中的优势很明显，能够在固定的网格中计算裂纹扩展问题，即无论裂纹如何扩展，都不需要对网格进行重新划分，而且裂纹的几何特征能完全通过水平集函数来描述，同时由于水平集法不影响计算的几何维度，易于推广至三维空间等更复杂的情况。

裂纹可以通过两个相互垂直的水平集函数来进行描述，如图 7.12 所示，即切

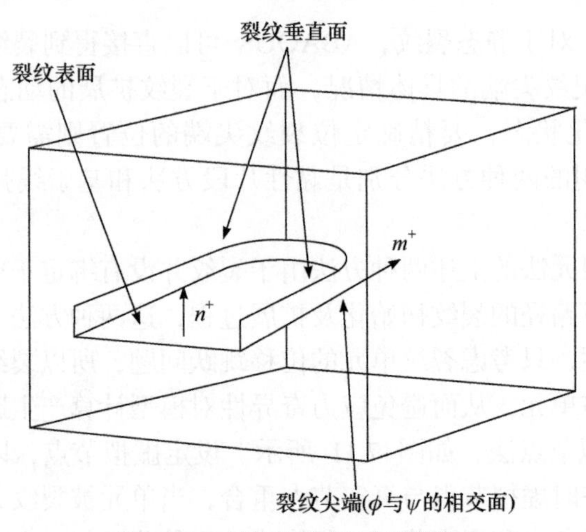

图 7.12 裂纹的位置(水平集法)

向水平集函数 $\phi(x,t)$ 和法向水平集函数 $\psi(x,t)$，其中 $\phi(x,t)$ 表示的是裂纹面，而 $\psi(x,t)$ 表示的是与裂纹面相垂直的平面。上述两平面的相交处则为裂纹尖端，图中 n^+ 为裂纹面的正法线方向，而 m^+ 为裂纹尖端附近的正法线方向，两个水平集函数均为符号距离函数，在水平集法中，各节点的符号距离函数可以表示裂纹的几何特征，而切向水平集函数通常可以表示为

$$\phi(x,t)=\pm\min_{x\in\gamma_t}\left\|x-x_{\gamma}\right\| \tag{7.3}$$

式(7.3)的物理意义为从裂纹面上的一点出发至裂纹尖端的最短位移，而如果考察点 x 位于裂纹面上方则取正，反之取负，如图 7.13 所示。

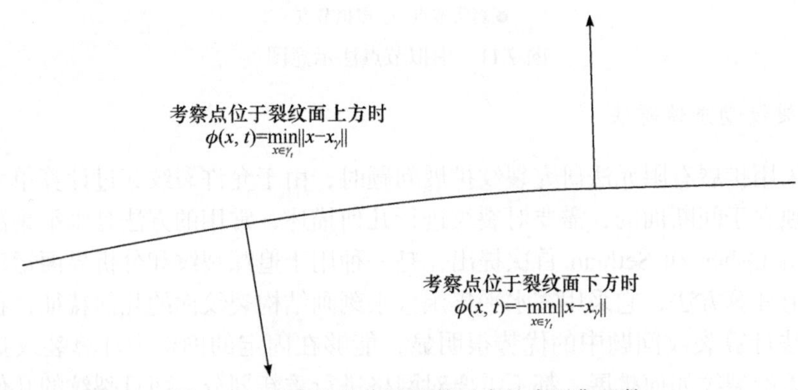

图 7.13 考察点的位置及其对应的水平集函数

同时水平集法中裂纹面的变化方程可以由符号距离函数 $\phi(x,t)$ 演化得到：

$$\begin{cases}\phi(x,t)+F\|\nabla\phi\|=0\\ \phi(x,0)\text{已知}\end{cases} \tag{7.4}$$

式中，$\phi(x,0)$ 表示裂纹的初始位置；F 表示裂纹面上的点 $x\in\gamma_t$ 在裂纹面外法线方向的速度。

3. 裂纹面的接触条件

在扩展有限元法中，由于考虑位移场的不连续性及裂纹尖端附近应力场的奇异性，裂纹与计算网格能够相对独立。当含裂纹体受到拉力作用时，裂纹张开扩展同时裂纹面与结构之间并没有相互作用，但是当含裂纹体受到压力或者压剪复合承载力的作用时，会引起裂纹闭合，而且裂纹面与结构之间会产生摩擦力，因此在这种情况下，需要对裂纹面间的相互作用进行描述。

考虑二维裂纹问题，在裂纹面相互之间有作用的情况下，设裂纹面上接触点的接触法向应力为 σ_n、切向应力为 σ_τ，接触点的法向位移为 u_n、切向位移为 u_τ，μ 为裂纹面之间的摩擦系数，对于满足库仑定律的弹性接触问题，可用式 (7.5)～式 (7.7)表示：

$$u_n \geqslant 0,\quad \sigma_n \leqslant 0,\quad u_n\sigma_n = 0 \tag{7.5}$$

$$u_n = 0,\quad |\sigma_\tau| + \mu\sigma_n < 0 \tag{7.6}$$

$$u_n \geqslant 0,\quad |\sigma_\tau| + \mu\sigma_n = 0 \tag{7.7}$$

式(7.5)描述的是裂纹处于张开状态，即接触面不发生相互嵌入，裂纹面的抗拉强度为 0；式(7.6)描述的是裂纹发生闭合，但是裂纹面之间不发生相对滑动，处于黏结状态；式(7.7)则表示裂纹发生闭合，同时沿切向发生接触滑移。

由上述表达式可知，接触的状态主要分为三种：张开、黏结、滑移。而接触问题实质上就是求系统势能最小的位移场。Lagrange 乘子算法是求解接触问题的常用方法之一，同时还有增广 Lagrange 法、罚函数法、砂浆法、Nitsche 法等。常规有限元法求解接触问题的算法也可用于扩展有限元法中，同时在常规有限元法中，只要正确施加点的约束，就可以表示裂纹面的接触问题，但在扩展有限元法中，只有在裂纹面与单元的边界平行时才满足要求，所以需要采用一些稳定算法以消除解的振荡，例如，Giner 等提出的基于 Lagrange 乘子的线段-线段法(砂浆法)，此方法通过施加裂纹面的接触条件来优化沿裂纹面的接触约束，从而更精确地模拟裂纹的接触，同时提高了收敛性，并能有效地避免裂纹面相互嵌入的情况。

7.4.2　扩展有限元法对单裂纹单轴压缩扩展过程的研究

1. 单裂纹单轴压缩分析模型

利用 ABAQUS 平台下的扩展有限元法模拟含贯穿裂纹的岩体单轴压缩试验过

程，采用100mm×50mm 矩形板模型(图 7.14)，预制贯穿裂纹位于矩形板的中央，长度为$2a = 25$mm，其中岩石模型的材料力学参数见表 7.6，模型的边界条件通过约束板的竖向位移达到，同时压缩试验的加载方式为在板顶进行位移加载，网格的划分形式如图 7.15 所示，采用的是结构化的网格划分方式，同时要能够确保裂纹尖端不落在网格的边界处。为了充分利用扩展有限元法的优势，采用的是 CPS4R 单元，由于扩展有限元的特性，裂纹能独立于网格，只要网格划分得疏密合适，就能够达到足够的精度，从而满足计算要求。另外，在单轴压缩状态下，预制的裂纹会发生闭合，裂纹与结构之间需要定义如前面所说的接触方式，硬接触为该模型采用的接触方式，即裂纹面在接触条件为“开”时不传递法向应力，在接触条件为“闭”时传递法向应力，同时能够合理描述接触面的黏结状态和滑移状态。

表 7.6　岩石模型的材料力学参数

弹性模量 E/GPa	泊松比 ν	抗拉强度 σ_t/MPa	单轴抗压强度 σ_c/MPa	断裂韧度 K_{Ic}/(MPa · m$^{1/2}$)
21	0.3	18	116.5	1.2

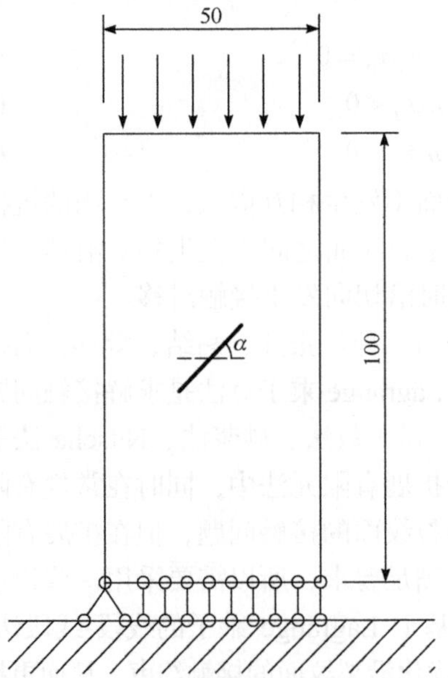

图 7.14　分析计算模型(单位：mm)

图 7.15　网格划分

特别需要注意扩展元材料参数的选取，岩石损伤演化是基于能量的、线性软化的、混合模式下的损伤演化模型，同时岩石的起始损伤判断依据是最大主应力失效准则，设定损伤稳定性系数为 10^{-6}，而断裂准则采用的是最大能量释放率准则。

2. 不同倾角下预制裂纹扩展过程

研究单轴压缩时不同倾角($\alpha=30°$、$45°$、$60°$)下预制裂纹萌生、扩展直至破坏的过程。由于裂纹在扩展过程中，变形程度较小，为了便于分析并清晰观察矩形板的破坏全过程，对图 7.16 所示的裂纹扩展过程图中的裂纹变形进行了放大处理。

不同倾角下预制裂纹的萌生、扩展直至破坏的过程整体趋势基本一致，但同时随着预制裂纹倾角的变化，结构所能承受的荷载以及裂纹的扩展角均有所不同。从图 7.16 中可以看出，不同倾角下的预制裂纹均随着轴向压力的增大先从预制裂纹两端开始以一定的起裂角产生翼型裂纹，而后随着轴向压力的持续增加，裂纹继续扩展，在此过程中裂纹的扩展角不断变化，同时随着翼型裂纹长度的增长，裂纹的扩展方向也逐渐改变，慢慢趋向于主应力方向，最终沿着最大主应力方向破坏，从而形成如图 7.16 所示的翼型裂纹形态。随着预制裂纹的增加，其翼型裂纹产生的初始扩展角也有增大的趋势，其中裂纹倾角为 60° 时的扩展角

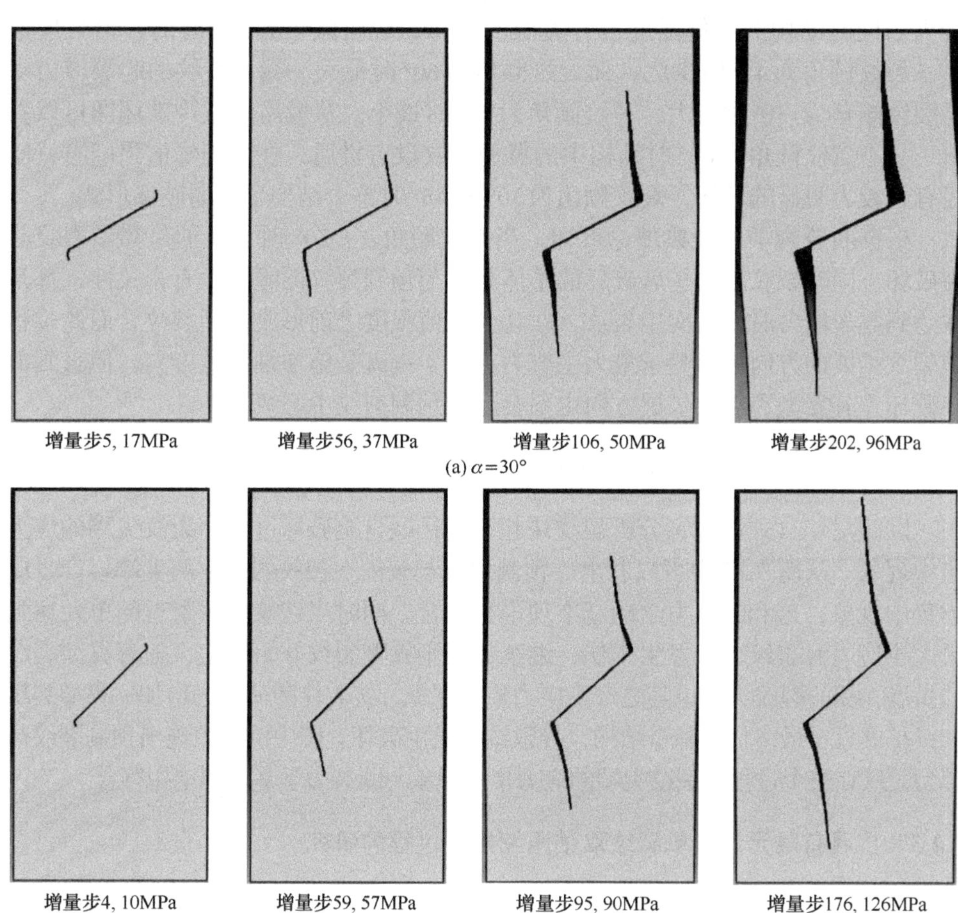

(a) $\alpha=30°$

(b) $\alpha=45°$

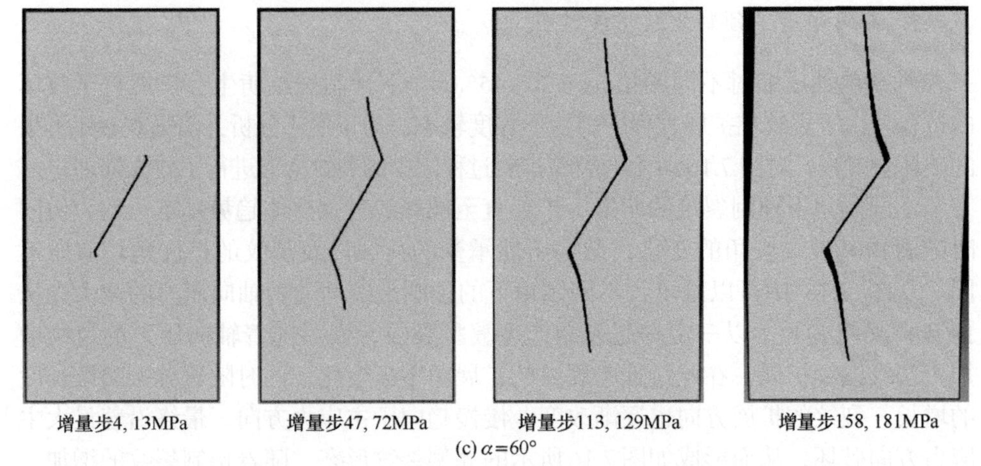

(c) $\alpha=60°$

图 7.16　单轴压缩时不同倾角下预制裂纹扩展过程

最大。同时结构的峰值强度也有类似的规律，裂纹倾角为30°时的峰值强度最小，裂纹倾角为45°时次之，而裂纹倾角为60°时最大。翼型裂纹的起裂应力则是裂纹倾角为 30°时最大，裂纹倾角为45°时最小。从最后的结构破坏图可以看出，只有裂纹倾角为60°时结构中的翼型裂纹没有贯通，在达到峰值强度时就已经有了较为明显的破坏，裂纹倾角为30°和45°时整个结构呈贯通破坏形式。

根据断裂力学的经典理论可知，当裂纹倾角 $\alpha < 30°$ 时发生的是翼型裂纹起裂破坏，同时裂纹起裂扩展破坏的整体趋势与预制裂纹的倾角没有相关性，都是在达到起裂应力时产生次生裂纹，在达到峰值强度之前形成翼型裂纹，而此过程中裂纹扩展的方向逐渐趋于最大主应力方向，也就是施加轴压的方向，但直到最终破坏，其翼型裂纹的扩展方向也不会超过预制裂纹中心线。

3. 裂纹尖端应力集中现象分析

以倾角 α=45° 为例，分析裂纹从起裂到扩展直至破坏过程中裂纹尖端的应力集中现象。从图 7.17 中可以看出，预制裂纹起裂前在裂纹的上下两尖端会产生应力集中现象，这和断裂力学的基本理论相符合，同时当裂纹尖端附近的单元达到最大主应力时裂纹开始发生损伤，继续加载则翼型裂纹开始产生，随着翼型裂纹的扩展，新的裂纹尖端也随之产生应力集中现象，接着伴随荷载的增加，翼型裂纹继续扩展直至最终贯穿整个结构，导致结构发生破坏。图中清晰表现出预制裂纹与翼型裂纹在整个过程中裂纹尖端的应力集中现象与断裂力学基本理论相符合。

7.4.3　扩展有限元法对单裂纹双轴压缩扩展过程的研究

在上述计算模型的前提下，同时施加轴向压力和侧向压力，使整体结构处于双轴压缩的受力状态，观察结构预制裂纹起裂时初始扩展角及其物理参数的变化规律。同时在实际的工程应用中，由于隧道等工程开挖过后岩石存在临空面即双向受压，裂隙岩体常处于双轴压缩状态，这就使得研究侧向压力大小对裂纹起裂和裂纹初始扩展角在裂纹扩展整个过程中的影响有着重要意义。

1. 双轴压缩下侧向压力对裂纹起裂角的影响

利用上述计算模型对矩形板进行双轴压缩模拟时，可以观察到随着侧向压力的变化，预制裂纹产生翼型裂纹的起裂角也跟着改变，图 7.18 为预制裂纹倾角 α=45° 时侧向压力分别为 0MPa、1MPa、2MPa、3MPa、4MPa 情况下翼型裂纹

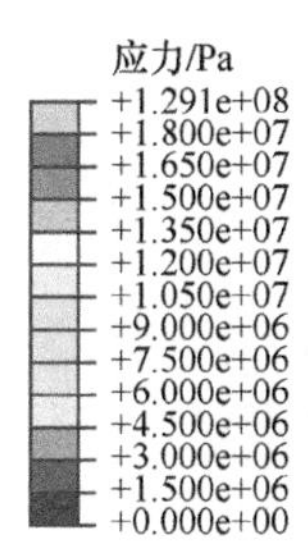

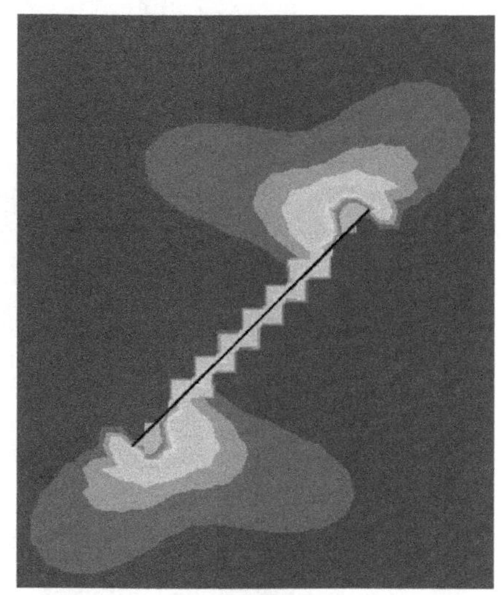

(a) 裂纹起裂前

应力/Pa
+2.307e+08
+1.800e+07
+1.650e+07
+1.500e+07
+1.350e+07
+1.200e+07
+1.050e+07
+9.000e+06
+7.500e+06
+6.000e+06
+4.500e+06
+3.000e+06
+1.500e+06
+0.000e+00

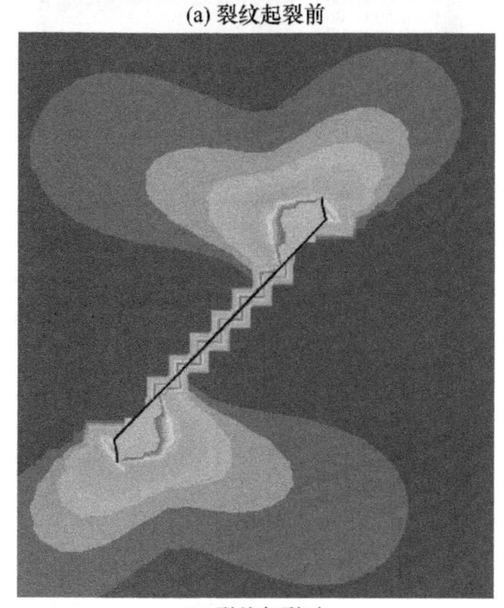

(b) 裂纹起裂时

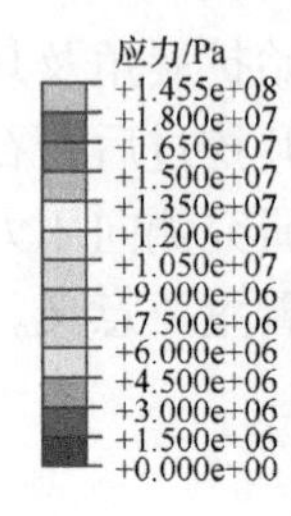

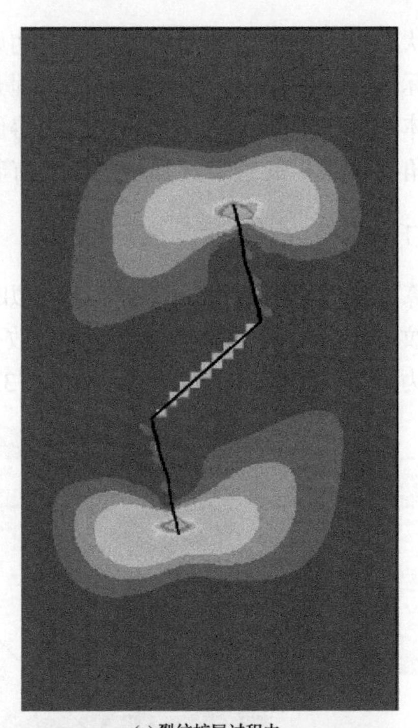

(c) 裂纹扩展过程中

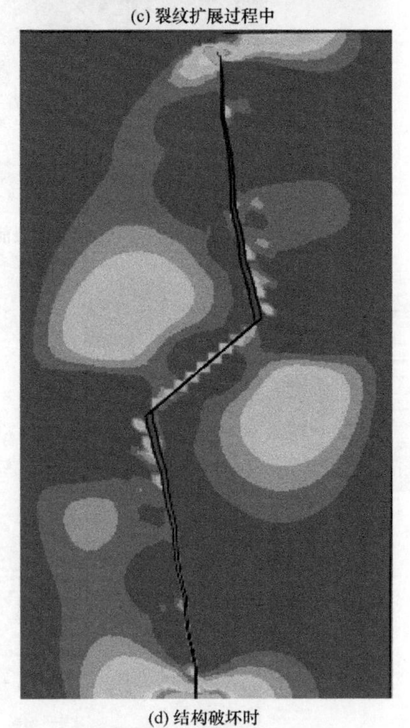

(d) 结构破坏时

图 7.17　裂纹扩展过程中尖端应力集中现象

起裂角大小。可以看出，在该模型下，裂纹起裂角随着侧向压力的增大呈逐渐减小的趋势，具体规律如图 7.19 所示。可见裂纹的起裂角在60°～80°范围内，而且变化程度不是很明显，这与断裂力学基本理论相符合，同时随着侧向压力的增大，裂纹的初始起裂角有减小的趋势，该结论与黄凯珠等[3]的二维预制裂纹扩展试验相吻合，同时再继续增加侧向压力，裂纹的扩展方向更易于向平行于轴向压力的方向扩展，但是无论侧向压力多大，裂纹的扩展路径及趋势都没有太大的变化。另外，在模拟的过程中观察到翼型裂纹扩展的长度随着侧向压力的增大有变短的趋势，也证明了侧向压力的存在会抑制预制裂纹的扩展。

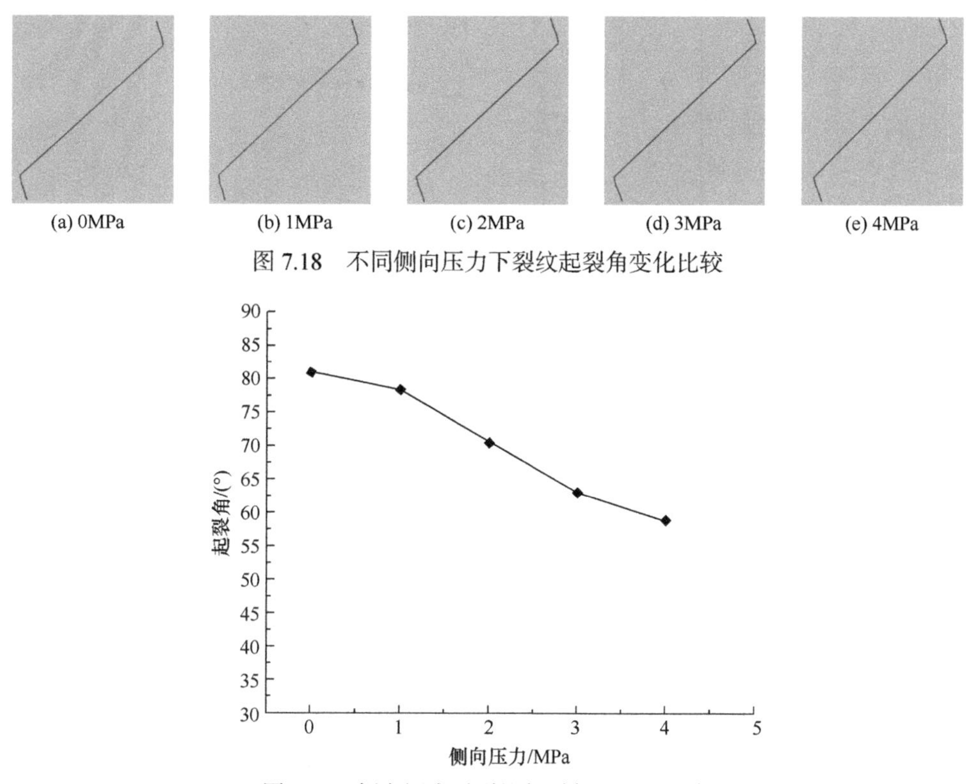

(a) 0MPa　(b) 1MPa　(c) 2MPa　(d) 3MPa　(e) 4MPa

图 7.18　不同侧向压力下裂纹起裂角变化比较

图 7.19　侧向压力对裂纹起裂角的影响规律

2. 双轴压缩下侧向压力对起裂应力及峰值强度的影响

同样还是对上述计算模型进行双轴压缩模拟，利用 ABAQUS 的后处理功能可以得到不同侧向压力作用下预制裂纹的起裂应力及峰值强度，如图7.20所示。从图中可以看出，随着侧向压力的增大，预制裂纹的起裂应力及结构的峰值强度也有明显的增加，而且侧向压力对起裂应力的作用大于对峰值强度的改变，同样当侧向压力为 4MPa 时，相比无侧向压力时起裂应力提高了 83%，峰值强度提高了47%。观察两条曲线的趋势，发现侧向压力在低压时对起裂应力和峰值强度的影响更强烈，即随着侧向压力的增加，预制裂纹的起裂应力和峰值强度增加的幅度越来越小，侧向压力对预制裂纹起裂应力和峰值强度的作用越来越不显著。

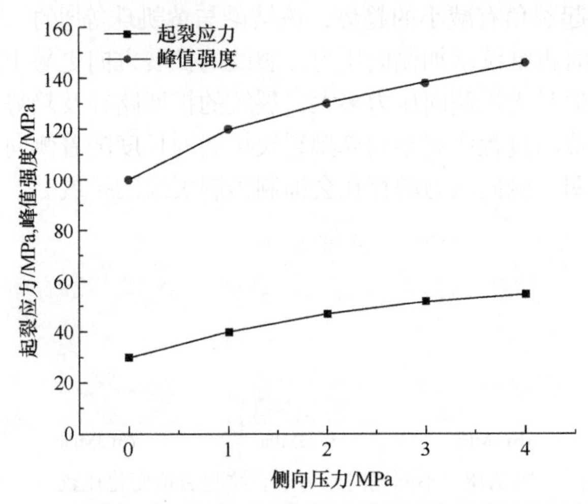

图 7.20　侧向压力对裂纹起裂应力及结构峰值强度的影响规律

总体规律显示，侧向压力的存在限制了预制裂纹的侧向变形，减小了翼型裂纹的初始起裂角，同时增大了结构的起裂应力和峰值强度。

7.4.4　扩展有限元法对二维多裂纹单轴压缩扩展过程的研究

1. 预制裂纹扩展萌生裂纹类型及双裂纹贯通破坏模式

1) 预制裂纹扩展萌生裂纹类型

由大量有关裂隙岩体中裂纹扩展的单轴压缩试验及理论研究分析可知，预制裂纹尖端萌生其他微裂纹的过程是有一定规律的[4]，具体可以表述为：刚开始时预制裂纹会随着荷载的增加慢慢呈现闭合状态，直至预制裂纹面的两侧开始出现相对滑动，此时预制裂纹的两尖端开始产生翼型裂纹；随着荷载的增大，翼型裂纹的扩展方向慢慢沿着最大主应力方向转变，与此同时，在预制裂纹的两尖端开始萌生次生裂纹，包括次生共面裂纹和次生倾斜裂纹，其中次生共面裂纹的扩展方向与预制裂纹的方向大致相同，而次生倾斜裂纹的扩展方向与之前萌生的翼型裂纹扩展方向相反，所以又称为反翼型裂纹；而后荷载持续增大，使得预制裂纹尖端萌生的各类微裂纹随之继续扩展直至产生贯通破坏。整个过程如图 7.21 所示。

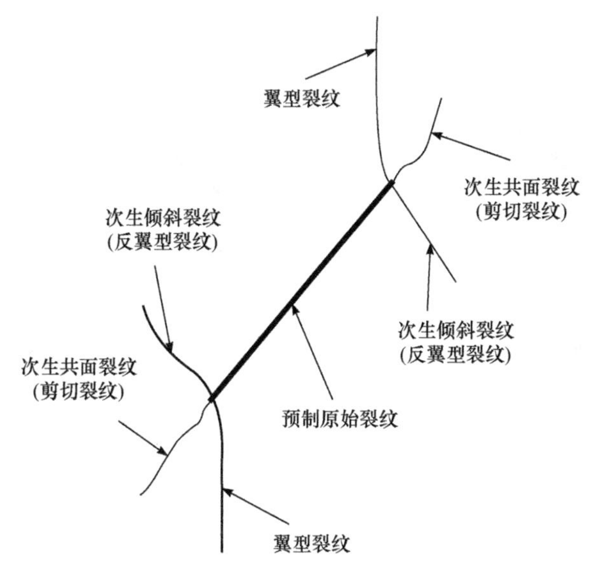

图 7.21　单轴压缩下预制裂纹扩展示意图

由上述可以发现，预制裂纹尖端萌生的微裂纹主要包括翼型裂纹和次生裂纹两大类，其中次生裂纹包括次生共面裂纹和次生倾斜裂纹，根据它们产生的原因，又分为拉伸裂纹和剪切裂纹。

翼型裂纹是由于预制裂纹尖端受到切向拉应力的作用产生并扩展的，所以也称为拉伸裂纹。翼型裂纹表面干净且没有破碎状物质，由于是拉应力的作用，其扩展路径为曲线，同时翼型裂纹通常最先产生，并且在预制裂纹的两尖端都有出现，随着荷载的增加，翼型裂纹的扩展方向开始转向最大主应力方向并持续扩展直至破坏。

次生共面裂纹和次生倾斜裂纹是由剪应力作用而产生并扩展的，所以也称为剪切裂纹。剪切裂纹表面粗糙且伴随着破碎状物质剥落而出，其出现通常晚于翼型裂纹，而且次生共面裂纹萌生扩展方向与预制裂纹面共面或近似共面，随着荷载的增加，次生共面裂纹快速发展直至产生贯通破坏，由于剪切应力的作用，裂纹表面粗糙且有明显的挤压痕迹；次生倾斜裂纹受到的是与翼型裂纹方向垂直的剪切应力，同时其扩展的速度较为缓慢且扩展的长度较短，所以次生倾斜裂纹在结构破坏的过程中并不多见。

2) 双裂纹贯通破坏模式

含双裂纹的结构贯通破坏模式按照力学特征可以分为张拉破坏、剪切破坏和拉剪复合破坏，如图 7.22 所示。而根据微裂纹的扩展情况可以更加具体地分为以下几类[5,6]：翼型裂纹和翼型裂纹的贯通破坏、翼型裂纹和预制裂纹的贯通破坏、拉伸裂纹贯通破坏、次生共面裂纹贯通破坏、翼型裂纹和次生共面裂纹贯通破坏。

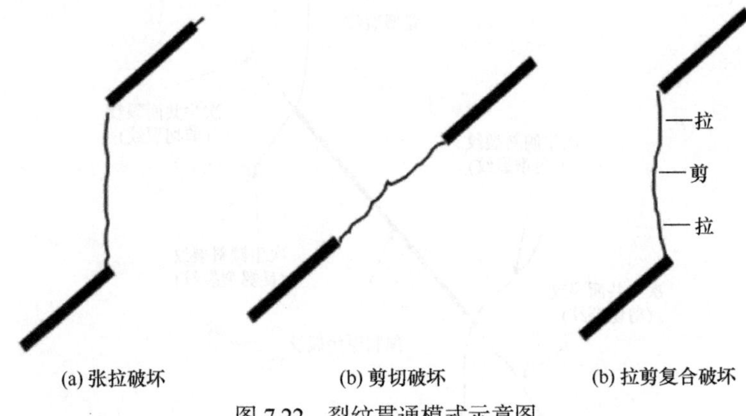

(a) 张拉破坏　(b) 剪切破坏　(b) 拉剪复合破坏

图 7.22　裂纹贯通模式示意图

(1) 张拉破坏。

① 翼型裂纹和翼型裂纹的贯通破坏。

图 7.23(a)为翼型裂纹和翼型裂纹的贯通破坏。这种贯通破坏模式首先需要两条预制裂纹的两尖端都萌生翼型裂纹，之后随着荷载的增加，上裂纹的底端翼型裂纹与下裂纹的顶端翼型裂纹扩展至搭接，紧接着形成贯通岩桥区域的破坏面，此时结构并没有完全失去承载能力而是随荷载的增大继续扩展，同时预制裂纹靠近上下端部的尖端萌生了次生共面裂纹，继续沿着最大剪应力的方向扩展，最终随着荷载的继续增加，结构完全失去承载能力而破坏。这种贯通破坏模式通常发生在岩桥角比较大且岩桥有一定的长度情况下。

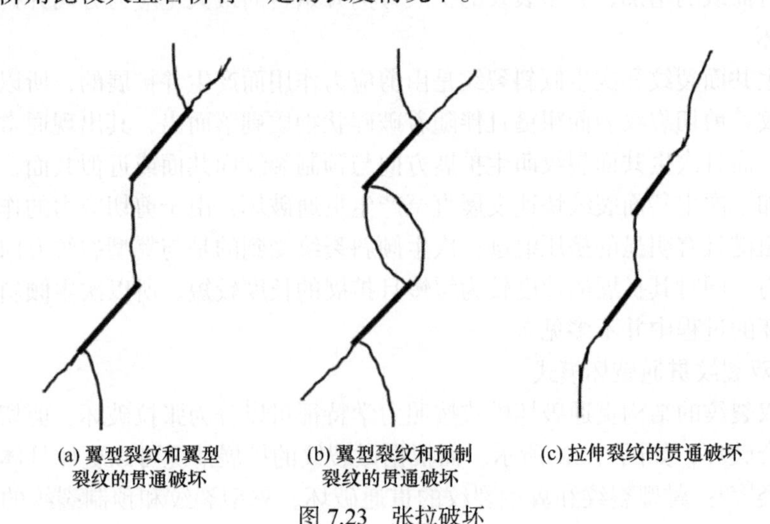

(a) 翼型裂纹和翼型裂纹的贯通破坏　(b) 翼型裂纹和预制裂纹的贯通破坏　(c) 拉伸裂纹的贯通破坏

图 7.23　张拉破坏

② 翼型裂纹和预制裂纹的贯通破坏。

图 7.23(b)为翼型裂纹和预制裂纹的贯通破坏。这种贯通破坏模式首先需要两条预制裂纹的两尖端都萌生翼型裂纹，之后随着荷载的增加，上裂纹的底端翼型裂纹与下预制裂纹发生搭接，下裂纹的上端翼型裂纹与上预制裂纹发生搭接，从而形成鱼眼状的破坏面，与此同时，预制裂纹的外尖端翼型裂纹继续扩展，随着荷载的持续增加，它们延伸至结构的端部，最终结构完全失去承载能力而破坏，此时整个裂纹的破坏面以及鱼眼状的断裂核心都非常平整，没有摩擦的迹象，说明这样的破坏是在拉应力作用下发生的。这种贯通破坏模式通常发生在岩桥角很大同时预制裂纹的倾角也很大，并且两预制裂纹之间距离较小的情况下。

③ 拉伸裂纹的贯通破坏。

图 7.23(c)为拉伸裂纹的贯通破坏。这种贯通破坏模式首先需要预制裂纹的内端部萌生翼型裂纹，随着荷载的增大，上裂纹的底端翼型裂纹与下裂纹的上端翼型裂纹扩展至搭接，从而形成贯通破坏面，同时两条预制裂纹由于压应力的作用产生相对滑动，两预制裂纹的外端部产生次生共面裂纹并沿着剪应力方向扩展，随着荷载的持续增加，次生共面裂纹逐渐转变为拉伸裂纹并沿着最大主应力方向开始扩展，直至发生整体破坏。这种贯通破坏模式通常发生在岩桥角很大同时预制裂纹倾角也很大，并且拉伸裂纹扩展良好的情况下。

(2) 剪切破坏。

图 7.24 为剪切破坏模式。这种贯通破坏模式首先需要两条预制裂纹萌生次生共面裂纹和翼型裂纹，随着荷载的增大，上裂纹的底端次生共面裂纹和下裂纹的上端次生共面裂纹迅速扩展并搭接形成贯通岩桥区域的破坏面，同时两预制裂纹外端部出现的次生共面裂纹扩展良好，随着荷载的持续增加，它们继续扩展直至延伸至结构端部，和两裂纹间的破坏面一同形成剪切滑动破坏面，导致整体结构的贯通破坏。这种贯通破坏模式通常发生在预制裂纹倾角与裂纹间岩桥角大致相同的情况下，也就是说，两条预制裂纹基本处于共面布置。

(3) 拉剪复合破坏。

图 7.25 为拉剪复合破坏模式。这种贯通破坏模式首先在两条预制裂纹外端部都产生翼型裂纹，同时在其中一条预制裂纹的内端部也萌生了翼型裂纹，随着荷载的增大，另外一条预制裂纹的内端部萌生了次生共面裂纹，沿着剪应力的方向扩展并与预制裂纹内端部的翼型裂纹产生搭接，从而形成贯通岩桥区域的破坏面，荷载的持续增加使得预制裂纹外端部微裂纹扩展直至延伸到结构端部，导致整体结构破坏。这种贯通破坏模式通常出现在裂纹岩桥角不断增大而裂纹倾角不变的情况下，是剪切破坏转为张拉破坏的一种过渡破坏形式。

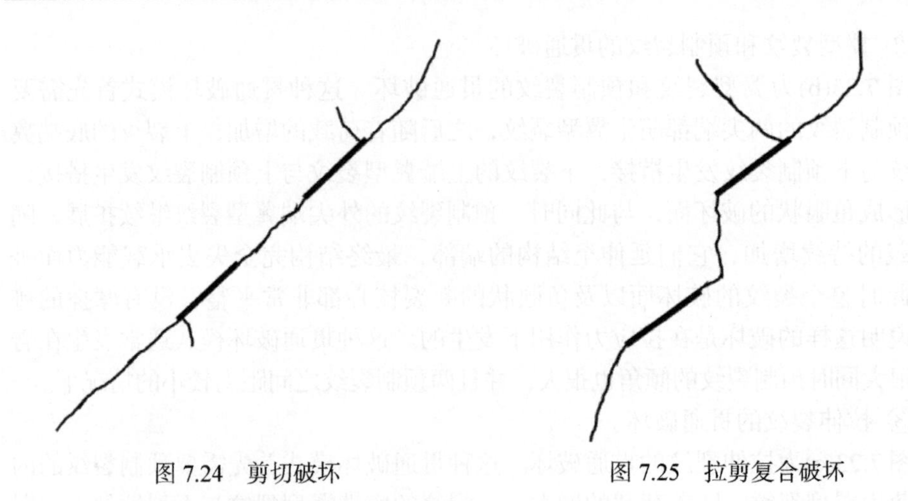

图 7.24　剪切破坏　　　　图 7.25　拉剪复合破坏

2. 平行双裂纹单轴压缩扩展过程

采用 7.4.2 节所用的力学参数，模拟预制平行双裂纹在单轴压缩状态下的扩展过程，采用$100\text{mm}\times 50\text{mm}$矩形板模型，如图 7.26 所示，两条预制贯穿裂纹 AB

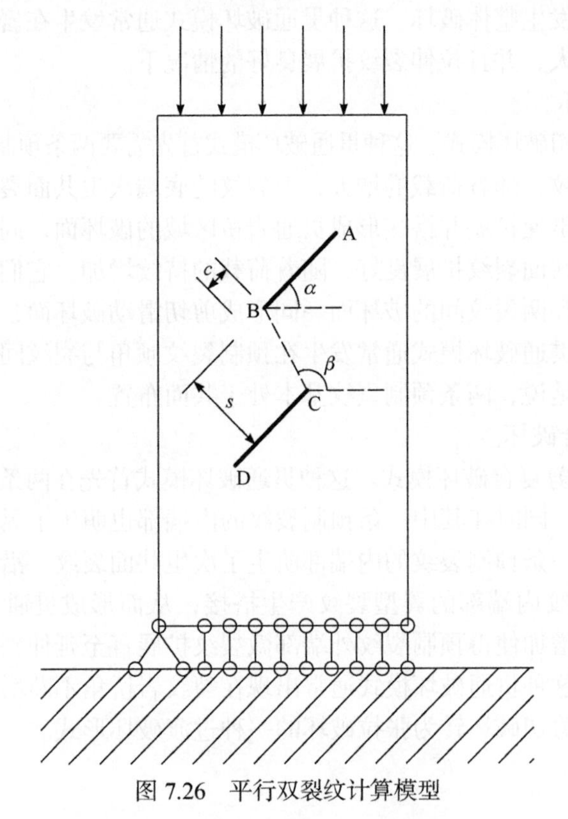

图 7.26　平行双裂纹计算模型

和 CD 的长度均为 $2a=15\text{mm}$，是两条等长的裂纹，α 为两裂纹的倾角，β 为两裂纹间的岩桥角，s 为裂纹间距，c 为裂纹未连通距离，而模型的边界条件则是通过约束板的竖向位移达到，同时单轴压缩的加载方式选择在板顶进行位移加载。以此分析双裂纹在不同裂纹倾角和岩桥角下的扩展过程以及两裂纹之间的相互作用。

(1) α=45°，β=45°，$s=0$，$c=2\text{mm}$。

当两条预制裂纹的倾角与其岩桥角相同且裂纹间距为 0 时，即两条预制裂纹处于共线分布，这种情况称为共线裂纹，图 7.27 为共线裂纹从裂纹萌生、扩展直至结构破坏的全过程。从图中可以看出，翼型裂纹首先在两预制裂纹尖端的外端 A、D 产生，时间上基本相同，而后 A、D 处的翼型裂纹持续扩展，此时两预制裂纹尖端的内端 B、C 开始萌生次生共面裂纹，随着荷载的持续增加，A、D 端的翼型裂纹继续快速扩展，B、C 端次生共面裂纹也继续扩展，由于相互受到抑制作用，其扩展速度较为缓慢，直至 B 和 C 两端产生搭接，形成贯通的破坏面，此后 A、D 两端的翼型裂纹一直稳定发展且发育良好，同时由于结构下端受到支座的约束，D 端翼型裂纹的扩展速度相对于 A 端较慢。观察应力云图可以明显看出，除裂纹尖端区域外，岩桥贯通区域也有大量损伤单元，同样应力集中现象也主要分布在这两块区域。此种情况的破坏贯通模式相似于上述剪切破坏形式。

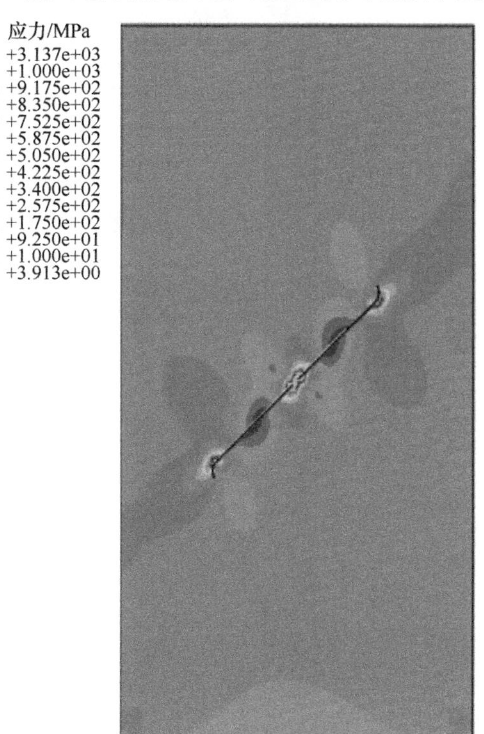

(a) 裂纹产生

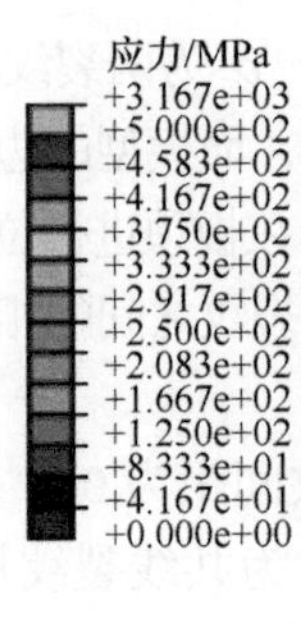

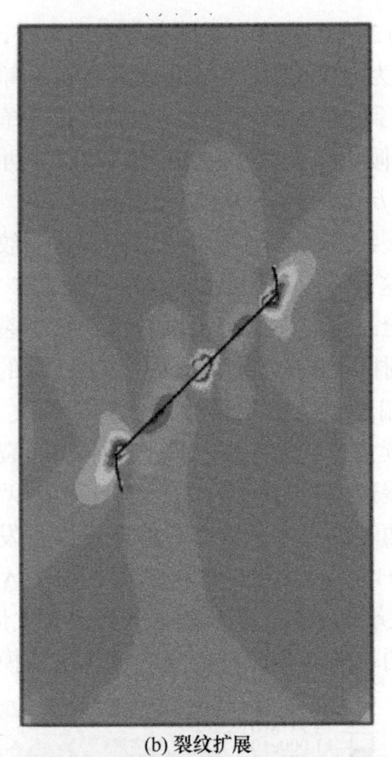

(b) 裂纹扩展

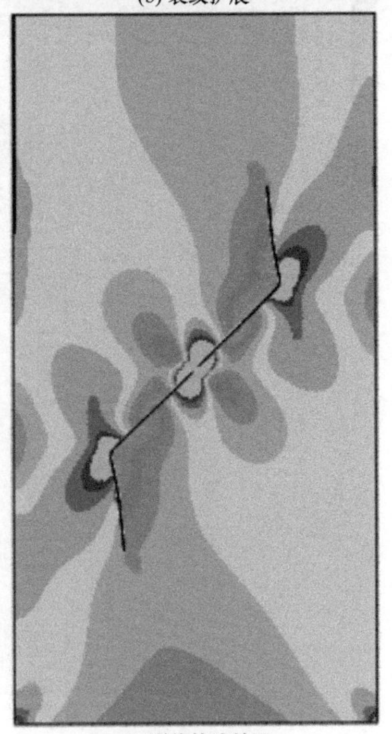

(c) 裂纹快速扩展

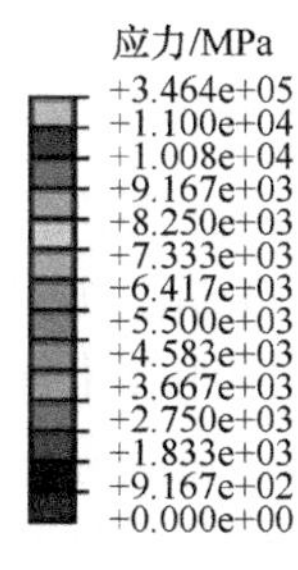

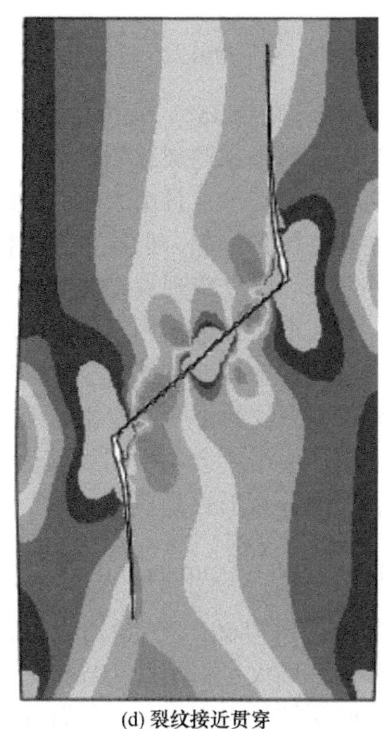

(d) 裂纹接近贯穿

图 7.27　裂纹扩展过程应力云图一

同时将模拟共线裂纹受压导致次生共面裂纹贯通破坏的图像与蒲成志[7]的试验图像进行比对，相似度很高，如图 7.28 所示。

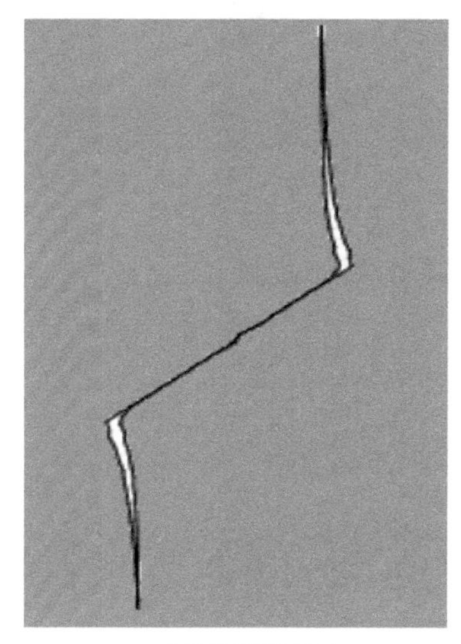

(a) 数值模拟裂纹扩展

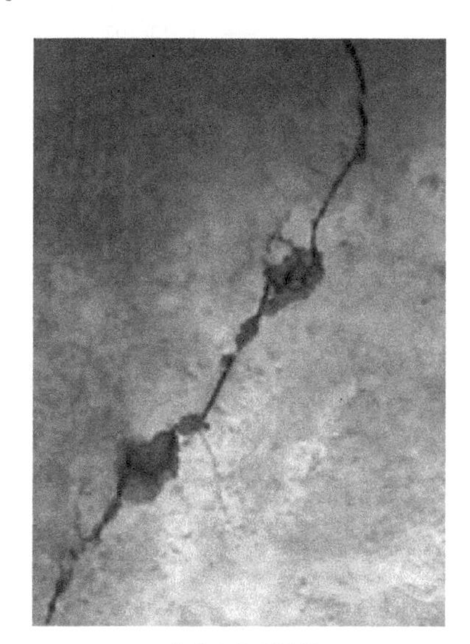

(b) 真实岩体裂纹扩展

图 7.28　次生共面裂纹扩展贯通模拟与试验比对

(2) α=45°, β=90°, $s=\dfrac{5\sqrt{2}}{2}\text{mm}$, $c=\dfrac{5\sqrt{2}}{2}\text{mm}$。

图 7.29 是预制裂纹倾角为45°、岩桥角为90°的典型张拉破坏情况。从图中可以看出，在加载初期，两条预制裂纹的外端 A、D 萌生次生共面裂纹，与此同时，内端 B、C 处萌生翼型裂纹，且由于两裂纹的间距和未连通距离都较小，很快两翼型裂纹就扩展至搭接到一起，形成贯穿岩桥区域的破坏面，随着荷载的增加，两预制裂纹的外端 A、D 处出现翼型裂纹，且由于翼型裂纹的逐渐扩展，两裂纹距离越来越远，相互产生促进作用，使得外端的翼型裂纹随着加载的继续沿着最大主应力的方向持续稳定快速扩展直至达到结构的端部，而由于结构下端受到支座的约束，D 端翼型裂纹的扩展速度相对于 A 端较慢。同时可以观察到，随着加载，岩桥区域的破坏面最终会发生相对滑动，形成一个小缺口但并没有应力集中现象。这种双裂纹的分布形式是典型的翼型裂纹和翼型裂纹贯通破坏模式。

(3) α=60°, β=120°, $s=\dfrac{5\sqrt{2}}{2}\text{mm}$, $c=0$。

图 7.30 是预制裂纹倾角为60°、岩桥角为120°的典型张拉破坏情况。此种情况下裂纹倾角和岩桥角都增大了，因此会导致另一种张拉破坏模式。从图中可以看出，在加载初期，两裂纹的内端 B、C 处首先萌生翼型裂纹，继续加载，两裂纹的外端 A、D 也开始出现翼型裂纹，随着荷载的增加，A、B、C、D 四处预制

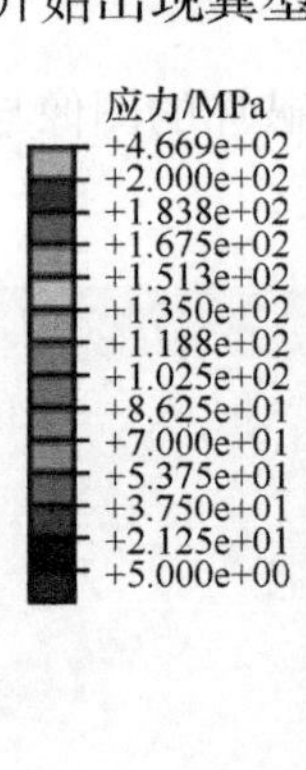

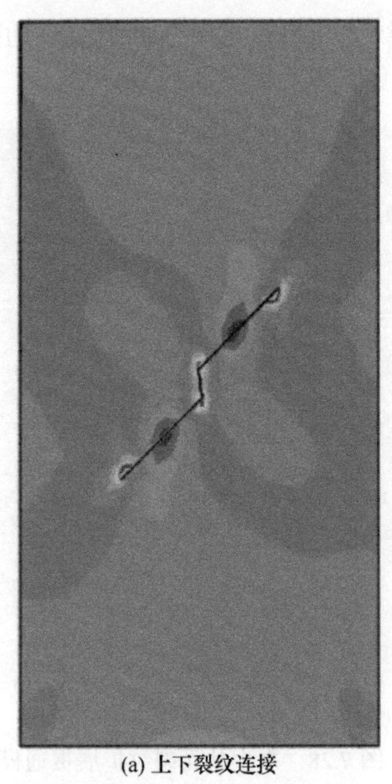

(a) 上下裂纹连接

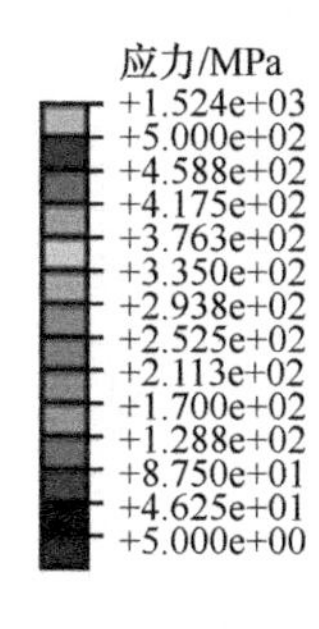

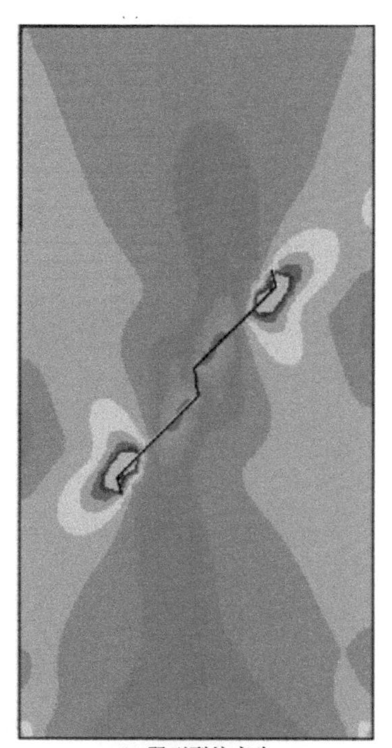

(b) 翼型裂纹产生

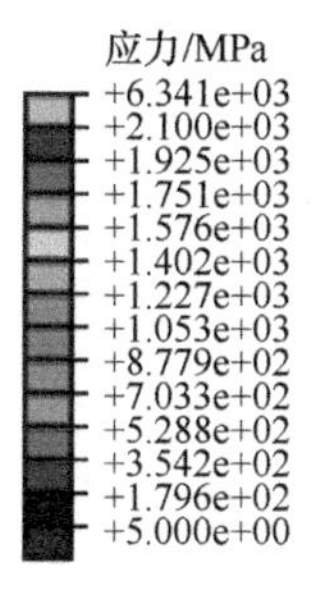

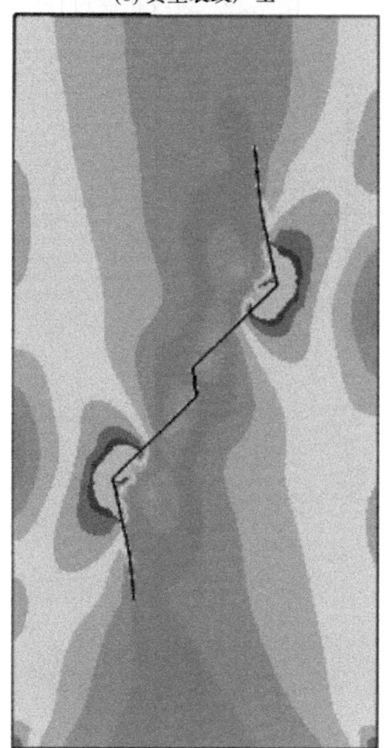

(c) 翼型裂纹扩展

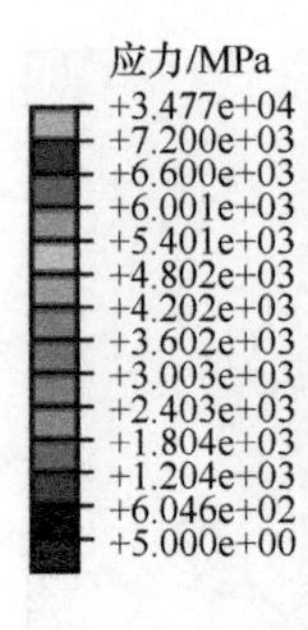

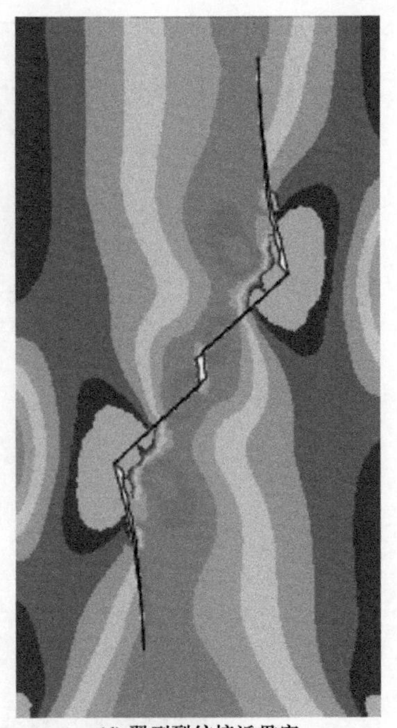

(d) 翼型裂纹接近贯穿

图 7.29　裂纹扩展过程应力云图二

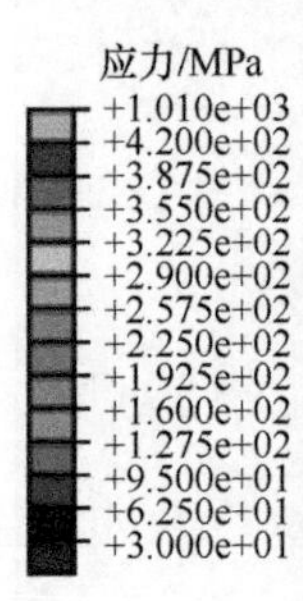

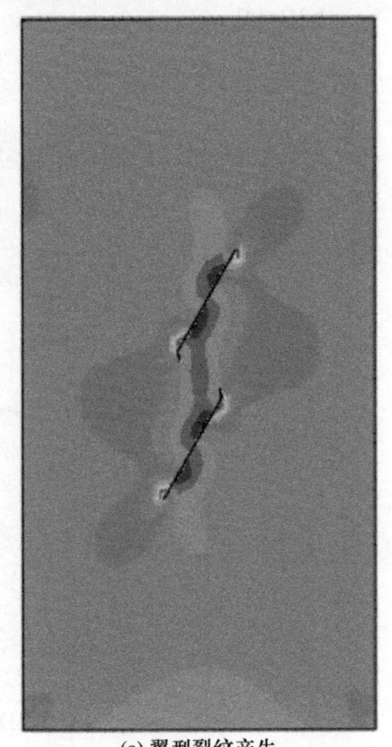

(a) 翼型裂纹产生

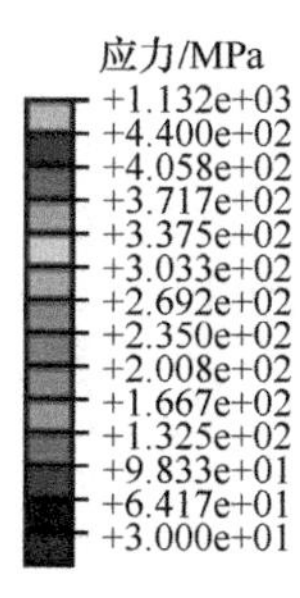

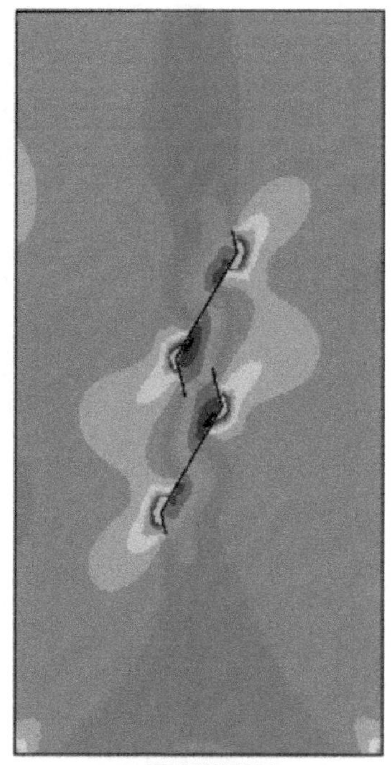

(b) 翼型裂纹扩展

应力/MPa
+1.773e+03
+5.700e+02
+5.250e+02
+4.800e+02
+4.350e+02
+3.900e+02
+3.450e+02
+3.000e+02
+2.550e+02
+2.100e+02
+1.650e+02
+1.200e+02
+7.500e+01
+3.000e+01
+2.919e+00

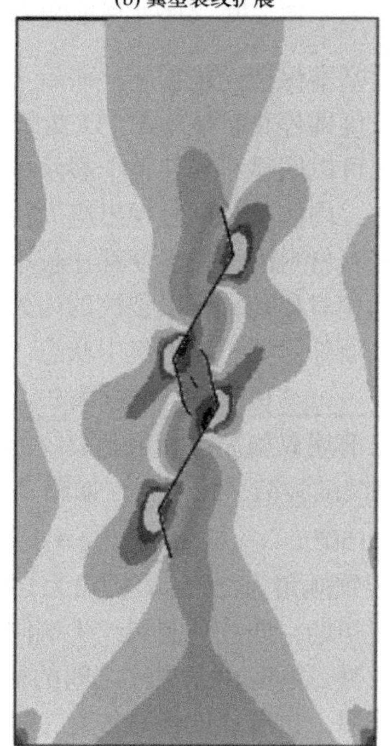

(c) “鱼眼状”断裂核心产生

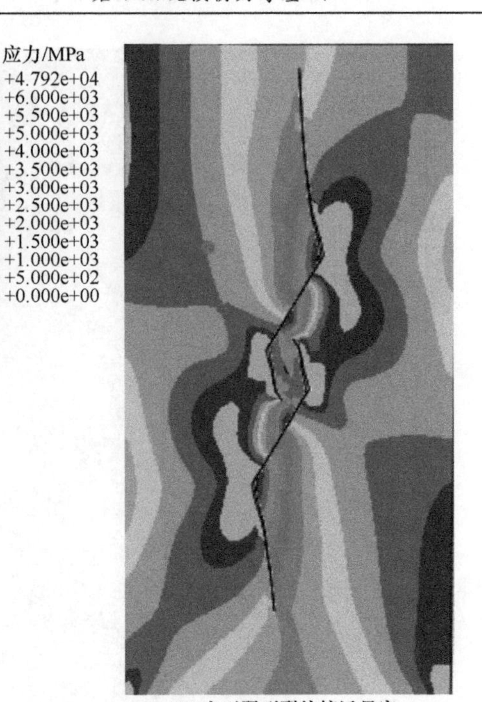

(d) 上下翼型裂纹接近贯穿

图 7.30　裂纹扩展过程应力云图三

裂纹尖端的翼型裂纹基本保持同步扩展，而后 B、C 处翼型裂纹由于彼此的抑制作用扩展到一定的长度即停止扩展，A、D 处翼型裂纹则持续稳定扩展直至结构的端部。从应力云图可以明显看到，整个裂纹扩展过程中应力集中现象发生在两预制裂纹尖端的外侧，内侧部分则表现出应力松弛现象。这主要是由于翼型裂纹是拉伸裂纹，而类岩石材料的抗拉强度都比较小，同时当翼型裂纹逐渐扩展后，裂纹面会出现明显的相对移动，所以裂纹的内外侧各自承担压应力，导致裂纹内侧处于应力松弛状态而外侧处于应力集中状态。再观察预制裂纹的扩展形态，会发现 B、C 端出现了一个“鱼眼状”的断裂核心，而且其核心表面较为平整，没有摩擦的痕迹，这与前述翼型裂纹和预制裂纹的贯通破坏模式相类似。这个结果与蒲成志等[8]的双裂纹试验结果相吻合，如图 7.31 所示。

(4) $\alpha=30°$，$\beta=150°$，$s=6\sqrt{3}\text{mm}$，$c=6\text{mm}$。

图 7.32 是预制裂纹倾角为 30°、岩桥角为 150° 的平行双裂纹扩展过程。从图中可以看出，在加载初期，四处预制裂纹尖端同时产生翼型裂纹，随着荷载的增加，翼型裂纹持续扩展，同时由于裂纹之间的相互作用，B、C 处两翼型裂纹相互受到彼此的抑制作用，扩展速度相对较慢，而 A、D 处两翼型裂纹相互受到彼此的促进作用以相对较快的速度进行扩展，随着荷载的持续增加，B、C 处翼型裂纹基本停止扩展，直至裂纹尖端靠近预制裂纹，与预制裂纹形成平行四边形的

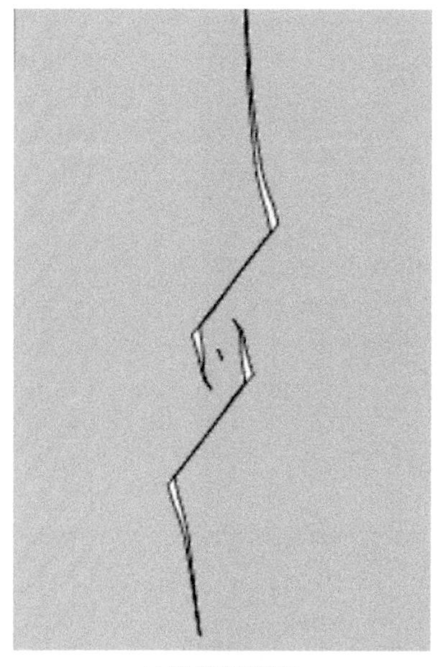

(a) 数值模拟结果

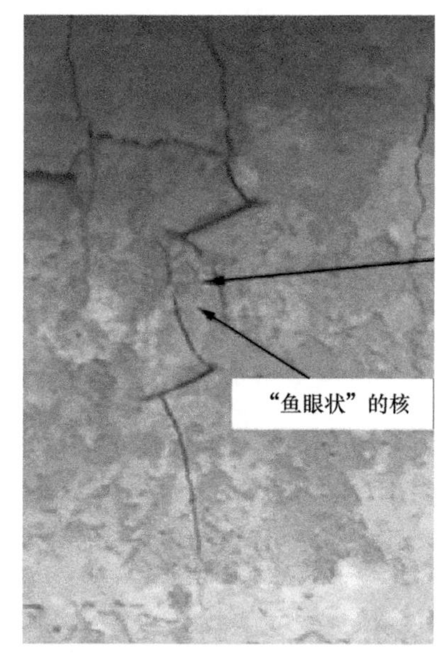

(b) 试验结果

图 7.31　“鱼眼状”断裂模拟结果与试验结果比对

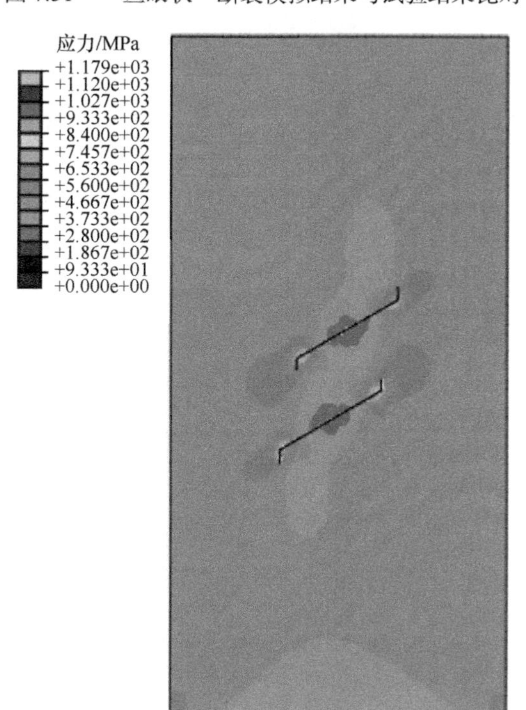

(a) 翼型裂纹产生

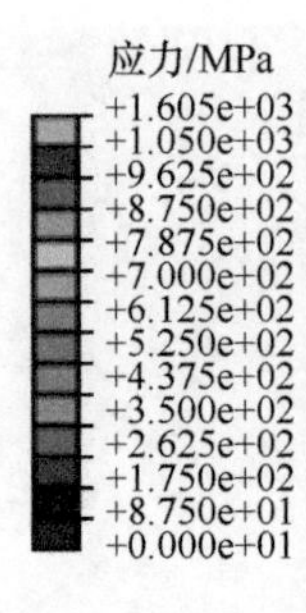

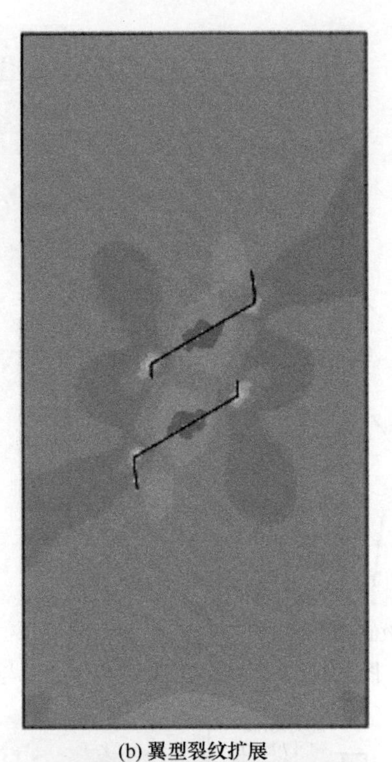

(b) 翼型裂纹扩展

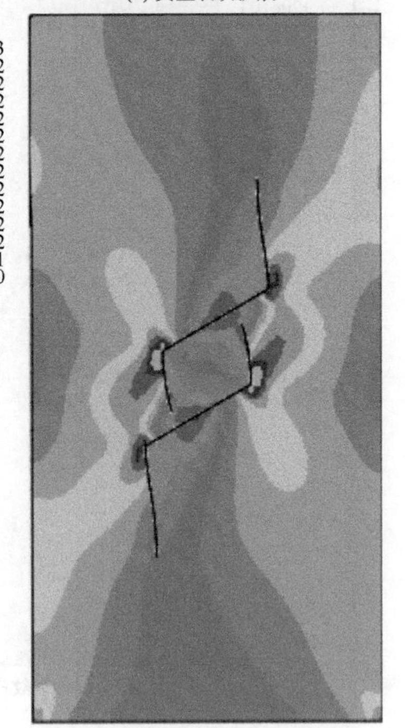

(c) 翼型裂纹持续扩展

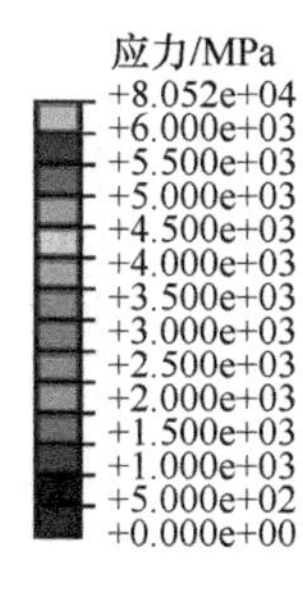

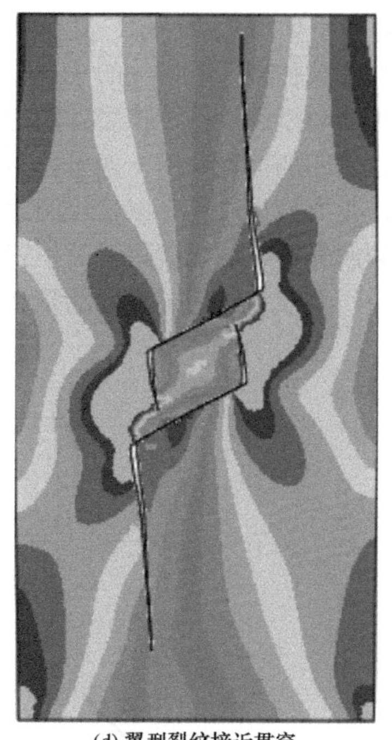

(d) 翼型裂纹接近贯穿

图 7.32　裂纹扩展过程应力云图四

破坏区域，与此同时，A、D 处两翼型裂纹一直稳定扩展至结构的端部。从应力云图可以看到，形成的平行四边形破坏区域中心也由于压应力的作用出现一块应力集中区域，与此同时，在预制裂纹 B、C 端翼型裂纹扩展后的尖端也有明显的应力集中区域。在这种情况下，两条预制裂纹不会产生贯通式的破坏形式，而是到一定程度即停止扩展。

通过对上述四种不同布置方式的双裂纹扩展过程分析，可以总结出以下结论：当两预制裂纹在岩桥区域的两端距离较近时，结构通常最后会在岩桥区域形成贯通的破坏面即岩桥被贯通，最终造成贯通破坏。与此同时，如果预制裂纹两尖端距离较近，彼此扩展时受到相互抑制作用，而距离较远时受到相互促进作用。双裂纹在岩桥区域以及各裂纹尖端区域附近都会出现许多损伤单元且应力集中现象明显的区域也集中在这些地方。因此，两条裂纹的位置分布决定了整体结构的破坏形式。

3. 平行多裂纹单轴压缩扩展过程

在不改变上述力学参数及边界条件的前提下，研究三平行裂纹单轴压缩扩展过程。三预制裂纹的倾角都为 45°，且它们的竖向投影重合，相邻两预制裂纹的间距为10mm，计算模型如图7.33所示，其扩展过程的应力云图如图7.34所示。从图中可以看出，在加载初期，上裂纹的B端和下裂纹的E端首先萌生翼型裂纹，随着荷载的增加，翼型裂纹持续扩展，同时中间裂纹的C、D端开始萌生翼型裂纹，而由于裂纹之间的抑制作用，四条翼型裂纹扩展速度相对较缓慢，继续加载发现A、F端产生翼型裂纹，并以较快的速度逐渐向最大主应力方向扩展，在破坏前中间预制裂纹靠近裂纹尖端附近的位置分别产生两条次生倾斜裂纹，同时出现应力集中现象。与双裂纹情况相同的是裂纹尖端区域附近有大量损伤单元出现。

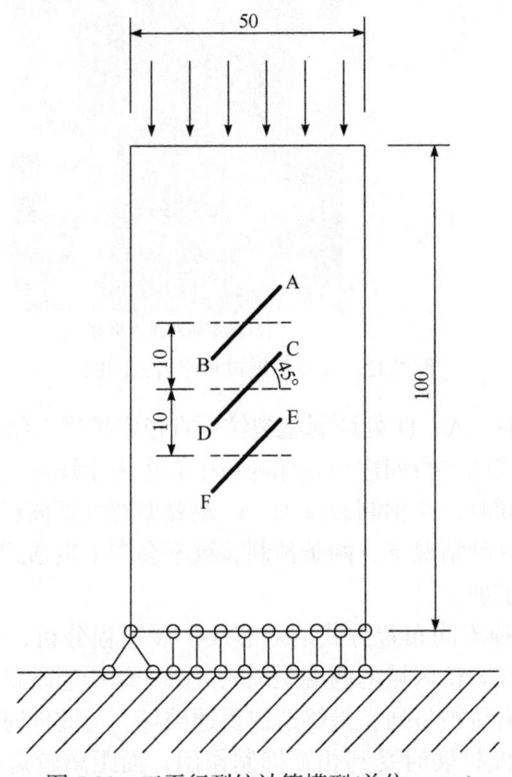

图 7.33　三平行裂纹计算模型(单位：mm)

以上从单位分解法、位移模式、控制方程、积分方法等方面阐述了扩展有限元法的基本原理，扩展有限元法就是在常规有限元法的基础上利用单位分解的思想来改进位移模式以反映裂纹面的不连续性，同时采用不同的积分方法处理裂纹，实现对裂纹从起裂、扩展直至破坏全过程的模拟。对贯穿单裂纹的单轴压缩模拟过程发现，产生的翼型裂纹最终随着加载都会向最大主应力方向扩展直至破坏，同时裂纹尖端区域有明显的应力集中现象。而对单裂纹的双轴压缩起裂分析发现，侧向压力对预制裂纹扩展有一定的抑制作用，同时可以提高裂纹的起裂应

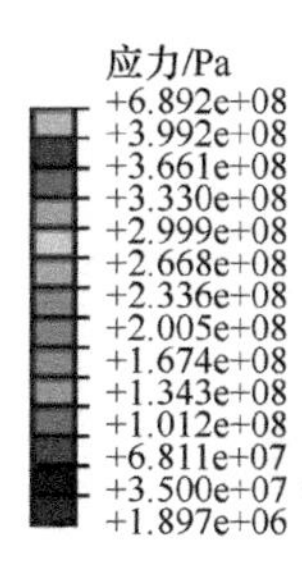

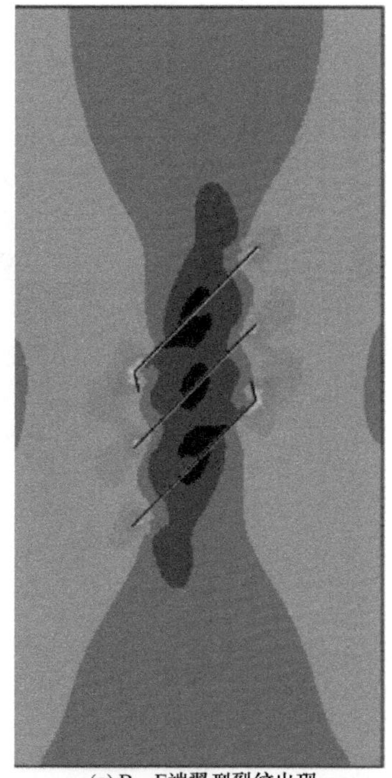

(a) B、E端翼型裂纹出现

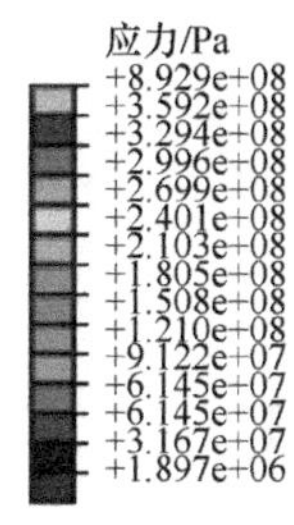

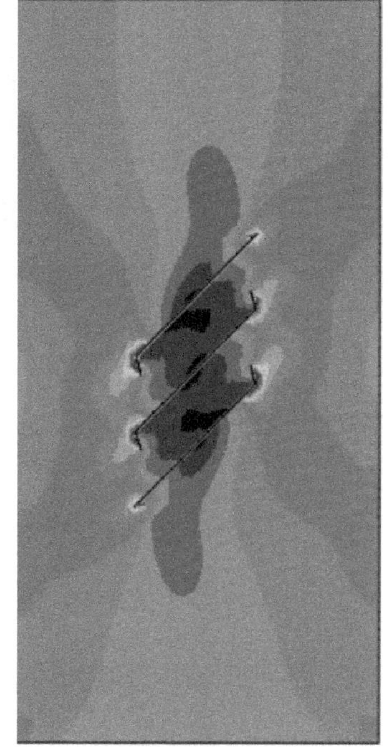

(b) C、D端翼型裂纹出现

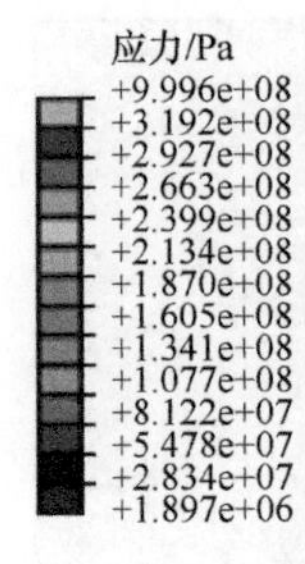

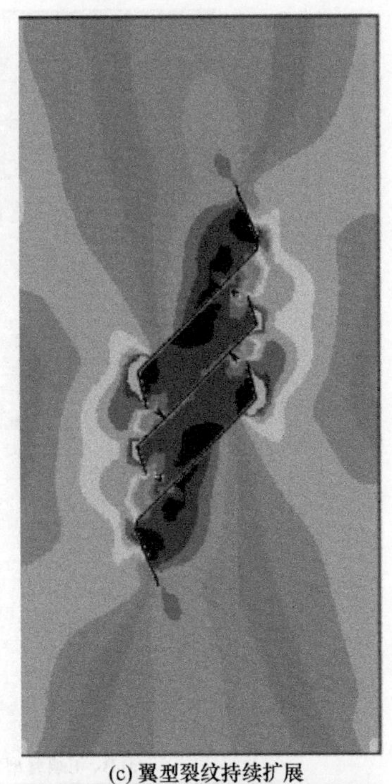

(c) 翼型裂纹持续扩展

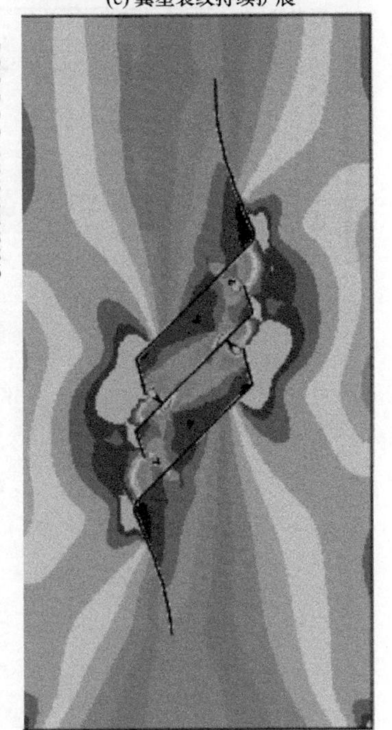

(d) 翼型裂纹转向最大应力方向

图 7.34　三平行裂纹扩展过程应力云图

力和峰值强度并减小翼型裂纹的起裂角。对贯穿双裂纹的单轴压缩模拟过程发现，两条预制裂纹的位置分布对结构破坏模式有着极大的影响，同时通过改变双裂纹的排布模拟出几种典型的裂纹贯通破坏模式。总的来说，当岩桥区域的两预制裂纹尖端相距较近时，岩桥区域通常会发生裂纹的搭接而后形成贯通破坏，当岩桥区域两预制裂纹尖端相距较远时，岩桥区域不易贯通，两翼型裂纹更多出现拉裂破坏。三平行裂纹的单轴压缩模拟则能明显反映出裂纹之间的抑制或者促进作用。

7.4.5　三维含表面裂隙试样裂纹扩展研究

对于三维裂隙岩体的破坏过程研究一直是岩石断裂力学的重要部分，从微观的裂纹起裂到宏观的岩体破坏全过程都是研究的内容，利用成熟的有限元软件进行模拟分析也被公认是一种极为有效的方法。

利用 ABAQUS 平台下的扩展有限元法模拟受压条件下含三维裂隙试样的裂纹扩展过程，为了便于与试验进行对比分析，计算模型尺寸与试验中使用的真实透明类岩石试样相同，即长、宽、高分别为 50mm、50mm、100mm，预制裂隙的长轴长度为 $2a$ ，短轴长度为 $2b$ ，模型的边界条件为试样底部是固定支座，加载方式采用控制位移逐级加载的方法，模型的材料参数见表 7.7，与试验保持一致。

表 7.7　透明类岩石材料物理力学参数

材料类别	密度 /(g/cm^3)	弹性模量 /GPa	抗压强度 /MPa	抗拉强度 /MPa	脆性度	黏聚力 /MPa	内摩擦角 /(°)
透明类岩石材料	1.8	5.8	96.5	17.8	5.7	20.8	46.8

三维裂隙扩展问题是一种几何非线性和不连续性问题，所以计算模型的收敛性问题显得十分重要。模型的边界条件为限制底面的位移，加载方式则是在顶面匀速施加位移荷载，这样比施加均布力更易收敛，网格划分采用结构化划分方法，选择的是六面体单元，其中单元类型为 C3D8R(三维八节点六面体缩减积分)单元，并单独针对含裂隙处进行局部网格加密处理。扩展有限元的预制裂纹是独立于网格的，不受网格的限制，只是起到追踪裂纹位置的作用。

模型的建立首先需要确定合适的材料力学参数及破坏准则，使三维裂隙的扩展问题更加接近真实岩石情况，本节的模型参数与试验参数保持一致，材料损伤演化是基于能量的、线性软化的、混合模式下的损伤演化模型，同时材料的起始损伤判断依据最大主应力失效准则，设定损伤演化参数为 4.22×10^5，损伤稳定性系数为 10^{-6}，采用最大能量释放率准则作为模型的断裂准则；然后设置分析步，设置增量步长最小值较小，同时增加非线性求解器的最大迭代次数；利用扩展有限元法时，对于裂纹面的接触问题需要注意，因为在受压状态下裂纹面会闭合，需要定义接触来避免裂纹面的嵌入现象，在接触方式中法向采用硬接触模型而切向采用无摩擦模型，即预制裂纹面不受拉，在压紧状态下传递正应力；而加载方式选择通过均匀施加位移荷载来实现，同时在施压前通过施加很小的接触位移荷载来达到接触面压紧稳定的效果，这种加载方式的收敛效果比直接施加均布力更好。

1. 三维含表面单裂隙试样计算模型

三维含表面单裂隙试样计算模型如图 7.35 所示，其中计算模型尺寸与真实试验试样相同，即长、宽、高分别为 50mm、50mm、100mm，预制裂隙的长轴长 $2a$=25mm，短轴长 $2b$ = 20mm，预制裂隙倾角 α=45°。模型的网格划分如图 7.36 所示。

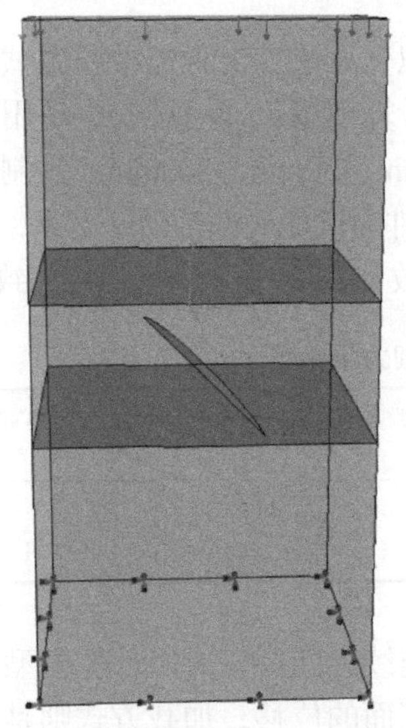

图 7.35　三维含表面单裂隙试样计算模型

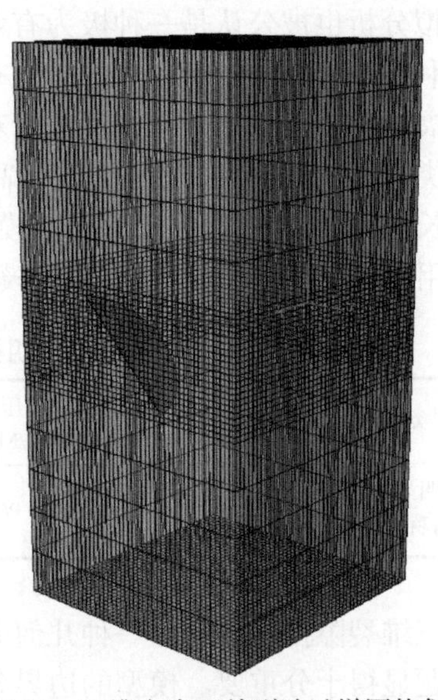

图 7.36　三维含表面单裂隙试样网格划分

2. 三维含表面单裂隙试样裂纹扩展动态过程分析

基于扩展有限元法借助 ABAQUS 有限元软件模拟三维含表面单裂隙的透明类岩石材料试样在单轴压缩条件下的裂纹扩展动态过程。通过软件的后处理提取预制表面裂纹在扩展过程中的形态，并选取具有代表性的增量步，从三个角度即 xz 面、yz 面和 xyz 面对裂纹在动态扩展过程中的形态进行观察分析，如图 7.37 所示。

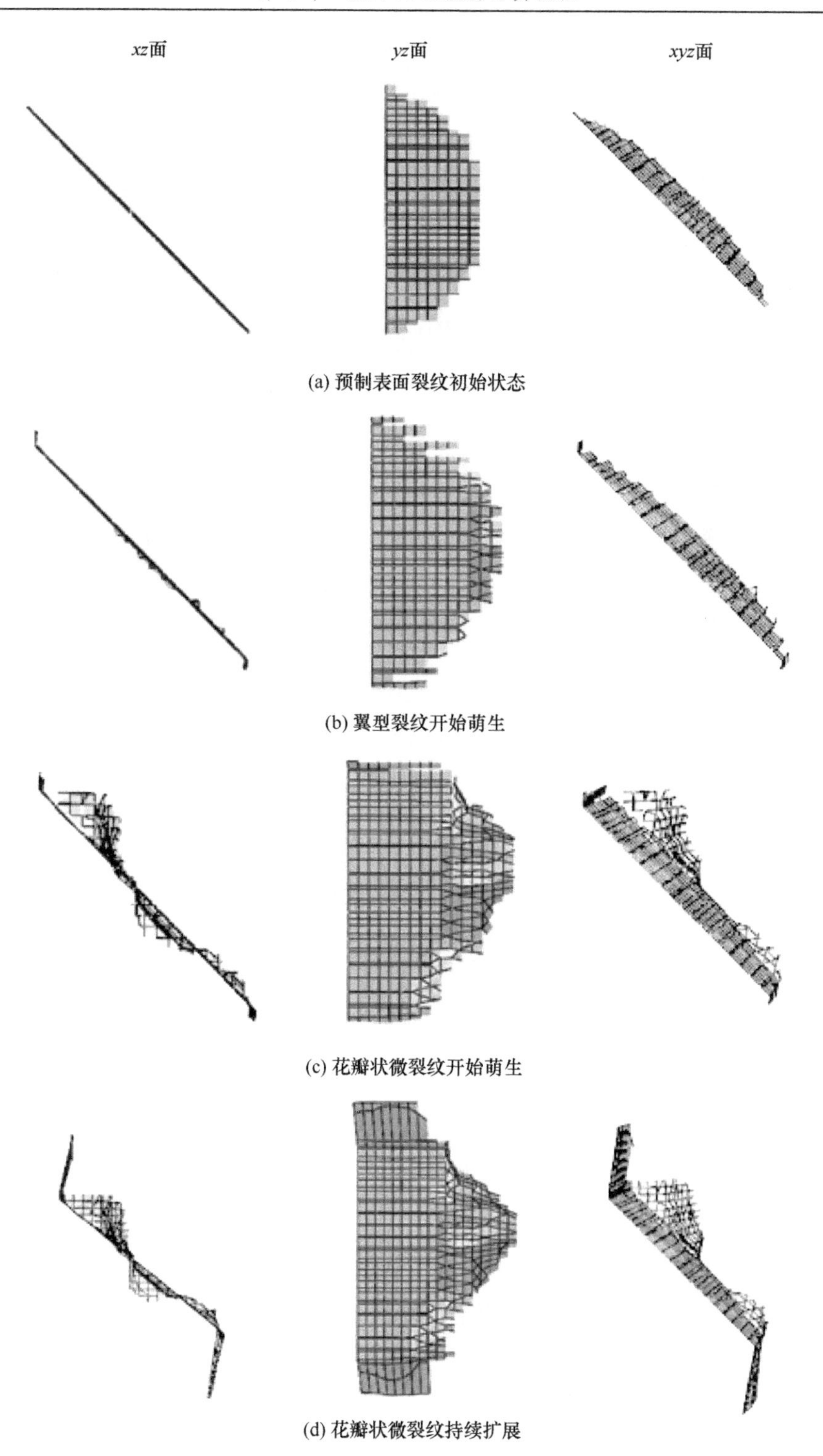

(a) 预制表面裂纹初始状态

(b) 翼型裂纹开始萌生

(c) 花瓣状微裂纹开始萌生

(d) 花瓣状微裂纹持续扩展

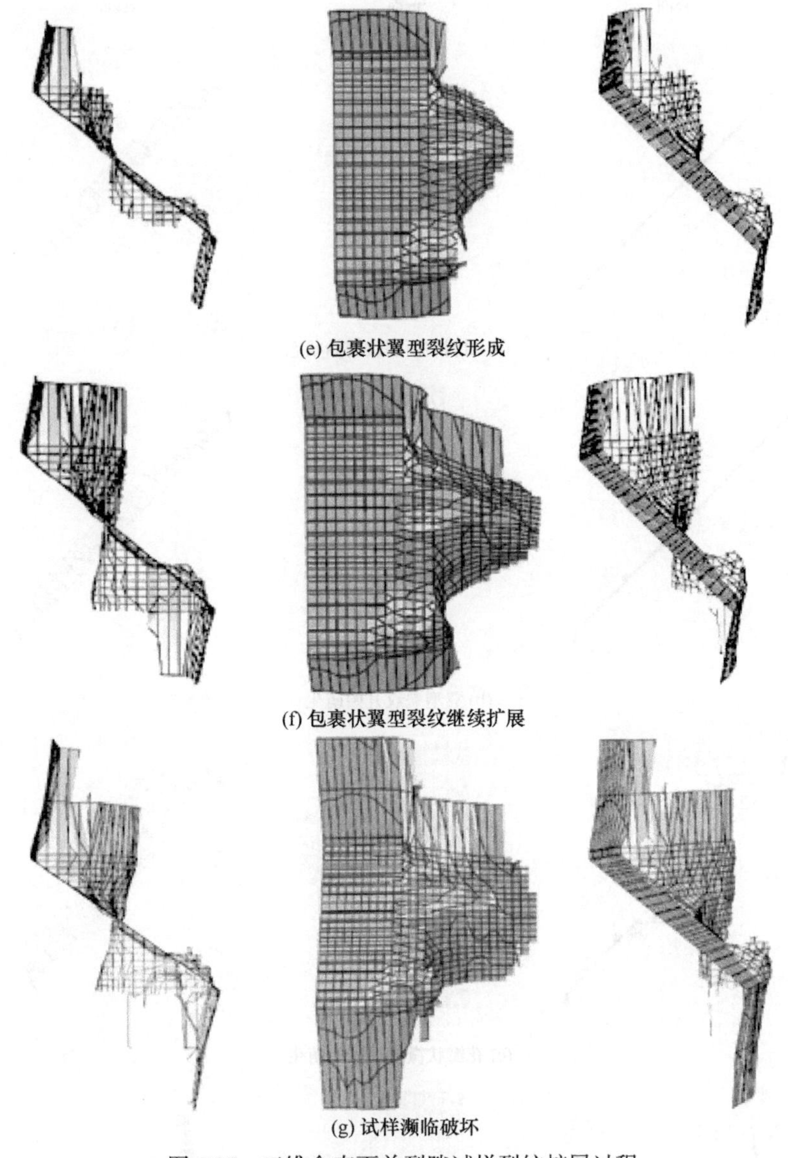

(e) 包裹状翼型裂纹形成

(f) 包裹状翼型裂纹继续扩展

(g) 试样濒临破坏

图 7.37　三维含表面单裂隙试样裂纹扩展过程

从图 7.37 可以看出，在加载初期，首先是在预制裂纹的长轴两尖端萌生翼型裂纹，同时下尖端先出现，如图 7.37(b) 所示；紧接着翼型裂纹扩展的同时裂纹尖端附近以及预制裂纹短轴处萌生花瓣状微裂纹，即在较低应力状态下会有花瓣状微裂纹产生，这与试验结果相吻合，如图 7.37(c)所示；随着荷载的增加，花瓣状微裂纹继续扩展且与预制裂纹面呈一定的角度，花瓣状微裂纹扩展方向与各侧的翼型裂纹扩展方向相同，逐渐充满预制裂纹的两尖端，这个阶段翼型裂纹扩展速度缓慢，如图 7.37(d)所示；继续加载，花瓣状微裂纹继续扩展，继而与翼型裂纹汇合形成包裹预制裂纹周围区域的更大的包裹状裂纹，如图 7.37(e)所示；持续加载，整体继续进行竖向扩展，翼型裂纹与花瓣状微裂纹扩展形成的包裹状裂纹越来越大，形成竖向更大的包裹状裂纹，如图 7.37(f)所示；继续加载，包裹状裂纹持续扩展，试样呈现出濒临破坏的状态，直至试样整体劈裂破坏。整体预制表面裂纹动态扩展的过程均与试验过程高度相似，具体形态如图 7.38 所示。

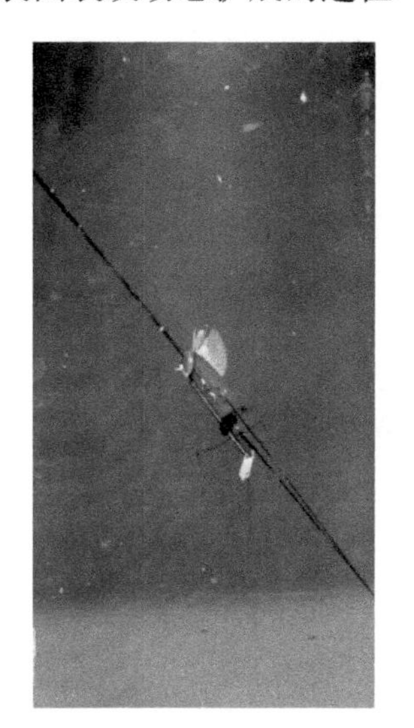
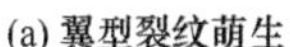
(a) 翼型裂纹萌生

(b) 花瓣状裂纹出现

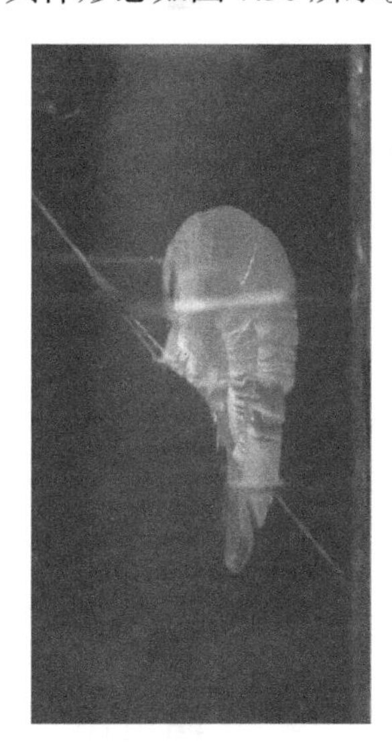
(c) 包裹状裂纹继续扩展

图 7.38　三维含表面单裂隙试样试验图

从图 7.38 可以看出，扩展有限元法模拟三维含表面单裂隙试样的裂纹扩展过程与透明类岩石材料三维压缩试验结果高度吻合，二者都是试验前期在裂纹尖端出现翼型裂纹，接着在裂纹尖端附近区域萌生花瓣状裂纹，然后花瓣状裂纹快速扩展形成包裹状裂纹，最后翼型裂纹与花瓣状裂纹汇合形成更大的包裹状裂纹继续朝竖向进行扩展直至造成劈裂破坏。不同的是透明类岩石材料的室内试验只能观察到裂纹扩展过程中的宏观裂纹形态，而扩展有限元法还可以清楚地看到整个动态过程中的细观裂纹扩展状态。

现利用扩展有限元的数值方法对三维含表面单裂隙试样的动态扩展过程进行后处理，对模型的应力、变形以及扩展元等参数进行相关分析。应力场是体现三维裂纹扩展过程最为直观的参数，所以为了分析三维表面单裂纹动态扩展过程应力场的变化，选取具有代表性的增量步下试样的三维最大主应力(图 7.39)，同时通过对应力的极值设置来更直观地表现出应力集中现象以及模型中的损伤单元。从图中可以观察到，在加载初期，试样的应力场分布较均匀，没有明显的应力集中现象，随着荷载的增加，翼型裂纹和花瓣状裂纹都萌生并有不同程度的扩展，

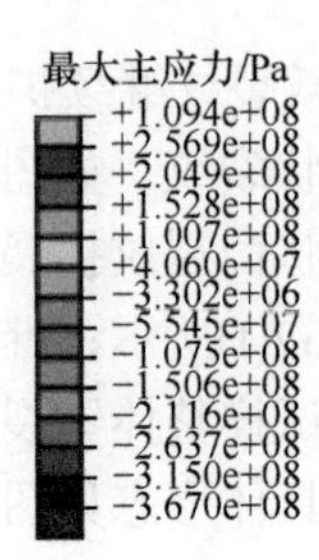

(a) 翼型裂纹与花瓣状裂纹萌生

(b) 翼型裂纹持续扩展

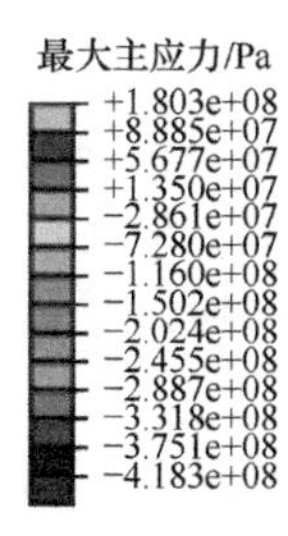

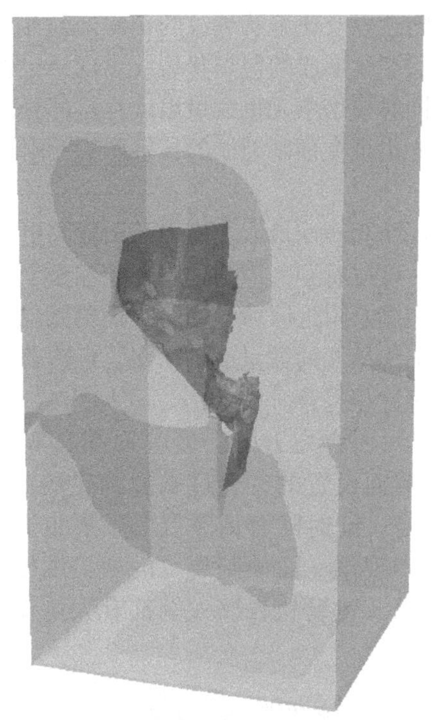

(c) 翼型裂纹呈包裹状扩展

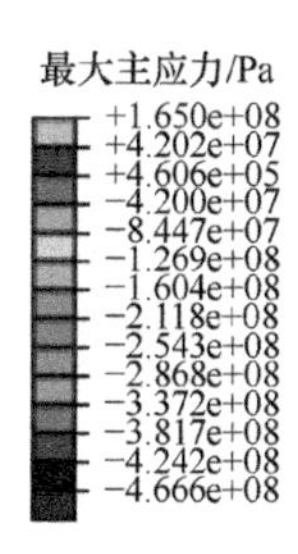

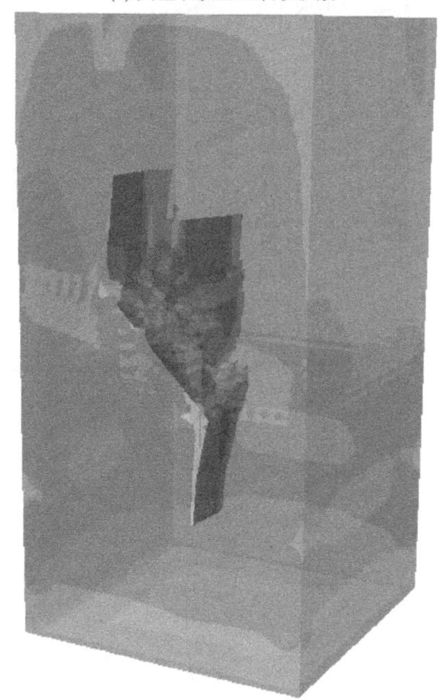

(d) 花瓣状裂纹持续扩展

图 7.39　三维含表面单裂隙试样最大主应力云图

预制裂纹两尖端附近以及花瓣状裂纹的花瓣处都存在应力集中现象，继续加载，翼型裂纹与花瓣状裂纹形成的包裹状裂纹出现，包裹状裂纹的尖端附近区域出现应力集中现象，同时损伤单元也大量出现在这部分区域。最终整个试样濒临破坏时，损伤单元主要出现在预制裂纹的长轴两尖端附近区域以及包裹状裂纹的尖端位置。

从图 7.40 所示的 *xy* 面最大主应力云图能够更清晰地观察到预制裂纹长轴方向的应力场分布。可以看到，应力集中现象在整个裂纹扩展过程中主要集中在预制裂纹长轴的两尖端及附近区域，同时损伤单元也主要出现在这些区域，随着荷载的持续增加，损伤单元的数量逐渐增多，且覆盖的区域也慢慢变大。这与岩石断裂力学的基本理论相符合。

图 7.41 为裂纹面应力云图。裂纹面在真实岩体中并不存在，是模拟中为了定位裂纹位置而设置的，通过微裂纹尖端云图，微裂纹的边缘应力一直大于预制裂纹本身，同时随着微裂纹的扩展贯通，产生的翼裂纹和次生裂纹边缘存在应力集中现象，而预制裂纹的两尖端也有严重的应力集中现象，最终预制裂纹尖端以及包裹状裂纹尖端都有大量损伤单元存在，这与以上结果有相似性。

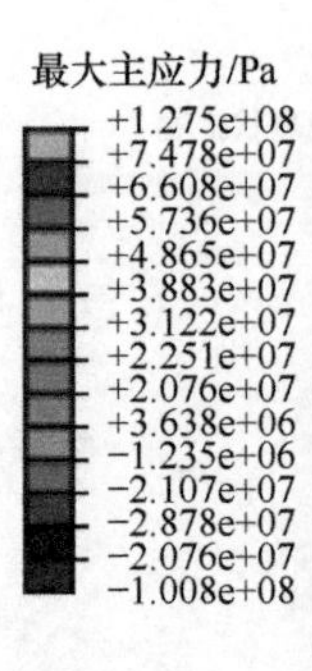

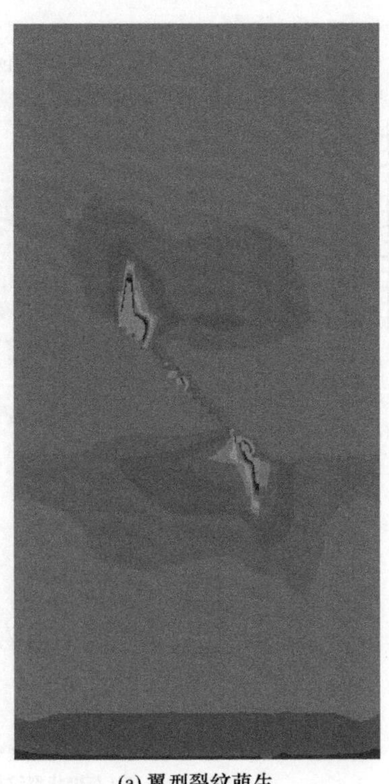

(a) 翼型裂纹萌生

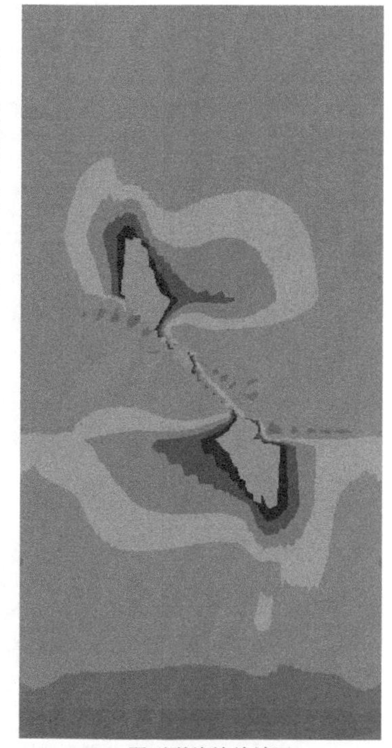

(b) 翼型裂纹持续扩展

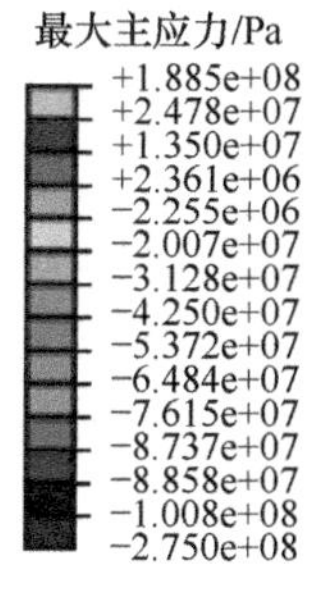

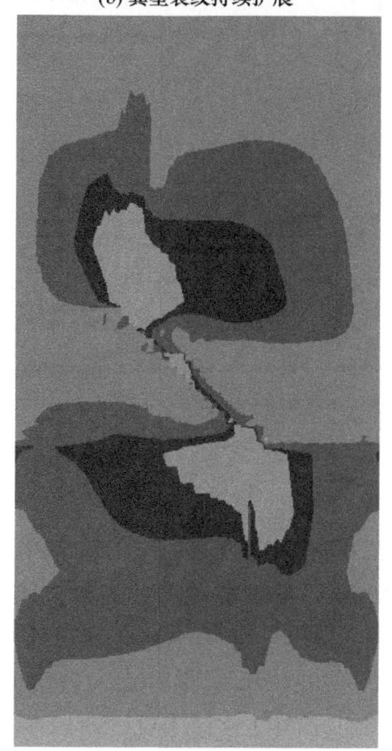

(c) 翼型裂纹转向主应力扩展方向

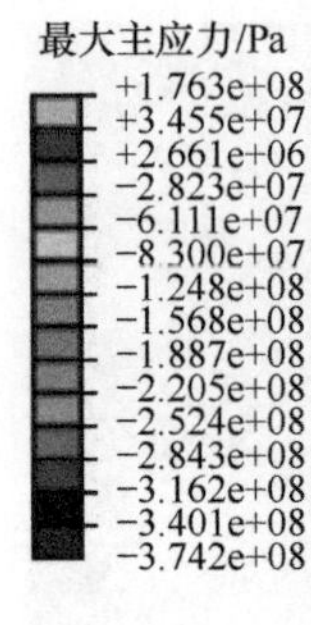

(d) 翼型裂纹接近贯穿

图 7.40　*xy* 面最大主应力云图

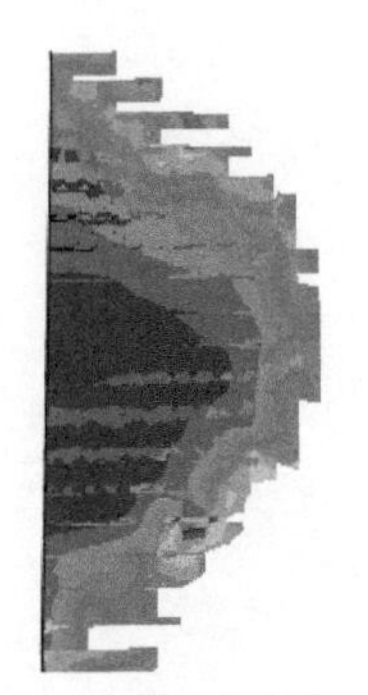

(a) 裂纹起裂前

(b) 翼型裂纹萌生

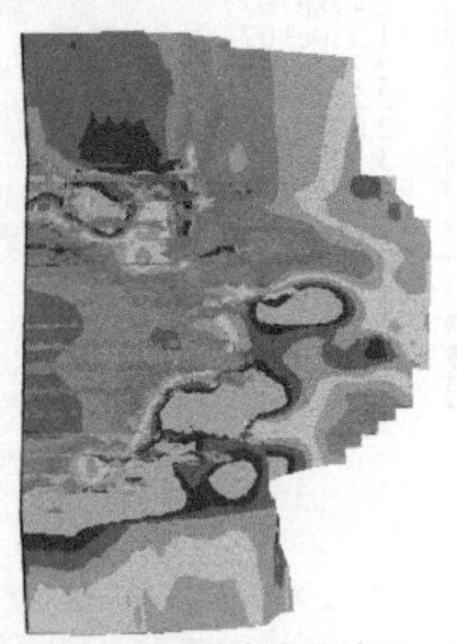

(c) 翼型裂纹持续扩展

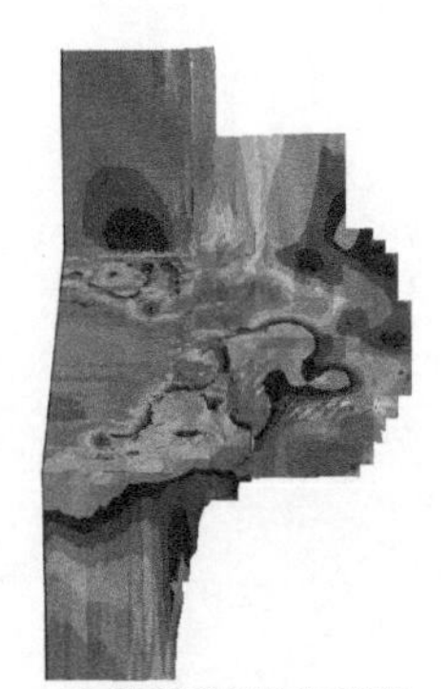

(d) 翼型裂纹接近贯穿

图 7.41　裂纹面应力云图

除常规有限元法的相关力学参数外，扩展有限元法还可以通过三维裂隙状态变量 STATUSXFEM 来对预制裂纹的开裂特征进行描述，同时由于预制裂纹存在于单元内部，它的扩展并不依赖于网格，而变量 STATUSXFEM 能够表征扩展有限元单元失效裂纹的扩展状态，即单元的损伤或断裂程度，其值在[0, 1]内，该状态变量云图如图 7.42 所示。当 STATUSXFEM 值为 0 时，表示该单元没有任何

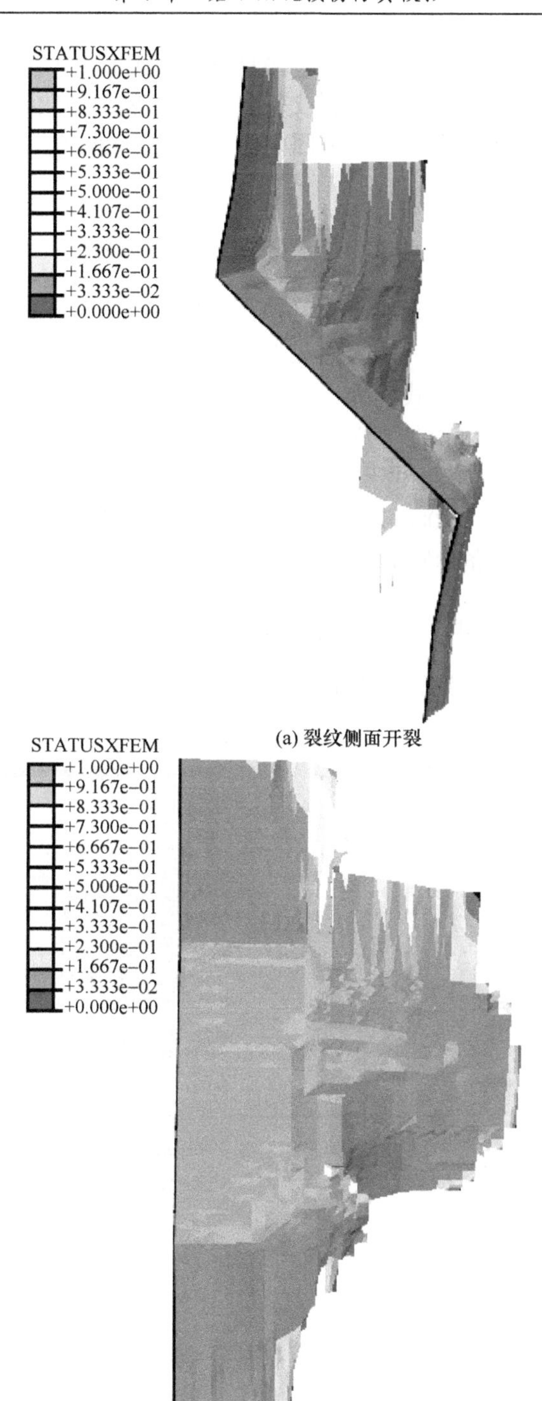

(a) 裂纹侧面开裂

(b) 裂纹面方向开裂

图 7.42　三维裂隙状态变量 STATUSXFEM 云图

损伤或断裂，模型保持完好状态；当 STATUSXFEM 值小于 1 时，表示该单元产生了损伤或断裂，但是并没有产生裂纹；当 STATUSXFEM 值等于 1 时，表示该单元完全失效，被裂纹完全贯穿。从图中可以看出，裂纹尖端区域存在大量的损伤单元，这与之前的分析相吻合。

3. 三维含表面双裂隙试样裂纹扩展过程数值模拟研究

由前面对穿透裂纹的双裂隙研究可知，双裂纹的位置分布很大程度上影响了裂纹扩展的整体规律。而对三维表面双裂隙的研究更加立体，在真实岩体中原生裂纹通常都是以裂纹组的形式出现，所以能更加贴近真实岩体的裂纹扩展过程。类似于三维含表面单裂隙的模拟研究，三维含表面双裂隙试样的计算模型如图 7.43 所示，其中计算模型的尺寸与三维含表面单裂隙试样相同，即长、宽、高分别为 50mm、50mm、100mm，两条预制裂隙的尺寸相同，长轴长 $2a=20\text{mm}$，短轴长 $2b=15\text{mm}$，两条预制裂隙倾角相同，即 α=30°，岩桥角 β=180° 表示双裂纹的相对位置，两裂纹的间距 $s=\dfrac{15\sqrt{3}}{2}\text{mm}$，未连通距离 $c=\dfrac{15}{2}\text{mm}$。模型的网格划分如图 7.44 所示，采用中间密、上下疏的网格划分方式，即适当对双裂隙处网格进行加密。

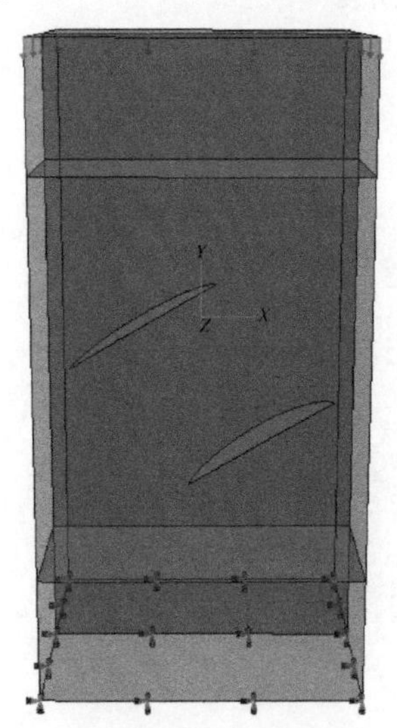

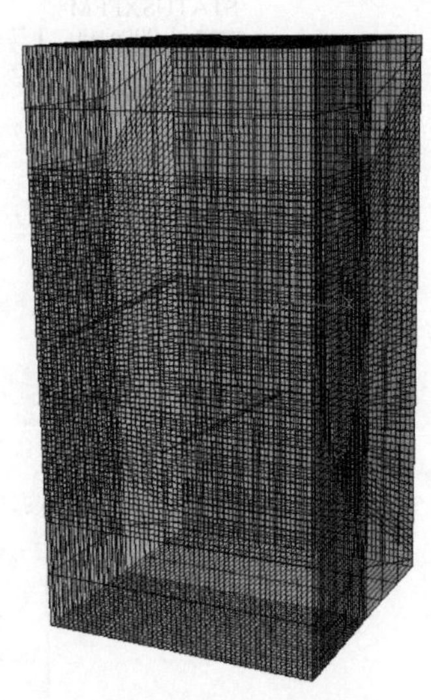

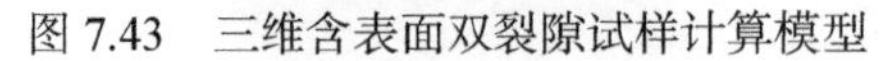

图 7.43　三维含表面双裂隙试样计算模型　　　图 7.44　三维含表面双裂隙试样网格划分

运用扩展有限元法对三维含表面双裂隙试样单轴压缩试验进行数值研究。图 7.45 为 ABAQUS 有限元软件的模拟图，图 7.46 为类岩石材料试样试验图。观察可以发现，模拟的效果比较好，与真实试验结果相吻合。加载过程中左裂纹的下端和右裂纹的上端由于裂纹之间的相互促进作用，翼型裂纹迅速扩展并形成包裹状裂纹，原生裂纹上逐渐萌生似花瓣状裂纹，同时左裂纹的上端和右裂纹的下端翼型裂纹由于彼此的抑制作用开始缓慢萌生并扩展。

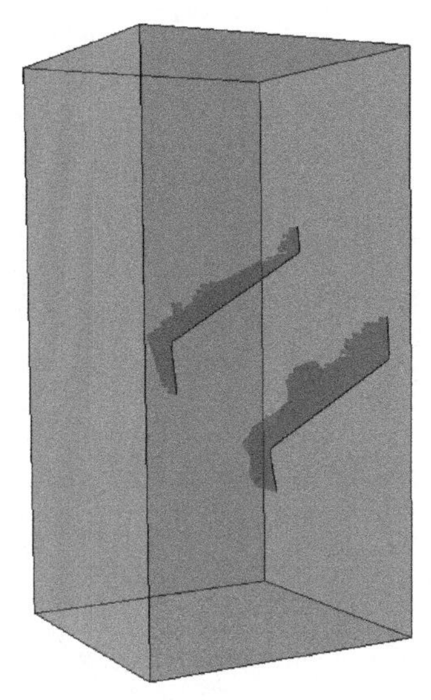

图 7.45　三维含表面双裂隙试样模拟图

图 7.46　三维含表面双裂隙试样室内试验图

从图 7.47 可以看出，三维情况下，裂纹尖端应力集中现象主要集中在翼型裂纹的尖端区域，而原预制裂纹的尖端附近并不明显，同时表面裂纹的短轴端部也存在较明显的应力集中现象，裂纹尖端的花瓣状裂纹与试验结果相同。同时随着荷载的增加，双裂纹的扩展方向也逐渐转向最大主应力方向，裂纹之间的相互抑制及促进作用在双裂纹中也更加充分地体现出来。

7.4.6　三维含深埋裂隙试样裂纹扩展研究

1. 三维含深埋单裂隙试样计算模型

三维含深埋单裂隙试样计算模型如图 7.48 所示，在上表面施加位移荷载控制的方法加载，模型尺寸与真实试验相同，预制裂隙的长轴长 $2a$=25mm，短轴长 $2b$=20mm，预制裂隙倾角 α=60°。模型网格划分如图 7.49 所示，不对裂纹处进行加密处理，而是采用均一化的网格划分方式。

2. 三维含深埋单裂隙试样裂纹扩展动态过程分析

基于扩展有限元法借助 ABAQUS 有限元软件模拟三维含深埋单裂隙的透明类岩石材料试样在单轴压缩条件下的裂纹扩展动态过程。通过软件的后处理提取预制深埋裂纹在扩展过程中的形态，并选取具有代表性的增量步，从三个角度即 xz

面、*yz* 面和 *xyz* 面对裂纹在动态扩展过程中的形态进行观察，如图 7.50 所示。

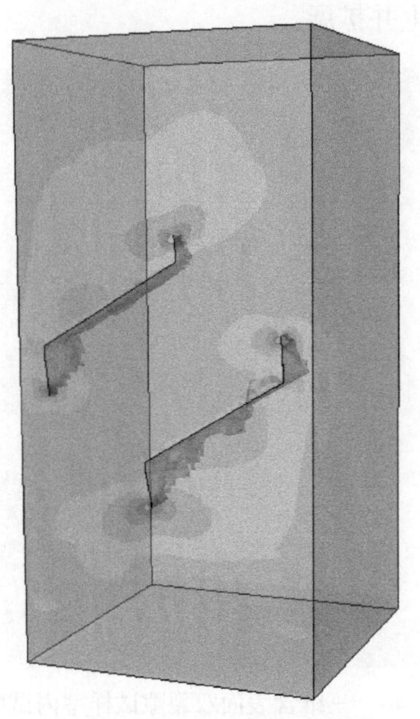

图 7.47　三维含表面双裂隙试样最大主应力图

图 7.48　三维含深埋单裂隙试样计算模型及预制裂纹布置方式

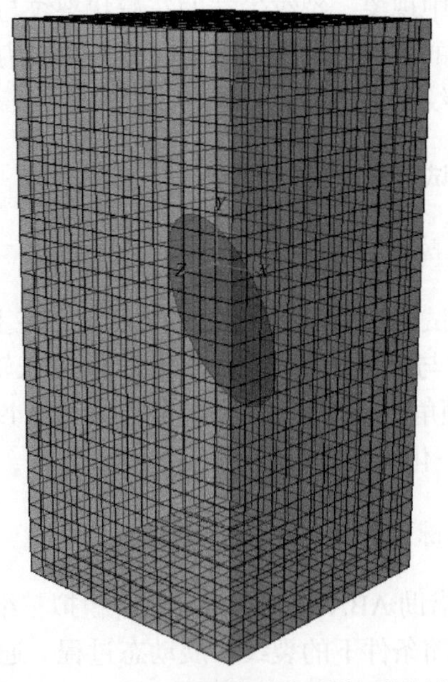

图 7.49　三维含深埋单裂隙试样网格划分

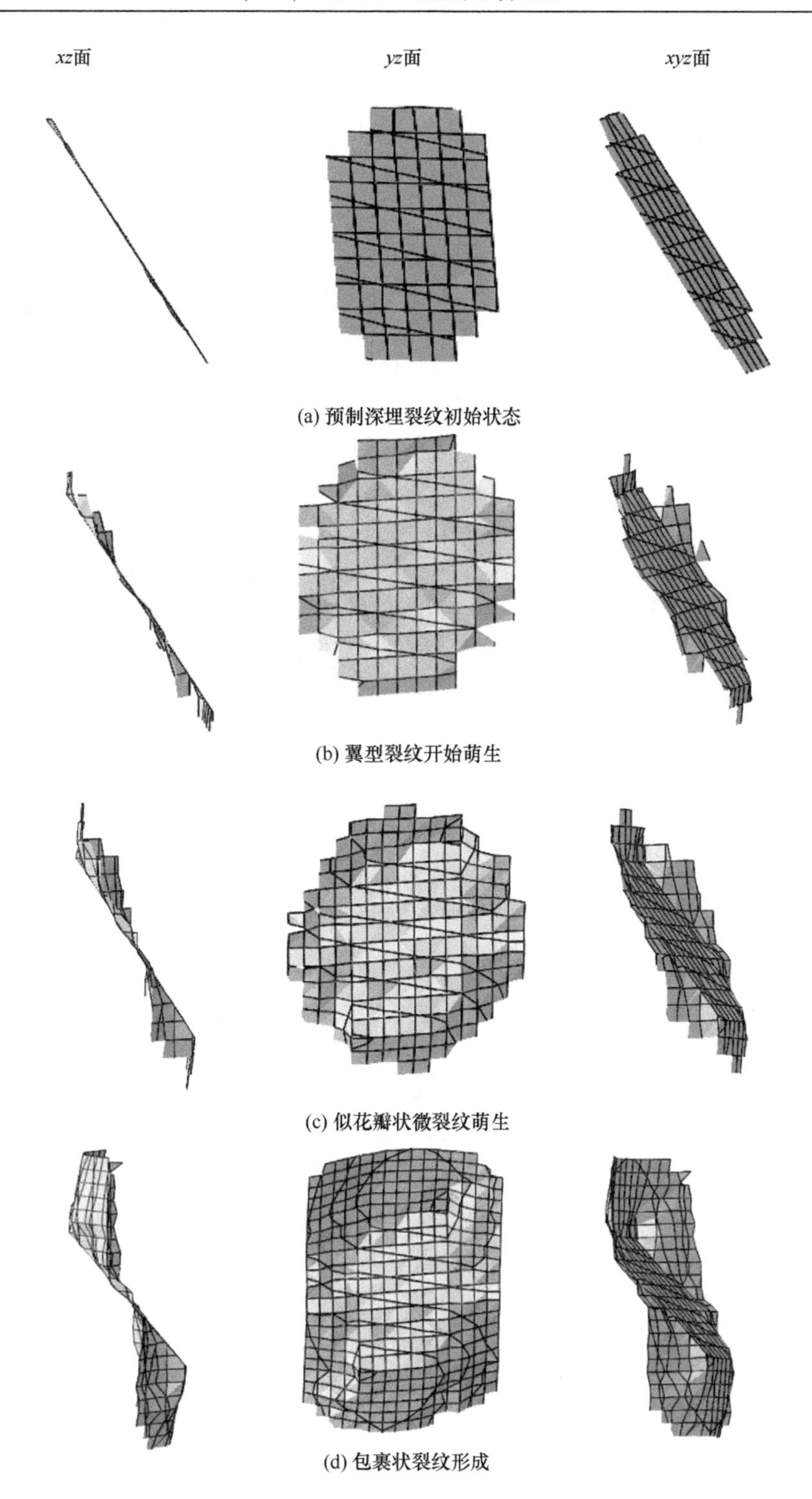

(a) 预制深埋裂纹初始状态

(b) 翼型裂纹开始萌生

(c) 似花瓣状微裂纹萌生

(d) 包裹状裂纹形成

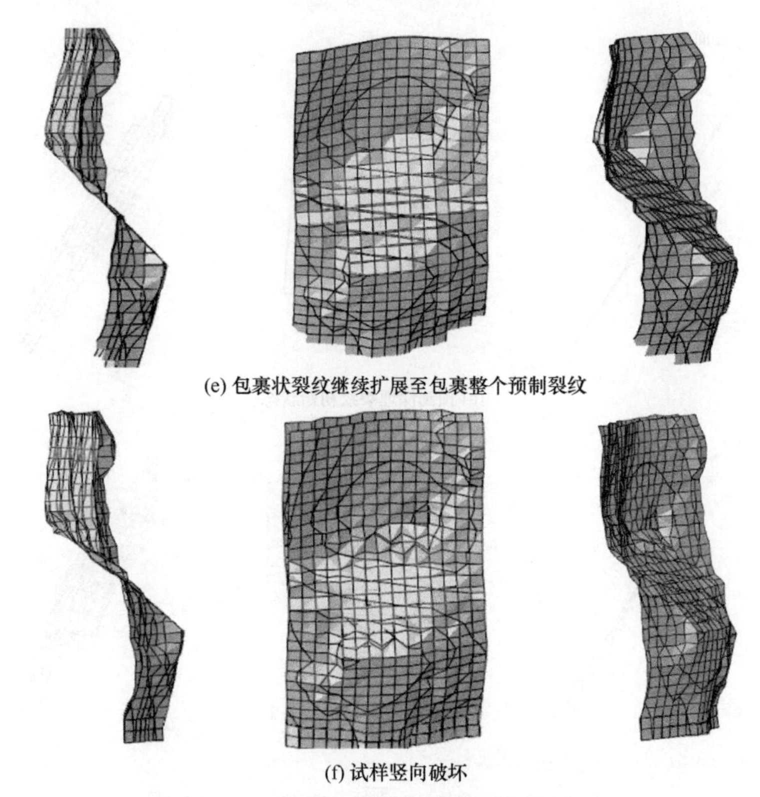

(e) 包裹状裂纹继续扩展至包裹整个预制裂纹

(f) 试样竖向破坏

图 7.50　三维含深埋单裂隙试样裂纹扩展过程

从图 7.50 中可以看出，在加载初期，预制裂纹的长轴两尖端处萌生翼型裂纹，下翼裂纹先于上翼裂纹产生，几乎同时刻在预制裂纹两尖端附近区域出现包裹状翼型裂纹，如图 7.50(b) 所示；继续加载，翼型裂纹沿着加载方向扩展，同时包裹状翼型裂纹快速扩展形成似花瓣状微裂纹，且上下两端基本呈现对称分布，如图 7.50(c) 所示；随着荷载的持续增加，似花瓣状微裂纹保持良好发育状态，并逐渐向预制裂纹的短轴方向扩展，直至似花瓣状裂纹与原翼型裂纹一起形成包裹状裂纹，如图 7.50(d) 所示；随着继续加载，包裹状裂纹进一步扩展，包裹性更好，直至包裹住整个预制裂纹，此时翼型裂纹长度和预制裂纹长轴长度相当，如图 7.50(e) 所示；最终翼型裂纹在竖向继续快速扩展，直至预制裂纹在加载方向出现劈裂裂纹，导致试样竖向破坏，呈现劈裂破坏形态，如图 7.50(f) 所示。整个模拟过程与试验过程基本吻合，具体试验过程图如图 7.51 所示。

从以上模拟结果可以看出，三维含深埋裂隙试样的动态数值模拟过程与室内试验过程保持高度一致性。在加载初期，预制裂纹的长轴端先萌生翼型裂纹，同时在裂纹尖端附近区域出现包裹状微裂纹，形成似花瓣状的裂纹形态，随着荷载的持续增加，翼型裂纹继续快速扩展并逐渐转向沿加载方向，同时花瓣状裂纹在

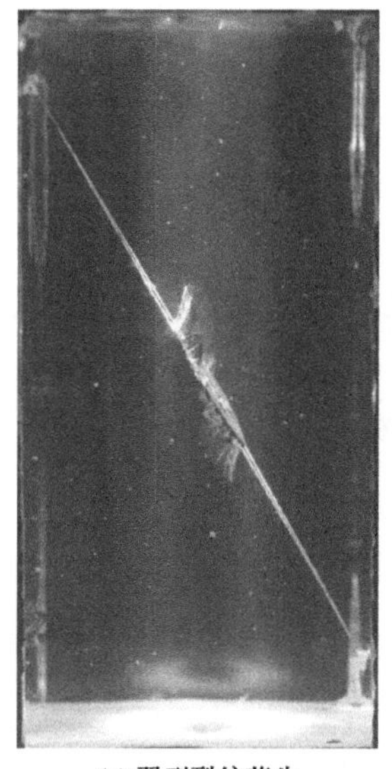
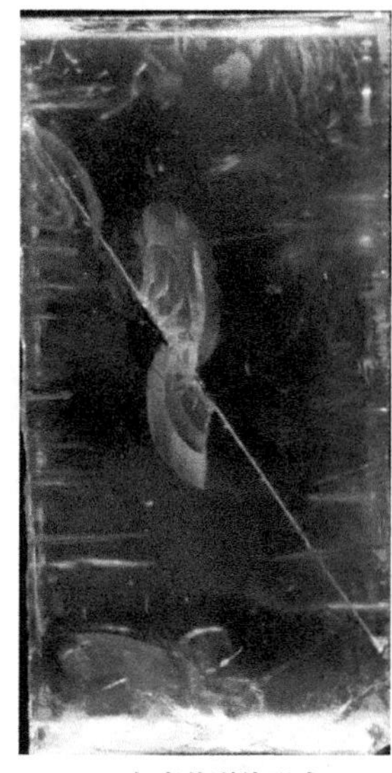
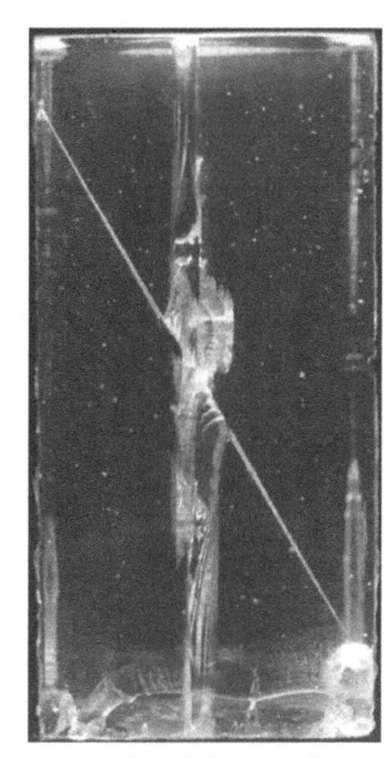

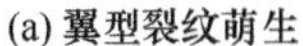
(a) 翼型裂纹萌生　(b) 包裹状裂纹形成　(c) 次生裂纹竖向贯穿

图 7.51　三维含深埋单裂隙试样试验图

持续加载过程中发育良好，逐渐与翼型裂纹一起形成包裹状裂纹，此过程反复交替发生，直至形成更大的包裹状裂纹，将预制裂纹包裹住，最终翼型裂纹在竖向快速扩展与包裹状裂纹一起使试样产生劈裂破坏，此时试样竖向与横向同时产生贯穿破坏。

3. 三维含深埋单裂隙试样裂纹扩展过程数值模拟研究

利用有限元软件强大的后处理功能对三维含深埋单裂隙试样的裂纹扩展过程进行数值分析。图 7.52 为三维含深埋单裂隙试样的最大主应力云图，选取最具代表性的几个增量步。从图中可以看出，在加载前期，预制裂纹的应力集中现象主要集中在短轴的尖端附近，随着荷载的继续增加，预制裂纹的长轴尖端附近开始出现应力集中现象，继续加载，应力集中现象基本集中在预制裂纹的长轴端部，而短轴端部的应力集中现象几乎消失，损伤单元有着同样的规律。图 7.53 为三维含深埋单裂隙试样状态变量 STATUSXFEM 云图。可以看到，预制裂纹都已完全扩展，并贯穿整个单元，除了外边缘还有没完全断裂的单元，说明预制裂纹扩展得很充分，较为真实地反映了实际试验的情况。

4. 三维含深埋双裂隙试样裂纹扩展过程数值模拟研究

为对深埋裂纹和表面裂纹的结果进行对比，对三维含深埋双裂隙试样进行模拟研究，其计算模型如图 7.54 所示，其中计算模型长、宽、高分别为 50mm、50mm、100mm，两条预制裂隙的尺寸相同，长轴长 $2a$=20mm，短轴长

$2b$=15mm，两条预制裂隙倾角相同，即 α=30°，岩桥角 β=180°，两裂纹的间

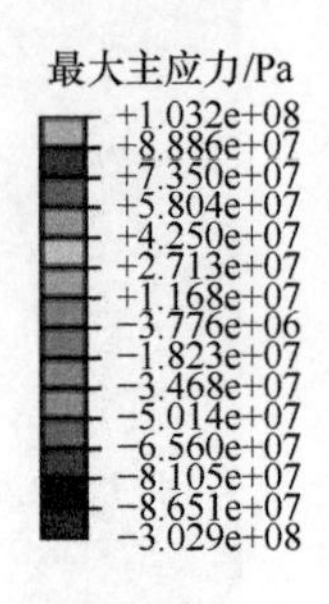

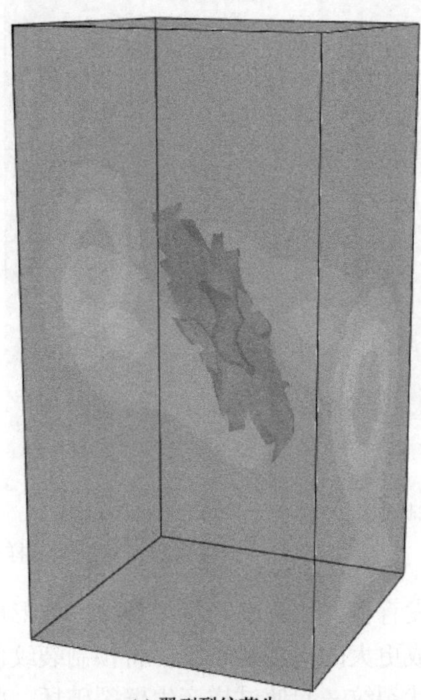

(a) 翼型裂纹萌生

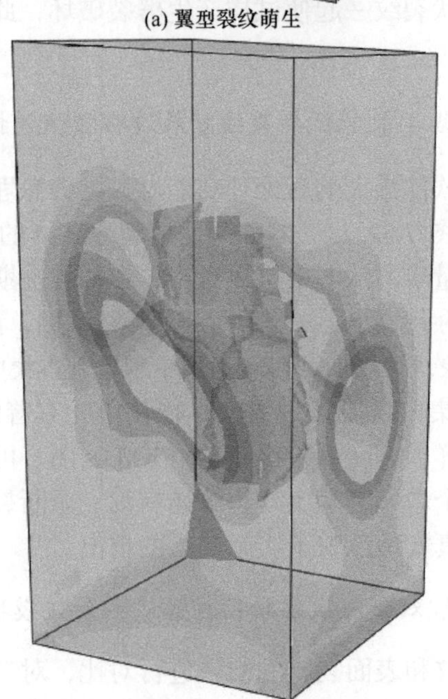

(b) 翼型裂纹向主应力方向扩展

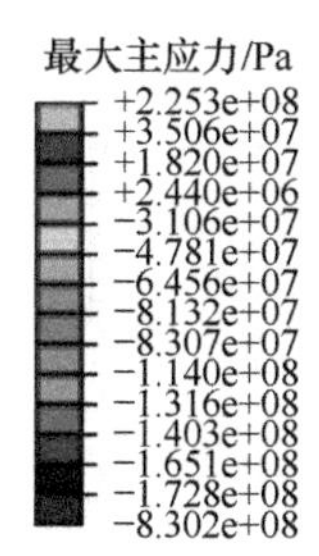

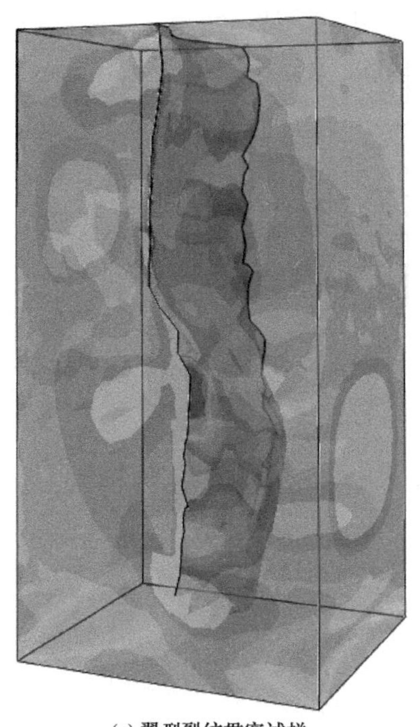

(c) 翼型裂纹贯穿试样

图 7.52 三维含深埋单裂隙试样的最大主应力云图

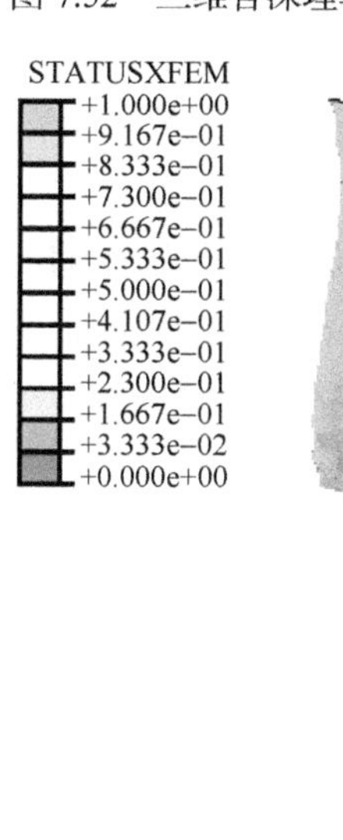

(a) 次生裂纹侧面扩展图

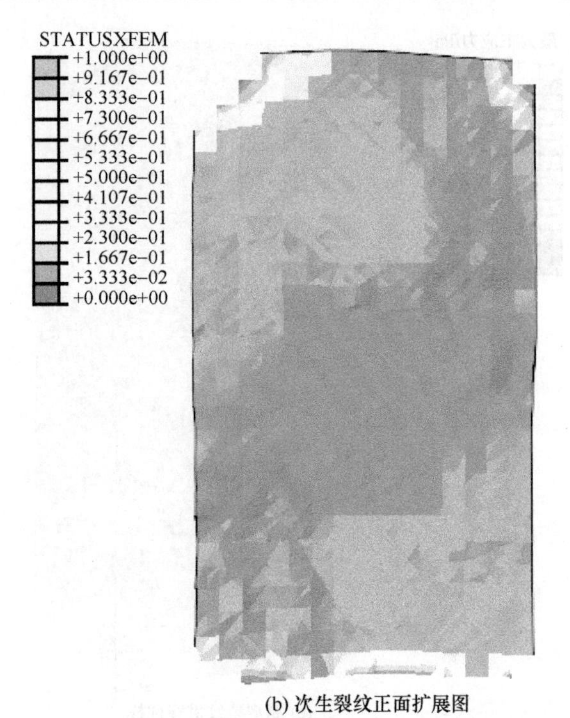

(b) 次生裂纹正面扩展图

图 7.53　三维含深埋单裂隙试样 STATUSXFEM 云图

距 $s=\dfrac{15\sqrt{3}}{2}\text{mm}$，未连通距离 $c=\dfrac{15}{2}\text{mm}$。模型的网格划分如图 7.55 所示，采用中间密、上下疏的网格划分方式。

采用扩展有限元法对三维含深埋双裂隙试样在单轴压缩情况下的模拟研究，图 7.56 为 ABAQUS 软件的模拟图，图 7.57 为室内试验图，二者裂纹扩展规律是一致的。同时对三维含深埋双裂隙试样的裂纹扩展过程进行观察，可以发现在加载初期，左裂纹下端和右裂纹上端由于相互之间的促进作用最先萌生翼型裂纹，而随着荷载的逐渐增加，左裂纹上端和右裂纹下端也开始产生翼型裂纹，同时左裂纹下端和右裂纹上端翼型裂纹逐渐被包围形成包裹状裂纹且继续扩展。

以图 7.58 中可以看出，裂纹的应力集中现象主要出现在预制裂纹的边缘及产生的翼型裂纹边缘，同时还存在于预制裂纹上萌生的似花瓣状裂纹的尖端处。而通过观察可以发现，损伤单元也存在这样的规律。

通过三维含表面双裂隙和含深埋双裂隙试样的对比，可发现二者萌生的微裂纹类型相同，裂纹间的相互作用也有相似之处。但是三维含表面双裂隙试样的应力集中现象主要集中在翼型裂纹尖端处，而三维含深埋双裂隙试样的应力集中现象主要集中在原预制裂纹尖端处。同时三维含表面双裂隙试样的短轴处萌生大量花瓣状裂纹，也存在大量损伤单元。

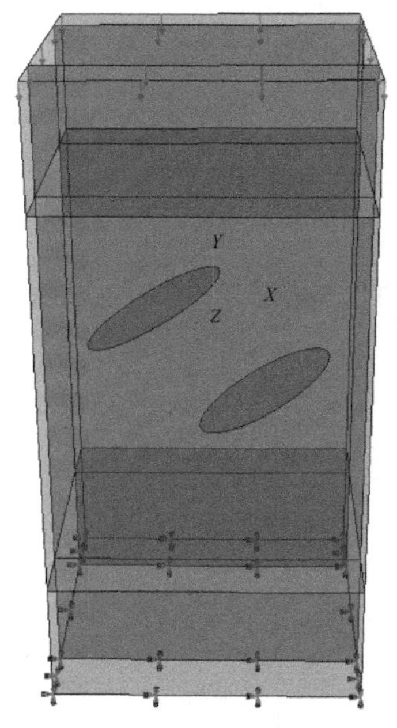

图 7.54　三维含深埋双裂隙试样计算模型

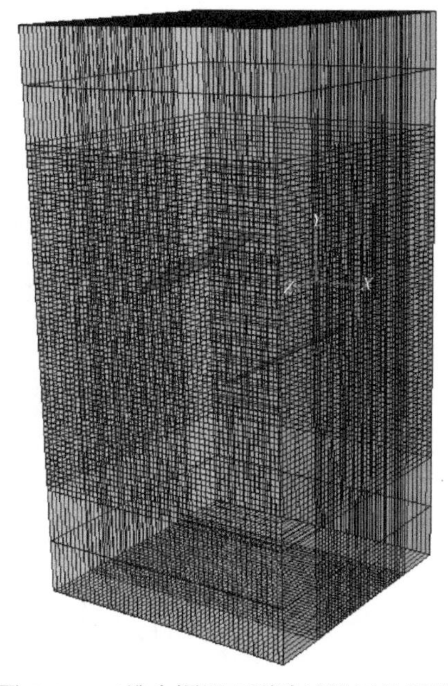

图 7.55　三维含深埋双裂隙试样网格划分

(a) 上下翼型裂纹萌生正面图

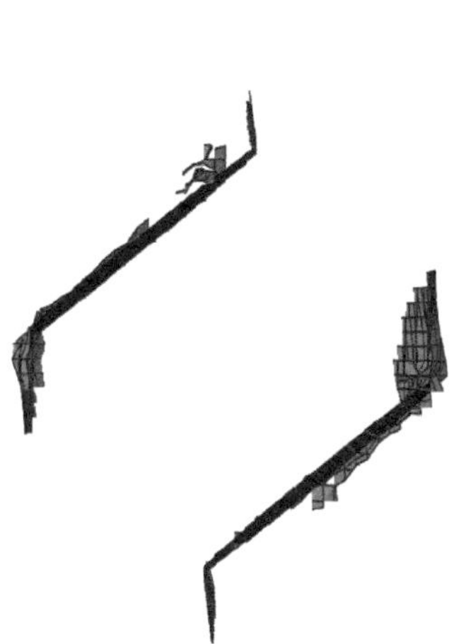

(b) 上下翼型裂纹扩展示意图

(c) 翼型裂纹扩展正面图

图 7.56　三维含深埋双裂隙试样裂纹模拟图

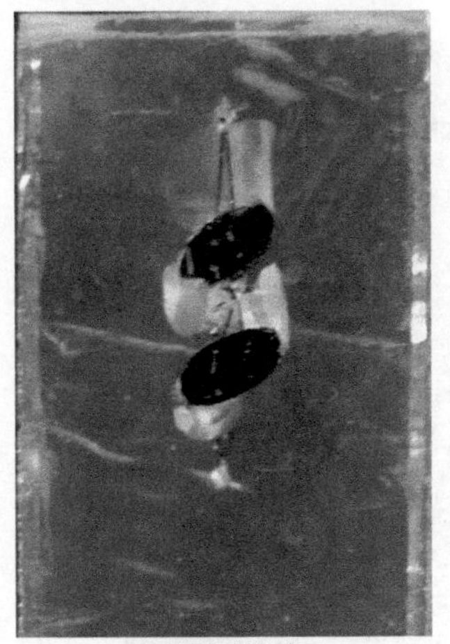

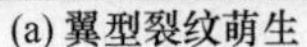

(a) 翼型裂纹萌生　　　　(b) 翼型裂纹扩展

图 7.57　三维含深埋双裂隙试样室内试验图

图 7.58　三维含深埋双裂隙试样应力云图

利用 ABAQUS 平台下的扩展有限元法对三维含表面裂隙试样的裂纹扩展试验过程进行模拟，从细观角度对单裂纹的动态扩展过程进行模拟分析，对于试样的最大主应力、三维裂纹的状态变量等云图进行观察分析，发现损伤单元及应力集中现象主要发生在预制裂纹的长轴两端和包裹状裂纹的尖端。对双裂纹扩展分析可以发现，裂纹应力集中现象主要体现在翼型裂纹的尖端，同时双裂纹相互抑制和促进作用也有明显的体现。从微裂纹起裂方式及裂纹扩展模式等方面与三维含表面裂隙试样试验进行对比，发现它们的微裂纹形式不同，最终破坏方式也有区别，内含表面裂纹及内部裂纹的扩展与数值模拟结果有较高的一致性，对三维裂隙扩展的动态过程研究有着重要的作用。

参 考 文 献

[1] Hibbitt D, Karlsson B, Sorensen P. Abaqus User Subroutines Reference Manual[M]. Pawtucket: Dassault Systemes. 2002.

[2] 罗润林, 阮怀宁, 朱珍德, 等. 锦屏二级水电站岩石夹层非定常剪切蠕变模型及参数辨识[J]. 岩土力学, 2006, 27(增 2): 239-243.

[3] 黄凯珠, 林鹏, 唐春安, 等. 双轴加载下断续预置裂纹贯通机制的研究[J]. 岩石力学与工程学报, 2002, 21(6): 808-816.

[4] Zhou X P, Cheng H, Feng Y F. An experimental study of crack coalescence behaviour in rock-like materials containing multiple flaws under uniaxial compression[J]. Rock Mechanics and Rock Engineering, 2014, 47(6): 1961-1986.

[5] 李强, 杨庆, 栾茂田, 等. 曲线翼型裂纹扩展路径理论分析及试验验证[J]. 岩土力学, 2010, 31(2): 345-349.

[6] 靳瑾，曹平，蒲成志. 预制裂隙几何参数对类岩材料破坏模式及强度的影响[J]. 中南大学学报(自然科学版), 2014, (2): 529-535.

[7] 蒲成志. 单轴压缩下类岩体裂隙材料断裂破坏机制的实验研究[D]. 长沙: 中南大学, 2010.

[8] 蒲成志, 曹平, 衣永亮. 单轴压缩下预制 2 条贯通裂隙类岩材料断裂行为[J]. 中南大学学报(自然科学版), 2012, 43(7): 2708-2716.